Les Huîtres

ET LES

MOLLUSQUES COMESTIBLES

Moules, Praires, Clovisses, Escargots, etc.

HISTOIRE NATURELLE, CULTURE INDUSTRIELLE, HYGIÈNE ALIMENTAIRE

PAR

ARNOULD LOCARD

VICE-PRÉSIDENT DE LA SOCIÉTÉ MALACOLOGIQUE DE FRANCE

Avec 97 figures intercalées dans le texte

PARIS

LIBRAIRIE J.-B. BAILLIÈRE ET FILS

RUE HAUTEFEUILLE, 19, PRÈS DU BOULEVARD SAINT-GERMAIN

1890

BIBLIOTHÈQUE SCIENTIFIQUE CONTEMPORAINE

Les Huîtres

ET LES

MOLLUSQUES COMESTIBLES

Les Huîtres

ET LES

MOLLUSQUES COMESTIBLES

Moules, Praires, Clovisses, Escargots, etc.

HISTOIRE NATURELLE, CULTURE INDUSTRIELLE, HYGIÈNE ALIMENTAIRE

PAR

ARNOULD LOCARD

VICE-PRÉSIDENT DE LA SOCIÉTÉ MALACOLOGIQUE DE FRANCE

Avec 97 figures intercalées dans le texte

PARIS

LIBRAIRIE J.-B. BAILLIÈRE ET FILS

RUE HAUTEFEUILLE, 19, PRÈS DU BOULEVARD SAINT-GERMAIN

1890

INTRODUCTION

Depuis quelques années, nos savants et nos économistes se préoccupent, avec un intérêt particulier, de toutes les questions relatives à l'alimentation. Assurer à l'homme une nourriture saine, variée, suffisante, tels sont les trois principaux termes du problème journalier qu'il importe de pouvoir résoudre.

Or, si dans la chasse, et bien mieux encore dans les intelligents élevages pratiqués dans nos fermes, il trouve une abondante quantité d'aliments gras, il en tempère avantageusement les inconvénients par l'usage des légumes et des fruits que la terre a fait germer dans son sein. Mais, à côté de tout cela, il est un autre produit plus peut-être à sa portée et qui, dans certaines contrées plus particulièrement privilégiées, joue un rôle considérable dans l'alimentation : nous voulons parler des produits aquatiques, Poissons, Crustacés et Mollusques.

Parmi ces derniers, il en est quelques-uns qui, de tout temps, ont été utilisés sur une vaste échelle par les populations riveraines. Il suffit de voir ces « amas de débris de cuisine », ces *Kjökkenmödings* des temps préhistoriques pour en avoir la preuve la plus incontestable. Plus tard, les Grecs et les Romains ont chanté dans leurs écrits les mérites de l'Huître et d'un certain nombre de Mollusques dont ils se plaisaient à parer les tables les mieux servies. Depuis lors, avec l'accroissement des facilités dans les communications de toute nature, la consommation de certaines espèces, Huîtres, Moules, Praires, Clovisses, etc., a pris une telle extension que bientôt la production naturelle est devenue absolument insuffisante pour répondre aux besoins du jour. De là la nécessité absolue de seconder la nature en favorisant la reproduction des espèces préférées et en les cultivant de manière à en améliorer encore les qualités premières.

Choisir avec discernement les espèces propres à l'alimentation, les acclimater dans des milieux nouveaux, surveiller les conditions de leur reproduction, recueillir précieusement les jeunes individus au moment de leur naissance, diriger leurs premiers pas, les protéger contre les innombrables ennemis qui guettent sans cesse une proie facile et sans défense, les élever, les soigner dans la mer, absolument comme la Chèvre et la Génisse sont soignées à l'étable, tel est le rôle du conchylioculteur.

Ce genre d'industrie, depuis quelques années, grâce à la généreuse impulsion donnée par un de nos plus éminents naturalistes, M. Coste, a pris une extension bien imprévue sur quelques-unes de nos côtes et se traduit par un mouvement de numéraire considérable, apportant un bien-être inconnu chez toute une population jusqu'alors des plus pauvres. On n'évalue pas à moins de 30 millions de francs le montant des ventes d'Huîtres annuellement livrées sur notre territoire, occupant une population d'au moins 300.000 personnes. Et, malgré cela, que de progrès encore sont à réaliser! Qu'on ne s'y trompe pas, rien qu'à l'égard de la Moule, la France est encore tributaire pour l'étranger de plus de 6 millions chaque année !

Il nous a paru intéressant de réunir en un volume toutes les données scientifiques et technologiques relatives aux Mollusques domestiques.

Nous passerons successivement en revue la longue liste des espèces comestibles en France et à l'étranger; puis, accordant à quelques-uns de ces précieux coquillages la juste part qu'ils méritent, nous étudierons ensuite ce qui a trait à l'ostréiculture, à la mytiliculture et à l'éducation de quelques autres formes des plus importantes.

Après avoir montré quelle influence physiologique la domestication peut exercer sur les Mollusques, nous exposerons les conditions du repeuplement de nos côtes, nous signalerons les ennemis que les Mollusques ont à redouter et quels sont les moyens de les vaincre.

Enfin, nous terminerons ce volume par une étude concernant les Mollusques au point de vue de l'alimentation.

Arnould LOCARD.

Lyon, mai 1890.

Les Huîtres

ET LES

MOLLUSQUES COMESTIBLES

I

LES MOLLUSQUES COMESTIBLES EN FRANCE ET A L'ÉTRANGER

Mollusques comestibles, leur division. — Céphalopodes. — Le Poulpe, les Seiches, le Calmar, etc. — Gastropodes marins, Buccins, Pourpres, Murex, Littorines, Haliotides, Patelles, etc. — Les Limaces et les Escargots. — Acéphales marins, Pholades, Solens, Myes, Vénus, Tapès, Cardiums, Modioles, Moules, Huîtres, Pectens, Anomies, etc. — Acéphales d'eau douce, Unios, Anodontes, Cyrènes, etc.

En thèse générale, on peut affirmer que tous les Mollusques marins qui vivent sur nos côtes sont comestibles ; mais cela ne veut certes pas dire qu'ils soient tous bons ; beaucoup sont durs et coriaces, tandis que quelques-uns sont réellement destinés à satisfaire le gourmet le plus délicat, à la condition, bien entendu, qu'on sache les lui présenter dans toutes les règles de l'art culinaire !

Il n'en est peut-être pas tout à fait de même des Mollusques marins exotiques. A vrai dire, ils nous sont infiniment moins familiers, et nous sommes bien loin d'avoir pu vérifier les méfaits légendaires dont on les rend responsables. En cela, comme en toutes choses, il ne faut jamais abuser ; aussi, que quelques-uns d'entre eux aient occasionné, sous l'action des tropiques, quelque affection cutanée tout à fait passagère, c'est chose fort possible et qui se voit parfois sans aller aussi loin ; mais de là à conclure qu'ils sont dangereux ou même vénéneux, nous avons quelque peine à le croire.

Les Mollusques terrestres sont également tous bons à manger. Mais, dans le nombre, il en est tant de si petits qu'on ne songe même pas à les ramasser. D'autres, dépourvus de leur coquille externe, comme les Arions, les Limaces, les Testacelles, etc., sans être plus mauvais que les premiers, sont simplement moins ragoûtants. Hélas ! à combien de pauvres malades n'en a-t-on pas fait avaler ! Si, dans quelques campagnes, on leur fait encore l'honneur de leur attribuer certaine vertu médicinale bien contestée, ils sont loin de faire partie de l'alimentation proprement dite.

Quant aux Mollusques qui vivent dans les eaux douces, la plupart de ceux de nos pays se plaisent dans des milieux vaseux qui impriment à leur chair une odeur fade et parfois nauséabonde. Convenablement préparés, ils peuvent devenir comestibles. Mais à l'étranger plusieurs de ces mêmes Mollusques jouent un rôle important dans l'alimentation.

Nous nous proposons, dans ce chapitre, de passer en revue les principales espèces malacologiques comestibles, nous attardant surtout à ceux de nos pays. Ne voulant pas donner la préférence à telle ou telle espèce, car c'est bien le cas de dire que tous les goûts sont dans la nature, nous adopterons l'ordre scientifique ; l'Huître, la Moule, la Praire ou l'Escargot viendront chacun à leur rang. Nous suivrons ici l'ordre que nous avons adopté dans notre *Prodrome de malacologie*.

CÉPHALOPODES

On donne le nom de Céphalopodes à des Mollusques généralement de grande taille, ayant une tête arrondie pourvue d'yeux très développés, et entourés de bras charnus portant des ventouses; la bouche est située au centre de la réunion des bras ; à l'intérieur du corps il existe une coquille simple, rudimentaire.

Les anciens Grecs et Romains étaient grands amateurs de Céphalopodes ; il suffit de parcourir les écrits d'Athénée et de quelques autres pour s'en convaincre. Pline déclare hautement que les Poulpes étaient très prisés des gourmands de Rome. Aujourd'hui, ces animaux sont quelque peu délaissés. Pêcheurs et marins surtout leur font la chasse et, cependant, nous avouerons sans honte que quelques-uns ont du bon. Mais, il faut bien le dire, ces Mollusques sont, en somme, plus nuisibles qu'utiles; doués de mœurs éminemment carnivores, ils font une chasse redoutable au naissain et aux jeunes Mollusques dont ils absorbent des quantités considérables.

Jadis vivaient sur nos côtes des Céphalopodes gigantesques. Pline parle d'un animal pesant 350 kilogrammes et faisant carnage sur les côtes. M. A. Granger cite un Calmar pêché, il y a quelques années, près de Nice, qui mesurait 1^m,65 de longueur et pesait 5 kilogrammes ; un autre, capturé au large de Cette, mesurait 1^m,90. De tels animaux heureusement sont fort rares.

Ils ont des mœurs nocturnes ou crépusculaires et vivent le plus souvent dans les anfractuosités de rochers, bien cachés, à l'affût d'une proie souvent facile. Avec leurs tentacules ou bras ils saisissent leur proie et l'étouffent avant de la déchiqueter avec le bec corné dont leur bouche est armée (fig. 1 et 2). Mais, à leur tour,

Fig. 1 et 2. — Becs de Céphalopodes.

ils trouvent leurs ennemis dans les Marsouins et les Dauphins qui dévorent leurs bras et leur tête, et dans les oiseaux de proie tels que le Gorfou. Nous signalerons ici les principales espèces mangées par les habitants du littoral.

L'ÉLÉDONE *(Eledona moschata* Lamck.). — Le Musqué, Pieuvre musquée, Pourpre de mai, Poulpe musqué (Provence); Muscardier (Nice); Muscardino (Italie); Karnita tal Misck (pêcheurs maltais).

Les Élédones ont le corps sans nageoires ; les bras sont réunis à leur base par une membrane assez courte et portant une simple rangée de ventouses. Suivant les moments, leur coloration passe du blanc grisâtre au jaune ou au marron avec des taches violacées qui apparaissent surtout lorsqu'elles sont en marche.

Cette espèce se rencontre sur toutes les côtes de la Méditerranée (fig. 3). On la pêche souvent au large, à la surface des eaux où on la voit nager ; sur la côte elle recherche les fonds un peu vaseux de 10 à 100 mètres de

Fig. 3. — L'Elédone musqué *(Eledone moschata* Lamck.).

profondeur ; au printemps elle vient ramper sur les bords.
On la pêche au large à l'aide d'un filet rond à bourse,

monté sur un cercle de fer, porté par un manche assez long, et qu'on appelle *salabre* sur les côtes de Provence.

Sa chair exhale une forte odeur de musc qui ne disparaît pas complètement avec la cuisson. Les anciens l'avaient en grande estime ; aujourd'hui les Italiens, les Sardes et les Corses l'apprécient encore assez fort et la mangent frite, bouillie, en ragoût ou en salade. Sur les côtes de Provence c'est le mets des marins et des pêcheurs ; mais on lui préfère la plupart des autres Céphalopodes.

LE POULPE *(Octopus vulgaris* Lamck.*)*. — La Pieuvre, Pourpre, Picone, le Pourpri, la Chatrouille ou Satrouille, le Satron, le Baligand, le Minard, etc. (sur toutes nos côtes) ; le Poufre (Cette) ; Karnita (pêcheurs maltais) ; Poloo (Portugal).

Le Poulpe a le corps oblong, arrondi et dépourvu de nageoires ; ses bras, tous égaux entre eux, sont réunis à la base par une courte membrane ; ils sont munis de ventouses disposées sur deux rangées parallèles ; suivant qu'il est plus ou moins irrité, sa couleur, normalement d'un gris blanchâtre, passe au jaune, au brun ou au rouge, avec des taches brunes en saillie (fig. 4).

On le trouve sur toutes nos côtes ; il se tient ordinairement caché dans les rochers, entre les pierres, pour guetter sa proie. Sa voracité est extrême, il s'attaque aussi bien aux Poissons qu'aux Mollusques ou aux Crustacés qui, parfois, déchirent sa peau avec leurs carapaces armées de pointes. Souvent on voit aux abords de sa retraite les débris de ses festins ; c'est là un bon indice pour les pêcheurs. Pour le capturer on fait usage d'un chiffon blanc ou d'un Crabe attaché au bout d'une corde que l'on agite et promène devant les anfractuosités des

rochers ; attiré par cette amorce, le Poulpe est saisi par
un crochet en fer terminé en forme d'hameçon.

Fig. 4. — Le Poulpe (*Octopus vulgaris* Lamck.).

La chair du Poulpe est assez bonne et ressemble un

peu à celle de la Langouste. On la mange sur toutes les côtes ; mais, contrairement au dire des anciens, les petits Poulpes sont toujours plus tendres et plus délicats que les gros. On en voit sur tous les marchés du littoral. Sur les côtes de Normandie, au mont Saint-Michel, dit M. le D^r Ch. Ozenne, on laisse les Poulpes séjourner quelque temps dans l'eau bouillante pour les attendrir ; ensuite on les coupe et on les fait cuire avec des légumes et des oignons. Cette eau de cuisson sert à faire des soupes assez estimées, puis on mange les animaux frits dans une pâte à beignets.

Sur les côtes de Provence on attendrit la chair du Poulpe en le battant vigoureusement sur des pierres ou à l'aide d'un roseau, de manière à rompre les fibres de la chair, surtout si son poids dépasse 500 grammes ; tant qu'il est plus petit il est tendre et assez délicat. Après l'avoir écorché, on le mange coupé en tranches et frit ; on l'accommode aussi avec du riz ou des tomates, les plus gros se mangent à l'aïoli. Le prix de vente varie de 10 à 75 centimes l'individu ; ceux qui viennent des étangs sont toujours moins appréciés.

Les Italiens, les Espagnols et les Portugais recherchent encore plus que nous le Poulpe, et peut-être sa chair est-elle plus tendre dans ces pays. Dans l'Archipel, les Grecs modernes pêchent dans la belle saison de grandes quantités de Poulpes qu'ils salent et conservent dans des jarres pour les manger durant les jours maigres et les nombreux jours d'abstinence prescrits par leur religion. Au Japon, ils sont, paraît-il, l'objet d'un commerce considérable.

L'OMMATOSTRÈPHES (*Ommatostrephes sagittatus* Lamck.). — L'Ommastrèphe, le Porte-flèche, le Calmarflèche, le Casseron (Charente-Inférieure) ; le Touteno, Toutenou (Provence).

Ce Mollusque a le corps allongé et muni de nageoires ailiformes à sa base ; il porte huit bras courts armés de

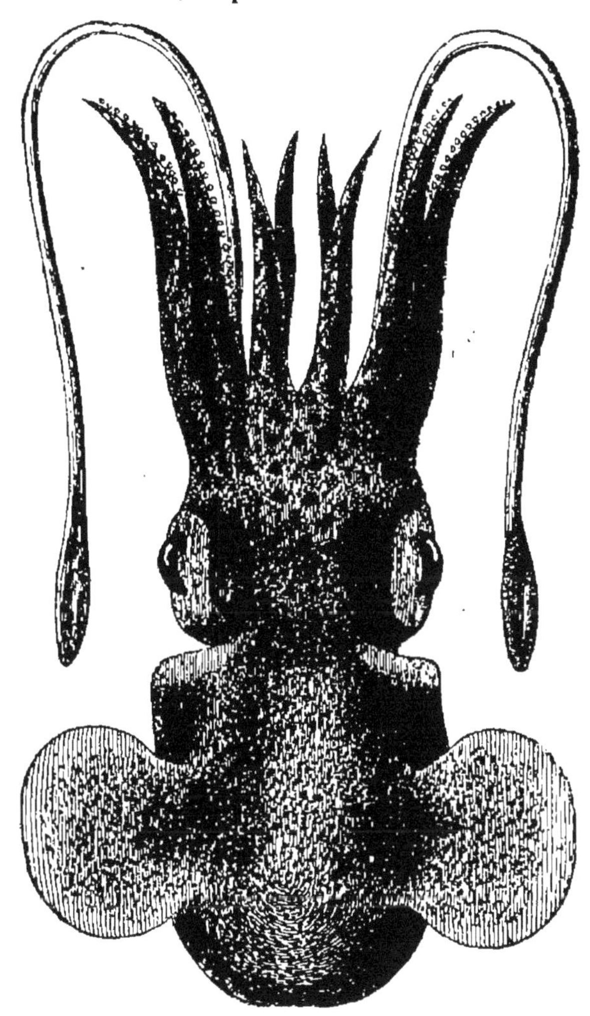

Fig. 5. — La Sépiole *(Sepiola Rondeleti* Lamck.).

cupules à cercle corné et denticulé ; à l'intérieur se trouve un gladius corné, étroit et très allongé en forme de flèche ; sa couleur est d'un blanc nacré avec des reflets violacés.

On le rencontre assez fréquemment dans l'Océan et dans la Méditerranée, vivant par troupes dans la haute mer ; il vient parfois se faire prendre sur nos côtes ; il est plus rare dans le Sud-Ouest où il n'apparaît qu'accidentellement en hiver. M. A. Granger a cité un individu mesurant 1^m,90 de long et pesant 6 livres, jeté, en 1880 par une tempête, sur les côtes de Cette. Sa chair, surtout lorsqu'il est grand, est dure et coriace, même après avoir été fortement battue. On l'apprécie peu sur nos côtes. D'après M. Ch. Ozenne, on pêche une grande quantité d'Ommatostrèphes sur les côtes du Chili, de février à mars, où il est, paraît-il, très recherché à cause de la délicatesse de sa chair.

La Sépiole (genre *Sepiola*). — La Sépieta, lou Sepiou (Nice et Provence) ; Glaüchaü (Aigues-Mortes et Roussillon) ; Dackra (pêcheurs maltais).

Les Sépioles ont le corps court et arrondi, portant deux nageoires latérales étroites ; la tête est ronde et armée de huit bras courts et de deux autres bras tentaculaires du double plus longs et plus grêles ; sa coloration est rose tendre et sa chair comme transparente. On en distingue plusieurs espèces :

La Sépiole de l'Océan (Sepiola atlantica d'Orb.) vit, comme son nom l'indique, sur tout le littoral océanique et remonte jusque dans la Manche sur les côtes du Boulonnais ; elle diffère de l'espèce méditerranéenne ou *Sepiola Rondeleti* par ses nageoires plus larges et par ses bras ventriculaires beaucoup plus courts. Elle est comestible, particulièrement sur les côtes de la Charente-Inférieure et de la Gironde.

La Sépiole de Rondelet (Sepiola Rondeleti, fig. 5) vit également dans la Manche et dans l'Océan, mais elle est

beaucoup plus commune dans la Méditerranée. Sa chair
délicate et fine est très estimée en Provence, en Corse, en

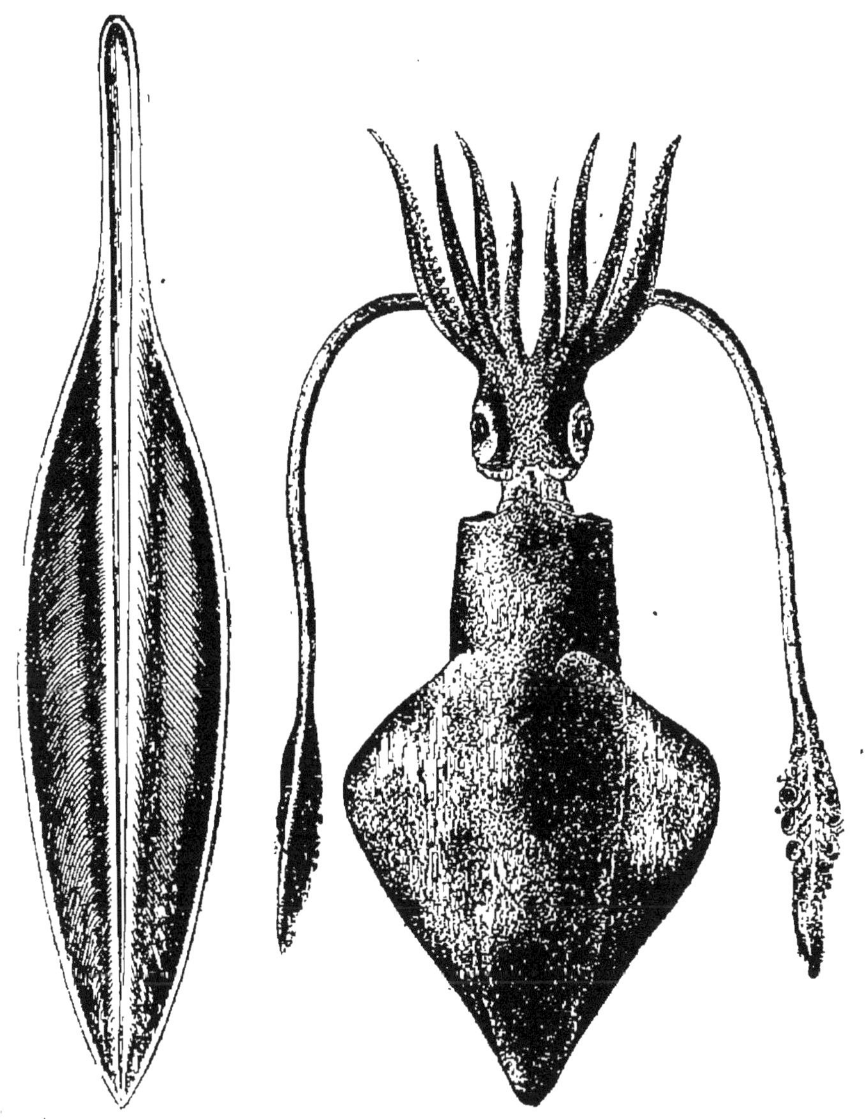

Fig. 6. — Gladius du
Loligo vulgaris.

Fig. 7. — Le Calmar (Loligo vulgaris Lamck.).

Sardaigne, en Italie, etc.; aussi la rencontre-t-on sur presque tous les marchés. On la mange spécialement coupée en tranches et frite. A Montpellier, Moquin-Tandon

raconte qu'on la sert farcie de chair de poisson, parée
de ses tentacules coupés en morceaux et frits. Les pêcheurs s'en servent souvent comme amorce.

LE CALMAR (genre *Loligo*). — Calmar commun, l'En-
cornet; le Glaougeau (Cette); le Touteno ou Toutenou
(Provence); la Seiche rouge (Arcachon); le Cornet, la
Corniche (Bayonne); Chipirones (Basque); Lala (Portugal); Totano (Corse, Italie); Clamar (pêcheurs maltais).

Le Calmar (fig. 7) a le corps allongé, effilé en pointe
vers le bas et muni de deux nageoires latérales trian-
gulaires; ses deux bras sont courts et armés de deux
ou quatre rangées de ventouses; il porte en outre deux
longs tentacules ornés de cercles cornés et dentés à leur
extrémité; à l'intérieur se trouve un gladius également
corné, en forme de plume (fig. 6); sa couleur est d'un
rouge plus ou moins foncé.

On distingue un assez grand nombre d'espèces de Calmar, les uns vivant dans l'Océan, les autres dans la Méditerranée; mais l'espèce de beaucoup la plus commune
est le Calmar vulgaire *(Loligo vulgaris)* qui se trouve sur
toutes nos côtes, et vit en abondance et se pêche en
toute saison. Souvent à l'approche de l'automne, ils se
réunissent en bandes nombreuses; on les capture alors
en grandes masses dans les filets installés sur la côte pour
la pêche des Thons. Ils sont très vifs et fort bons na-
geurs. En août et mai ils approchent des côtes et pondent,
de mai à juillet, des œufs formant un paquet composé
d'un grand nombre de ramifications rayonnant autour
d'un point central; chaque paquet peut contenir jusqu'à
quarante mille œufs.

En Provence on les pêche par quinze à vingt brasses
sur les bords sablonneux ou vaseux à l'aide d'une ligne

garnie de plusieurs hameçons surmontés d'un morceau
d'étoffe blanche. Les Calmars réfugiés sous les algues,
prenant cette amorce pour quelque poisson s'y jettent
brusquement et se font piquer aux hameçons; il faut
avoir soin de tenir la ligne continuellement en mouvement pour mieux simuler le frétillement du poisson.

« Les pêcheurs napolitains, dit M. le Dr Brocchi, les
capturent avec un engin assez simple ; c'est un poids de
plomb, ayant la forme d'un fuseau allongé. Le poids a
un décimètre de longueur et un diamètre d'un centimètre seulement dans sa partie la plus renflée ; à une
des extrémités de ce fuseau de plomb, se trouve une
couronne de minces crochets recourbés, longs d'un peu
plus d'un centimètre ; l'autre extrémité est munie d'un
petit anneau pour passer une corde. Au-dessus de la
couronne de crochets, le fuseau porte une petite rainure
où l'on dispose du suif. Le Calmar vient pour manger
le corps gras, et on l'enlève avec les hameçons. »

Le Calmar est un Céphalopode estimé ; sa chair, lorsqu'il n'est pas trop gros, est assez délicate et moins par-
fumée que celle de la Seiche. Les Romains en faisaient
très grand cas ; après en avoir coupé les bras, ils en
faisaient des pâtés, les farcissaient de moelle et les
arrosaient d'aromates. En Italie on les prépare encore
d'une façon analogue, assez complexe, mais qui les rend
très bons ; nous en avons mangé jadis d'excellents à Livourne, mais il nous serait bien difficile d'en donner la
recette.

On voit le Calmar sur tous les marchés de la Provence, de l'Italie, des côtes de l'Espagne et du Portugal ;
on le mange également sur les côtes du sud-ouest de
la France, notamment à Bayonne ; dans cette région

on vend plusieurs espèces différentes sous le même nom ; les jeunes, qui sont les plus estimés se payent de 15 à 30 centimes la pièce. A Marseille on les vend couramment de 1 franc à 1 fr. 50 le kilogramme ; on les mange farcis, avec du riz, des épinards, des tomates, etc. On les trouve également sur les marchés d'Orient, à Trieste, en Grèce, à Smyrne et jusqu'à Suez où ils sont particulièrement appréciés.

La Seiche (genre *Sepia*). — Supi (Provence) ; Casseron (Bordelais) ; Chôco (Lisbonne) ; Seppia (Corse, Italie) ; Siccia (Maltais).

La Seiche (fig. 10) a le corps court et ovalaire, muni de deux nageoires latérales, étroites, mais aussi hautes que le corps ; la tête est entourée de huit bras très courts ornés de quatre rangées de ventouses et de huit bras tentaculaires très longs ; à l'intérieur le gladius est remplacé par un osselet calcaire (fig. 9) ; à l'état de repos sa coloration est d'un rose jaunâtre irisé et parsemé de taches blanches ; mais lorsque l'animal est irrité, son dos se hérisse de saillies irrégulières d'un marron foncé métallique.

A l'intérieur il existe une poche à encre qui communique avec l'extérieur par un petit canal. Lorsque la Seiche est menacée d'un danger, elle lance une partie de cette liqueur, qui trouble l'eau et la masque à son ennemi. Ses œufs ou raisins de mer (fig. 8) sont attachés par grappes aux plantes marines.

On distingue plusieurs espèces de Seiches, toutes comestibles.

La Seiche commune *(Sepia officinalis* Lin., fig. 10) est extrêmement répandue et vit sur toutes nos côtes, aussi bien dans la Manche que dans la Méditerranée. Dans l'Océan on trouve également une autre espèce *(Sepia*

Filliouxi Laf.), dont le gladius est moins bombé; dans la baie d'Arcachon elle apparaît au printemps, tandis que la Seiche officinale ne s'y montre qu'en automne. D'autres formes plus rares vivent dans la Méditerranée.

Fɪɢ. 8. — Œufs de Seiche.

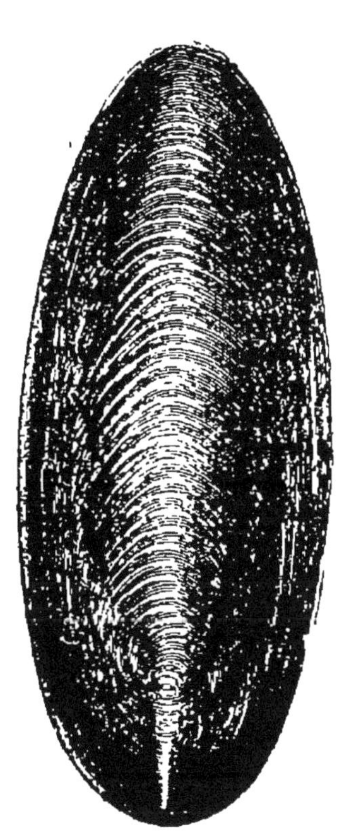

Fɪɢ. 9. — Os de Seiche.

La Seiche est comestible, mais elle ne vaut pas le Calmar. Les Grecs la faisaient figurer dans les repas de grande cérémonie; on avait alors coutume d'en envoyer comme présent le cinquième jour de la naissance des enfants avant de leur imposer un nom. Aujourd'hui on la mange surtout dans le Midi; on la voit journellement sur les marchés de Bordeaux, de Cette, de Marseille, de Lisbonne, de Carthagène, etc. Sur nos côtes on la vend de 75 centimes à 1 franc le kilogramme. On l'accommode, en Provence, avec du riz ou de la tomate ; quelques per-

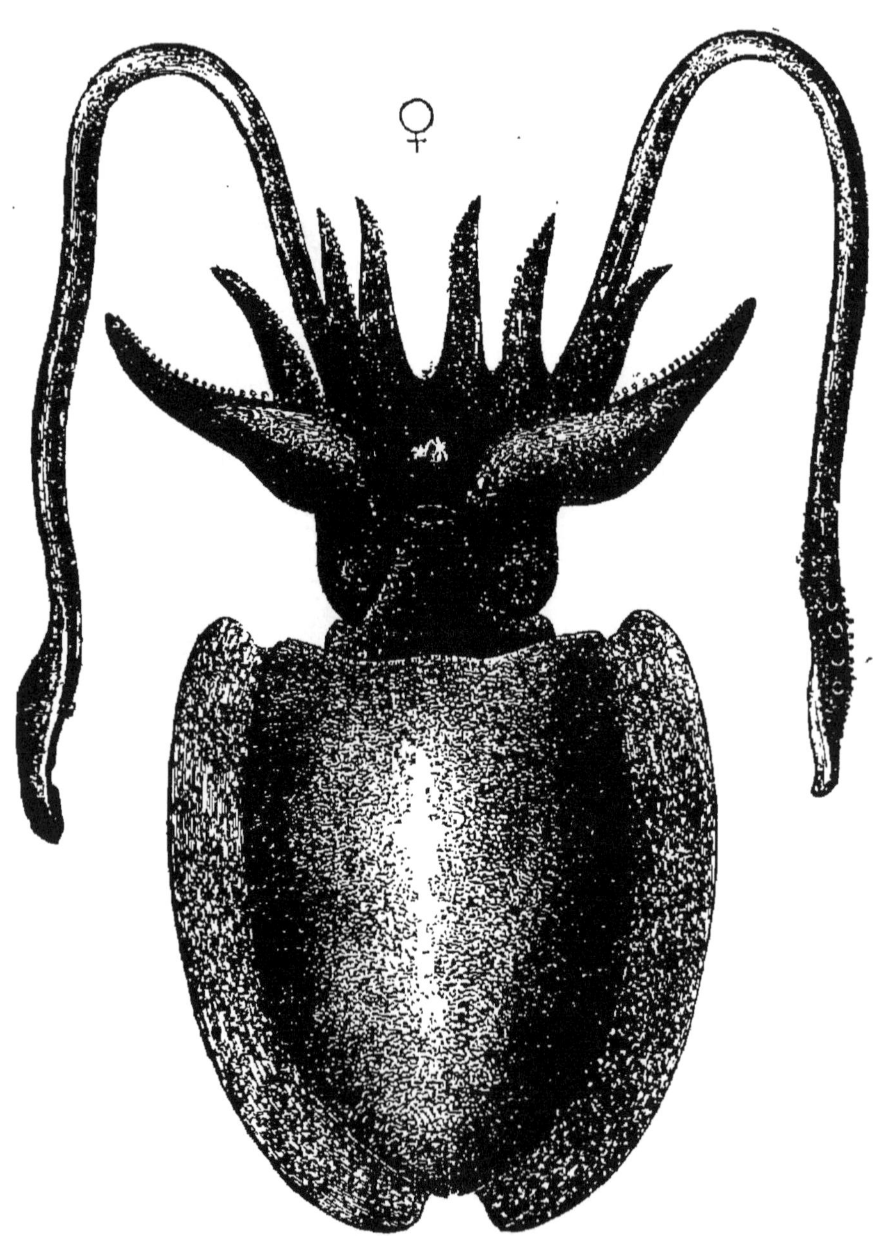

FIG. 10. — La Seiche *(Sepia officinalis* Lin.)

sonnes préfèrent la manger coupée en tranches et frite à
l'huile. Le gladius desséché est donné aux oiseaux en

cage pour user leur bec; on fabrique avec elle des poudres dentifrices et de la sandaraque.

On en fait une grande consommation en Italie, en Grèce et dans le Levant; sur les côtes de l'Adriatique, dit le Dr Ozenne, elle constitue le fond de l'alimentation; les habitants de Slossella, dans le comté de Sébenio, se nourrissent, au printemps, presque exclusivement de Seiches. Dans quelques ports de l'Adriatique, on les sale pour les envoyer dans les villes d'Italie où on les mange pendant le carême. On fait même, paraît-il, pour les accommoder, une sauce avec leur encre, dont Bartholomé Scappus a donné la recette.

La petite Seiche (*Rhombosepion elegans* d'Orb.), appelée Supiou en Provence, est de taille beaucoup plus petite; elle est très estimée dans le Sud-Ouest et dans la Méditerranée; à Marseille on la vend jusqu'à 2 francs le kilogramme; on la pêche en Calabre et on l'accommode comme la Seiche ordinaire.

Quand la Seiche est au large, on la pêche comme le Poulpe avec la salabre. Souvent aussi on la capte de la manière suivante : les pêcheurs, après s'être procuré une Seiche femelle, passent à travers son corps dans le sens de la longueur une ficelle de deux mètres environ, dont ils attachent l'autre extrémité à l'arrière de leur bateau. Les mâles ainsi attirés viennent en nageant se fixer contre cette amorce, et en retirant la ligne avec précaution on les saisit à la main, pour recommencer à nouveau avec la même femelle qui peut servir un grand nombre de fois.

Une autre espèce de Seiche, le *Sepia Sinensis*, se mange en grande quantité au Japon, sous les noms de *Niao-tse-ia, Niao-tse* ou poisson voleur d'oiseaux, de

Me-ia, poisson noir, et de *Lan-ia* ou poisson muni de cordes. M. le Dr Ozenne, à qui nous empruntons ce renseignement, ajoute, d'après une note manuscrite de Péron : « Les Seiches paraissent très communes en ce golfe, car le rivage est partout couvert de sépiostaires (gladius), dont beaucoup, de très grande taille, indiquent une espèce d'une grande dimension, tandis que d'autres plus petits, annoncent quelques espèces plus petites. Leur chair paraît fort délicate, car j'ai vu les matelots s'en montrer avides, et manger avec délices les restes de ces animaux qu'ils avaient retirés, à moitié digérés, de l'estomac des Requins et des Phoques. »

GASTROPODES MARINS

On appelle Gastropodes des Mollusques pourvus d'un disque allongé servant de pied et faisant suite à la tête. Ils ont une coquille qui est presque toujours externe, et ils rampent et se déplacent lentement au fond de l'eau sur le sable, la vase ou les rochers. La plupart sont androgynes, c'est-à-dire mâle et femelle à la fois ; ils donnent naissance à des œufs de formes très diverses.

Leur chair est presque toujours plus dure et plus coriace que celle des Céphalopodes ; en outre, si le nombre des espèces de Gastropodes qui vivent dans nos mers est beaucoup plus considérable que celui des Acéphales et des Céphalopodes, en revanche la plus grande partie de ces animaux ont une taille telle qu'ils ne sont d'aucun secours pour l'alimentation de l'homme. Enfin la disposition même de leur coquille ne permet pas toujours d'en extraire facilement l'animal. Chez les coquilles enroulées, l'animal s'enfonce plus ou moins profondément et il faut, pour l'extraire, ou briser la coquille ou faire cuire l'animal pour l'extirper à l'aide d'un petit crochet. Chez d'autres au contraire, comme les Patelles ou les Haliotides, la coquille ne fait que recouvrir l'animal ; on peut alors l'en détacher facilement.

On divise les Gastropodes en Opistobranches et Prosobranches. Les Opistobranches ne renferment pas, à proprement parler, des Mollusques utilement comestibles surtout en France, nous ne nous occuperons donc que des Gastropodes prosobranches.

LE BUCCIN *(Buccinum undatum* Lin.) — Le Buccin ondé ; le Ran, le Calicoquot (Cherbourg, la Hougue) ; l'Escargot de mer (Normandie) ; le Whelk (Anglais); Wulk ou Villoksen (Hollandais); Wulk, Wullok (Belgique).

Coquille d'un galbe fusiforme-ventru, mesurant de 60 à 70 millimètres de hauteur, composée de sept à huit tours à profil arrondi, ornée de côtes longitudinales ondulées et flexueuses recoupées par des stries transversales ; ouverture ovalaire ; coloration d'un gris roussâtre, avec l'ouverture blanche.

Cette espèce est très répandue sur toutes nos côtes de la Manche et surtout de l'Océan, depuis le Boulonnais jusque dans le bassin d'Arcachon, mais elle ne passe pas dans la Méditerranée. L'animal recherche les plages sablonneuses et aime à s'enfoncer dans le sol à l'aide de son pied. Il dépose ses œufs en forme de capsule sur les plages, groupés en petites masses ; chaque capsule renferme cinq ou six animaux ; les marins s'en servent pour se laver les mains et les désignent sous le nom de Savon de mer.

Sur nos côtes on le prend à la main ou au râteau ;

on le mange surtout sur les côtes de Normandie, où on
en fait d'excellentes amorces pour les lignes à pêcher le
poisson. « A Port-Patric, dit Johnston, le Buccin ondé est
capturé dans des paniers où l'on dépose des morceaux
de poisson et qu'on plonge à dix brasses de profondeur
environ dans la mer, à un quart de mille du port ou du
vieux château ; on les relève chaque jour pour enlever les
Gastropodes qui ont pénétré dans l'intérieur, dans le
but de dévorer les morceaux de poisson déposés. Chaque
Buccin suffit à l'amorce de deux hameçons ; en estimant
à quatre mille cinq cent le total des hameçons que lan-
cent tous les bateaux en bloc, autant que ces conditions
se trouvaient remplies, on détruit par jour deux cent
cinquante de ces gros Gastropodes ; on en userait donc
ainsi soixante et dix mille par an. Bien que cette consommation se restreigne sous un espace assez étendu,
il semble néanmoins que ces Mollusques y surabondent
plus que jamais. »

La chair des Buccins est assez coriace, surtout quand
ils sont un peu gros ; sur les côtes de la Manche on en
fait une sorte de soupe qui est assez bonne ; on les
mange également bouillis ou grillés. En Normandie
ils valent de 15 à 40 centimes la douzaine ; à Bordeaux
ils sont plus chers ; on les débite à raison de 10 à 15 centimes la pièce ; on les voit très rarement sur le marché
de Paris, où ils viennent plutôt à titre de curiosité :
en Belgique, à Bruges, ils valent de 2 à 5 centimes la
pièce.

La Pourpre (genre *Purpura*). — Ce genre comprend
plusieurs espèces bien distinctes. La Pourpre de l'Océan
(*Purpura Oceanica* Loc.), est une coquille fusiforme-
ventrue, mesurant 60 millimètres de hauteur pour 40

de diamètre, composée de sept à huit tours peu distincts, à profil anguleux ; le dernier tour est orné d'un cordon de nodosités peu saillantes. Tout le reste du test est recouvert de stries transversales ; sa couleur est d'un gris roux, et l'intérieur de l'ouverture d'un beau rouge un peu foncé (fig. 11).

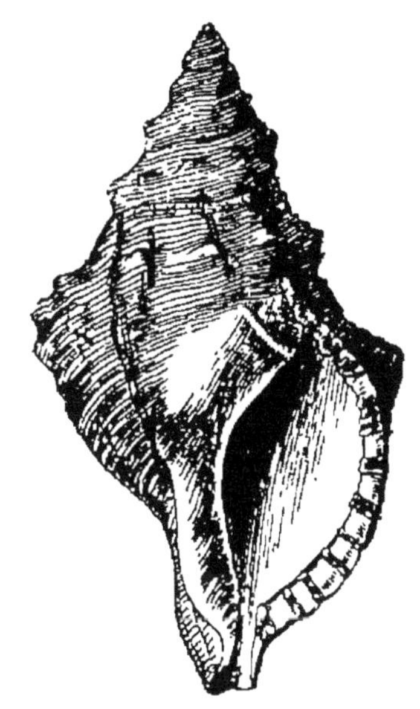

Fig. 11. — La Pourpre de l'Océan
(*Purpura Oceanica*, Loc.).

Fig. 12. — Capsules ovulaires
de la petite Pourpre.

Cette espèce est assez répandue sur nos côtes océaniques, depuis Brest jusqu'à Biarritz où les pêcheurs l'appellent Ouarque. Dans la Méditerranée elle est remplacée par une forme voisine, mais différente, le *Purpura hæmastoma* Lin., avec le dernier tour orné de nombreux tubercules très saillants. Nous n'avons pas à parler ici de la Pourpre en tant que substance colorante, mais nous dirons que, parfois, les marins et les pêcheurs la mangent ; sa chair, nous a-t-on dit, est moins dure et moins coriace que celle du Buccin.

La petite Pourpre (*Purpura lapillina* L., et *P. imbri-*

cata Lamck.) est de taille plus petite ; elle ne mesure
que 30 à 35 millimètres de hauteur pour 20 à 23 millimètres de diamètre. Chez le *Purpura lapillina* le test
est orné de stries transversales qui se recouvrent d'im-
brications chez l'autre espèce ; nous avons désigné sous le
nom de *P. Celtica* une autre forme d'un galbe beaucoup
plus allongé. Ces trois espèces sont de coloration très
variable, passant du blanc au roux plus ou moins foncé,
avec ou sans bandes transversales plus colorées.

On ne trouve la petite Pourpre que dans la Manche
et dans l'Océan ; ses œufs sont enfermés au nombre de
cinq à six cents dans de petites capsules ovulaires bien
closes (fig. 12), fixées aux pierres ou à tout autre objet.
Elle est extrêmement commune ; à marée basse, on peut
en faire une ample récolte sous les rochers ou sous les
pierres à travers le sable ; la chair sans être des plus
délicates est encore bien meilleure que celle des Buccins
et des grandes Pourpres. On vend cette coquille dans la
Manche à raison de 15 centimes la mesure d'un 1/2 litre,
sous le nom de petit Calicoquot ; c'est un bon appât pour
la pêche. M. Dutot, de Cherbourg, nous écrit que certains navires de pêche, qui avaient manqué de bœtte
dans les eaux de Terre-Neuve l'an dernier, s'en sont servi
comme appât et s'en sont parfaitement trouvés. On en
fait une grande consommation sur toute la côte néer-
landaise, à Bruges et surtout à Anvers.

Les Cassidaires (genre *Cassidaria*). — Piade (Provence) ; Pozzelete (Venise).

Les Cassidaires sont des coquilles assez grosses, d'un
galbe piriforme, allongé dans le bas, légèrement conique
dans le haut, mesurant de 50 à 60 millimètres de hauteur et environ 40 de largeur. On en rencontre plusieurs

espèces *(Cassidaria echinophora* Lin., *C. Bucquoyi* Loc., *C. mutica* Tib. (fig. 13), *C. rugosa* Lin.) que l'on distingue à leur galbe plus ou moins allongé, et au mode d'ornementation qui les décore. Le test est recouvert de côtes transversales plus ou moins accusées, tantôt lisses, tantôt ornées d'un nombre plus variable de petits mamelons rapprochés; la coquille est d'un blanc roux.

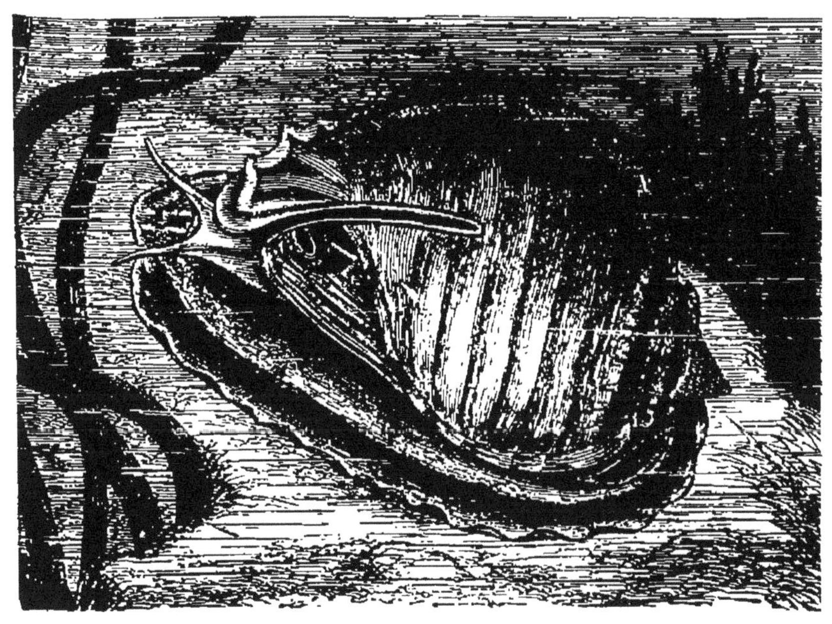

Fig. 13. — Le Cassidaire *(Cassidaria mutica* Tib).

Les Cassidaires ne vivent que dans la Méditerranée à d'assez grandes profondeurs ; ils sont ramenés à terre par les filets des pêcheurs. Leur chair n'est pas très bonne, elle présente quelque analogie avec celle des Murex. M. A. Granger nous écrit que l'on rencontre, sur les marchés du Roussillon et de la Provence, ces Mollusques confondus avec d'autres qui pourtant ne leur ressemblent guère. On les mange également sur les côtes d'Italie et dans l'Adriatique. On les fait bouillir ou rôtir sur le gril.

LES TRITONS (genre *Tritonium*). — Le Cornet ou Corno (Provence); la Conque marine; le Brogna (Maltais); la Tromba (Italie).

On distingue une huitaine d'espèces de Tritons sur nos côtes, mais trois seulement se vendent sur les marchés comme espèce comestible.

Le Triton nodifère *(Tritonium nodiferum* Lamck.). C'est le plus grand de nos Gastropodes français ; sa taille ordinaire atteint de 23 à 25 centimètres de hauteur ; son galbe est fusiforme-ventru ; sa spire composée d'une dizaine de tours légèrement arrondis est assez acuminée, le dernier tour gros et un peu ventru ; le test est orné de cordons aplatis et de quelques varices longitudinales lamelleuses ; sa teinte est d'un fond blanchâtre avec des flammes rousses et l'intérieur de l'ouverture d'un beau blanc nacré.

Lorsqu'on brise la pointe de cette coquille, on peut s'en servir comme d'une trompe ; ainsi faisaient les anciens qui connaissaient bien cette coquille ; ainsi de même font encore les pêcheurs et les bergers sur la côte de la Méditerranée. On trouve ce beau Triton dans l'Océan et dans la Méditerranée ; il vit dans les grands fonds et n'est guère capturé que par les filets placés par trente brasses de profondeur. Sa chair est quelque peu coriace, surtout lorsqu'il est grand ; on le voit pourtant sur les marchés du littoral où il se vend de 60 à 75 centimes la pièce ; il devient rare dans l'est de la Provence ; il est plus commun sur les côtes du Roussillon, au Barcarès.

Il est parfois assez difficile d'extraire l'animal de sa coquille ; les pêcheurs pour s'en emparer attendent que l'animal, lorsqu'il est bien tranquille, sorte une partie de son pied hors de la coquille ; ils enlacent alors rapidement, entre le mollusque et son opercule, un nœud coulant et font cuire le tout durant une bonne heure ; en retirant la ficelle avec précaution on extirpe en même temps l'animal, au moins en grande partie. On le mange généralement cuit à la vinaigrette.

Le Triton froncé (*Tritonium corrugatum* Lamck.) est aussi désigné sous le nom de petit Triton, ou petit Corno ; c'est une coquille d'un galbe fusiforme un peu étroitement allongé : son test très épais, est ridé transversalement et orné de côtes longitudinales garnies de petits tubercules irréguliers ; il est presque toujours recouvert d'un épiderme épais de drap marin roux ; l'ouverture est fortement plissée en dedans, et d'une belle teinte blanche ; il ne mesure que 80 à 90 millimètres de hauteur.

Cette espèce très rare dans l'Océan est assez commune dans la Méditerranée ; elle vit de préférence sur les fonds sablonneux et à de moins grandes profondeurs que la précédente ; sa chair est toujours coriace, moins bonne même que celle du Triton nodifère. Sur le marché de Cette on la vend assez couramment mélangée avec des Murex. On ne peut la manger que cuite.

Le Triton cutacé (*Tritonium cutaceum* Lamck.) a un galbe fusiforme court et renflé ; son test est orné de cordons transverses bien marqués ; il est recouvert d'un épiderme très mince et membraneux, d'un roux clair ; l'ouverture dentée à l'intérieur et d'un blanc nacré est accompagnée au dehors d'un épais bourrelet. Cette coquille mesure de 60 à 65 millimètres de hauteur.

Cette espèce, ainsi que deux autres formes très voisines, vit dans l'Océan et dans la Méditerranée, depuis Brest, jusqu'à Nice, mais sans être jamais bien commune. Sa chair n'est guère meilleure que celle de l'espèce précédente ; on la mange bouillie surtout sur le littoral de Cette, où, comme l'a si bien fait observer M. A. Granger, les habitants consomment sans répugnance presque tous les Mollusques de la côte. On la trouve sur les marchés de Cette et de quelques autres villes, mélangée à des Murex.

LES MUREX (genre *Murex*). — Rocher, Chicoré ; Biou outa et Biou arpu (Provence) ; Bunseggi (Ligurie) ; Sconcigli (Naple) ; Caocciole (Tarente) ; Garusola (Venise) ; Bulo maschio, Bulo femina, Garusola (Adriatique) ; Bakkum (Maltais) ; Busio (Portugal) ; Stachelschnecken (Allemagne).

Il existe un grand nombre de Murex ; ils sont tous comestibles à la condition qu'ils atteignent une taille suffisante ; sur les marchés on vend surtout les *Murex brandaris* et *M. trunculus* ; les *Murex erinaceus* et *M. Tarentinus* plus connus sous le nom de Cormaillots font une chasse acharnée aux coquilles ; ils sont tout aussi bons à manger, mais on ne vend pas ces ennemis dës Mollusques, on se contente de les détruire le plus qu'on peut. Nous en parlerons dans un autre chapitre.

Le Murex massue *(Murex brandaris* Lin.) (fig. 14) est aussi appelé Droite-Épine ; c'est le Biou arpu des Provençaux. Sa coquille est d'un galbe piriforme à spire très courte, terminé dans le bas par un canal étroit et très allongé ; les tours de la spire sont ornés de deux rangées de longues épines ; sa couleur est d'un roux pâle avec l'intérieur de l'ouverture d'un roux plus foncé. Sa taille atteint de 70 à 80 millimètres de hauteur.

Cette espèce est très commune sur toutes nos côtes de
la Méditerranée et plus particulièrement dans la partie
ouest ; elle vit sur les fonds sablonneux, à une profondeur variant de cinq à quinze brasses ; les pêcheurs
en ramassent souvent de grandes quantités avec leurs
filets où le Murex s'accroche par ses épines. Aux envi-

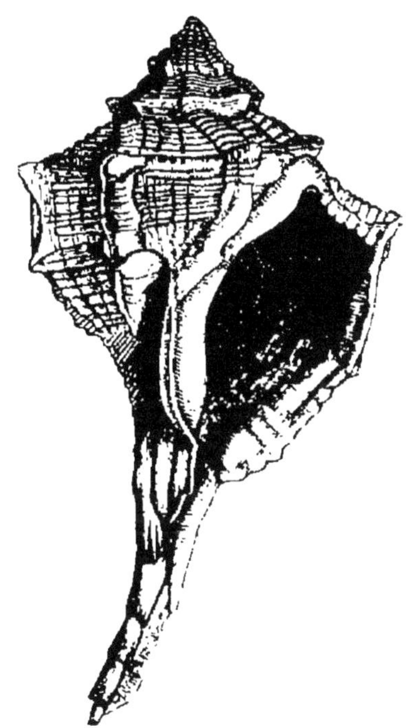

Fig. 14. — *Murex brandaris* Lin.

rons de Marseille on la pêche souvent au girellier, sorte
de nasse ronde et plate au centre supérieur de laquelle
est pratiquée une petite ouverture par laquelle s'introduit
le Mollusque attiré par quelque morceau de Morue, de
Hareng, des têtes de Thon, etc., que l'on dispose préalablement en guise d'appât.

Sa chair est assez dure et ne nous paraît pas un bien
grand régal ; on la mange bouillie, soit à la vinaigrette,
soit avec l'aïoli. A Marseille on vend les Murex à raison de

25 centimes la douzaine. Le Dr Senoner nous apprend que, dans l'Adriatique, on les trouve en quantité sur les marchés et qu'ils sont très estimés de la classe pauvre qui en fait une grande consommation. Il en est de même en Italie, en Corse, en Sardaigne et en Algérie. Sans prétendre rien affirmer, il nous semble que leur chair est meilleure dans ces pays que sur les côtes de France. Il y a peut-être là une simple influence d'habitat qui peut en effet agir sur la qualité de la chair.

On sait que la liqueur blanchâtre que sécrètent les Murex est particulièrement photogénique; exposée à la lumière elle passe successivement au jaune, au vert, puis au violacé; elle entrait dans la composition de la liqueur purpurigène des anciens.

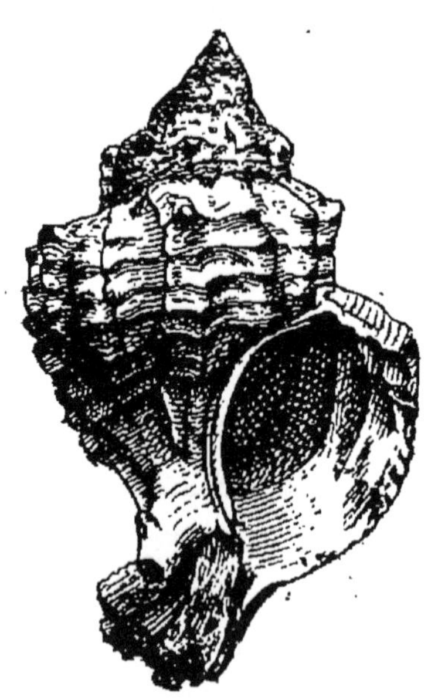

FIG. 15. — *Murex trunculus* Lin.

Le Murex fascié (*Murex trunculus* Lin.) (fig. 15), le Biou outa des Provençaux, possède les mêmes qualités, les mêmes propriétés que son congénère. Sa coquille se distingue par son galbe subfusiforme un peu court, aussi développé en dessus qu'en dessous, à spire plus haute et à canal beaucoup plus court; son test est orné de stries transversales ; sur chaque tour on distingue une seule rangée d'épines peu saillantes ; dans le jeune âge on observe sur le test des bandes brunes transversales, mais plus tard elles disparaissent sous un épiderme brun ou verdâtre ; sa taille varie de 60 à 65 millimètres de hauteur.

LES CÉRITHES (genre *Cerithium*). — Il existe un grand nombre de Cérithes dans la faune méditerranéenne : mais la plupart sont de petite taille ; nous avons vu souvent les pêcheurs corses ou italiens en briser la coquille pour en retirer un petit animal qui fournit une excellente amorce ; mais une seule espèce est réellement comestible, le *Cerithium vulgatum*, et encore la qualité de sa chair laisse-t-elle beaucoup à désirer.

Le Cérithe ordinaire (*Cerithium vulgatum* Brug.) appelé encore : Cérithe Goumier ; Caragollo (Gênes); Campanari, Caragollo longo (Adriatique); Brancutlu (Maltais), etc., a une coquille d'un galbe turriculé très allongé, avec une spire pointue, et une ouverture de petite taille ; ses tours plus ou moins distincts sont ornés de rangées transversales de tubercules plus ou moins saillants ; sa teinte est d'un gris jaunâtre passant au roux ou au verdâtre, avec l'intérieur de l'ouverture plus foncé ; sa hauteur varie de 40 à 60 millimètres.

La chair des Cérithes est assez médiocre ; elle présente surtout ce grand inconvénient qu'elle est difficile à extraire des profondeurs de sa coquille. Nous avons souvent vu mettre une poignée de Cérithes avec leur coquille dans la bouillabaisse ; mais il est vrai de dire, que, comme dans l'olla podrida, on peut y mettre tout ce que l'on veut en fait de frutti di mure, à la condition de ne pas être obligé d'en manger. Sur les côtes d'Italie, dans l'Adriatique, ce Mollusque n'est guère apprécié que par la classe nécessiteuse.

LES APORRHAÏS (genre *Aporrhais*). — Les Aporrhaïs Chénopus ou Anserines, appelés Zumarugola dans l'Adriatique et Tricorni par les pêcheurs maltais, sont des

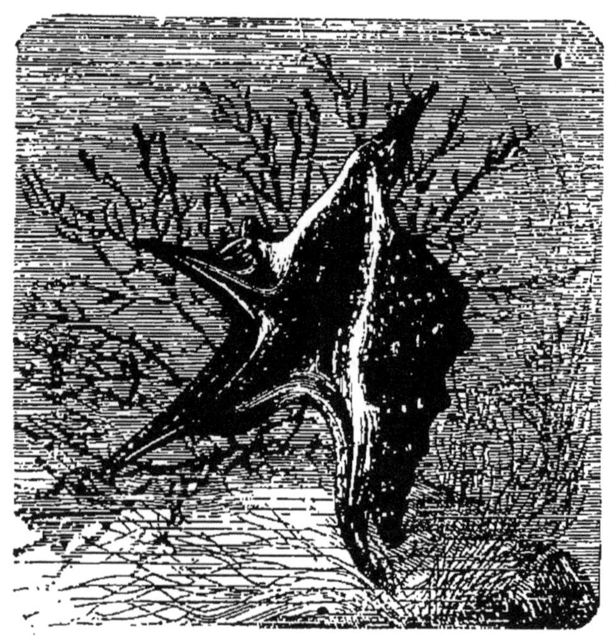

Fig. 16. — *Aporrhais pelecanipes* Lin.

Gastropodes dont le galbe rappelle celui des Cérithes, mais dont l'ouverture beaucoup plus grande est dilimitée par une expansion digitiforme plus ou moins palmée, à la manière d'un pied d'oiseau ; leur test est orné de côtes longitudinales un peu noueuses dans le milieu; leur coloration est d'un roux clair, avec l'ouverture blanche ; ils mesurent de 40 à 50 millimètres de hauteur (fig. 16).

Les Aporrhaïs vivent dans l'Océan comme dans la Méditerranée ; on en distingue trois espèces : *Aporrhais pelecanipes, A. bilobatus,* et *A. Serresianus,* caractérisées par la forme ou le nombre des digitations aperturales. Mais on ne mange que l'espèce méditerranéenne appelée Pied de Pélican ; sa chair est assez bonne une fois bouillie. Le D\r A. Senoner dit que, dans l'Adriatique, cette espèce habite les fonds bourbeux à une profondeur de cent cinquante pieds, et qu'on la rencontre fréquemment sur les marchés ; les ouvriers, ajoute-t-il, estiment beaucoup ce petit Mollusque.

Les Littorines (genre *Littorina*). — Le Vigneau, la Vignette, le Brigeau, le Bigorneau, le Brelin, le Verlin, le Pilo noir ; Borrelho (Portugal); Alikruik ou Olikruik (Hollande); Pariwinckle (Angleterre) ; Slakhnys, Karakool, Karrekool (Flamand).

Le genre *Littorina* est très riche en espèces; nous en avons admis une quinzaine dans notre *Prodrome;* toutes sont comestibles, mais nous ne parlerons ici que des grosses espèces qui se vendent sur les marchés et qui appartiennent au groupe du *Littorina littorea.* Ce sont des coquilles d'un galbe plus ou moins globuleux, à spire peu haute, au dernier tour très arrondi, orné de cordons transversaux minces et assez saillants ; leur coloration est d'un brun plus ou moins foncé, passant au verdâtre, et leur hauteur varie de 22 à 27 millimètres. Nous avons admis dans ce groupe trois espèces : le *Littorina littorea* (fig. 17), dont le galbe est renflé et un peu globuleux ; le *L. Armoricana,* dont la spire est plus haute et le galbe plus élancé ; enfin le *L. sphœroidalis,* qui est complètement globuleux avec la spire très courte.

Ses œufs sont constitués par une petite sphère vitel-

line et par une masse considérable d'albumine dont la
couche externe durcie forme la coque ; ces masses gélatineuses sont suspendues et agglutinées aux plantes
marines ou aux rochers (fig. 18).

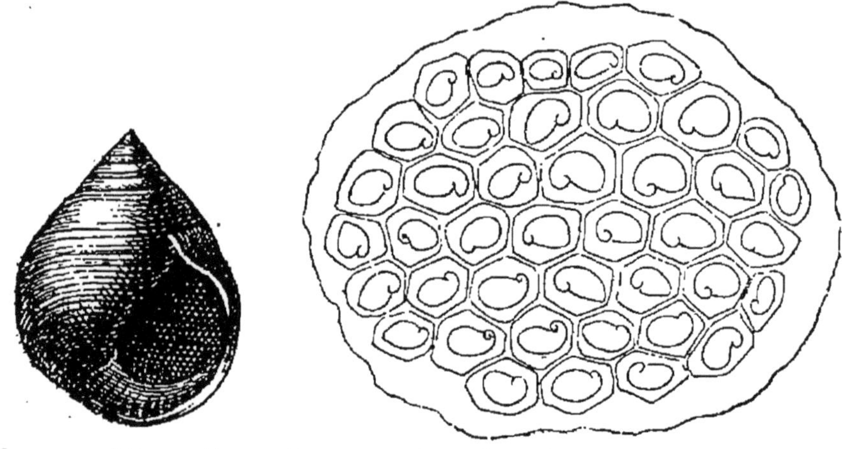

Fig. 17.— *Littorina littorea* Lin.   Fig. 18. — Œufs de Littorines.

Toutes ces Littorines sont très communes dans la
Manche et dans l'Océan. Elles sont ovipares, et se nourrissent de plantes marines. Comme leur nom l'indique
au moins pour l'une d'elles, elles se plaisent au bord de
la mer, sans jamais descendre à de grandes profondeurs ;
à marée basse, les femmes et les enfants en récoltent de
grandes quantités qu'ils gardent pour la consommation
du ménage ou qui sont vendues au marché voisin. On
vend en effet cette espèce non seulement dans toutes
les villes du littoral, mais on l'exporte même au loin.
On en voit quelquefois sur le marché des halles à Paris.

Sa chair est assez bonne ; on la mange crue ou cuite ;
à Rennes, dit le Dr Ozenne, où l'on en fait une grande
consommation, on mange les Littorines avec des beur-
rées. Sur les côtes de l'Océan, on en fait une très bonne
soupe. Son prix de vente est très variable suivant les localités et aussi suivant les provenances. Dans la Manche

on vend la Littorine noire 30 centimes le demi-litre, et
25 centimes les autres espèces mélangées. A Bordeaux,
on les vend 30 et 40 centimes le litre ; à Paris, nous avons
vu vendre les mêmes coquilles, naturellement moins
fraîches, 40 et 60 centimes la douzaine. A Londres, dit
Brehm, on en importe sur les marchés de Poissons près
de 2000 buschels par semaine (le buschel représentant
un peu plus de 46 litres), depuis mars jusqu'en août,
et 500 boisseaux environ par semaine pendant les six
autres mois. On la mange également en Belgique et en
Hollande, où elle vaut 25 centimes le demi-litre.

Le Turbo *(Turbo rugosus* Lin.). — Le Turbo scabre
est la plus grosse des coquilles turbinées de nos côtes.
Son galbe est un peu déprimé, plus large que haut, avec
six tours faiblement carénés, ornés de grosses côtes
longitudinales très ondulées ; en dessous règnent des
cordons transversaux granuleux ; l'ouverture arrondie est
fermée par un gros opercule calcaire appelé œil de saint
Jacques ou œil de sainte Lucie suivant les pays. La
teinte de la coquille est d'un gris roux ou cendré, avec le
dessous rougeâtre ; sa hauteur varie de 35 à 45 millimètres, et son diamètre de 45 à 55 millimètres.

Cette espèce ne vit que dans la Méditerranée ; elle est
carnassière ; elle s'introduit fréquemment dans les
nasses ou autres engins fixes posés en mer pour la pêche
des crustacés. Elle remonte accidentellement jusqu'à
Biarritz.

Sa chair est quelque peu coriace ; malgré cela les
pêcheurs et même quelques autres personnes la mangent
assez volontiers ; on la trouve sur les marchés de Cette
et de quelques autres villes du littoral méditerranéen, à
Alger, Bône, etc. On la mange rôtie ou bouillie.

Les Troques (famille des *Trochidæ*). — La Toupie, le Brelin; le Biou roud (Provence) ; Naridale, Caragolo tondo (Adriatique); Sgorra, Babbeck (Maltais); Kreisel-schnecken (Allemand) ; Tolhorendlak (Flamand).

La grande famille des Trochides comprend un nombre considérable d'espèces dont quelques-unes plus grosses que les autres, sont comestibles ; elles appartiennent aux deux genres *Zizyphinus* et *Caragolus*.

Les *Zizyphinus* ont un galbe conique, à profil presque droit ; le test est lisse ou orné de cordons transverses ; leur coloration est très variée, tantôt monochrome, tantôt flammulée de diverses teintes; l'ouverture est plus ou moins anguleuse ; ils mesurent de 25 à 30 millimètres de hauteur, et à peu près autant de diamètre à la base.

Les *Caragolus* ont un galbe conoïde-globuleux ; les tours sont arrondis et le dernier tour est gros et ventru ; le test est très épais, l'ouverture presque circulaire ; la coquille d'une teinte grise est ornée de flammes ou de traits transverses d'un brun-foncé ; elle mesure de 20 à 28 millimètres de hauteur pour un diamètre de 18 à 25 à la base.

Les Mollusques de ces deux genres sont très communs surtout dans la Méditerranée ; on les rencontre sur toutes les côtes.

Leur chair présente assez d'analogie avec celle des Littorines ; elle est cependant un peu plus dure ; les femmes et les enfants vont les ramasser à marée basse, et les filets des pêcheurs en prennent de grandes quantités ; ils vivent surtout sous les pierres et sous les rochers. Le plus souvent on les mange cuits ; quelques marins se contentent de les faire griller dans la cendre avec leur coquille, et ils arrachent ensuite l'animal avec une épingle.

Dans la Manche, on vend ordinairement mélangés les *Zizyphinus* sous le nom d'Eplisses, avec les *Caragolus* sous celui de Brelins, à raison de 20 centimes le demi-litre. Sur le marché de Marseille, la poignée de Biou roud se donne au prix bien modeste de 5 centimes.

Quelques Troques dans la bouillabaisse ne font, dit-on, jamais de mal.

On les voit également sur les marchés de Livourne, de l'Adriatique, d'Alger, d'Oran, de la Belgique, de la Hollande, etc.

L'HALIOTIDE (genre *Haliotis*). — L'Oreille de mer, l'Ormier, l'Ormeau ; Aurijo de san Pierre (Provence) ; Silieu, Sixyeux (Normandie) ; Mhara imperiala (Maltais).

Comme son nom l'indique, l'Haliotide a une coquille aplatie, en forme d'oreille, percée d'une rangée de trous suivant une ligne qui avoisine un des bords ; sa face externe est plus ou moins ridée ; de là les deux espèces : *Haliotis tuberculata* et *H. lamellosa;* sa couleur est d'un gris roux et terne, sa face interne, celle contre laquelle s'applique l'animal est au contraire tapissée d'une nacre aux plus chaudes couleurs; sa longueur varie de 60 à 80 millimètres (fig. 19).

Les Haliotides vivent dans toutes nos mers et y sont même assez communes ; pendant le jour elles se tiennent immobiles, plaquées contre les pierres ou les rochers, tandis que la nuit elles vont chercher leur pâture à travers les plantes marines ; mais dans l'Océan, elles ont soin de se tenir toujours sous l'eau, ce qui les distingue des Patelles qui peuvent patiemment attendre le retour de la marée. Pour les récolter, il faut battre les rochers et chercher avec une certaine attention, car le dehors de la coquille se confond facilement avec la roche ; à l'aide

d'un couteau ou d'une lame pointue que l'on glisse
entre la coquille et le rocher, on arrive avec un peu d'habitude à détacher délicatement le Mollusque sans le
couper.

Sa chair, quoiqu'assez coriace, se mange ordinairement crue, surtout lorsque les animaux sont petits. On
le trouve sur la plupart des marchés du littoral ; à Marseille il se vend souvent 5 centimes pièce.

FIG. 19. — *Haliotis tuberculata* Lin.

LES PATELLES (genre *Patella*). — La Jambe, le Bernic
ou Bernicle, le Béni, le Bénicle, le Ran, l'Œil de Bélier,
l'Œil de Bouc, le Bredin, le Lampot, la Flie (Normandie) ;
la Lapa (Basses-Pyrénées) ; l'Arapède, l'Arapedo l'Ata-
pedo (Provence) ; Tepelhoedje ou Tepeldovsye (Hollande) ; Limped ou Flither (Angleterre) ; Patelli (Italie);
Mhara tal furham, Mhara tas samma (Maltais) ; Napf-
schnecken (Allemagne) ; Pantalena (Adriatique).

On donne le nom de Patelle à des Mollusques dont la
coquille a la forme d'un petit cône extrêmement sur-

baissé et est ouverte sur toute sa base. Le dessus est orné de costulations rayonnantes partant du sommet, et sa coloration est généralement d'un gris terne passant au brun ou au verdâtre ; le dessous, de couleur très variable, est lisse et nacré ; elle mesure de 30 à 40 millimètres de diamètre (fig. 20).

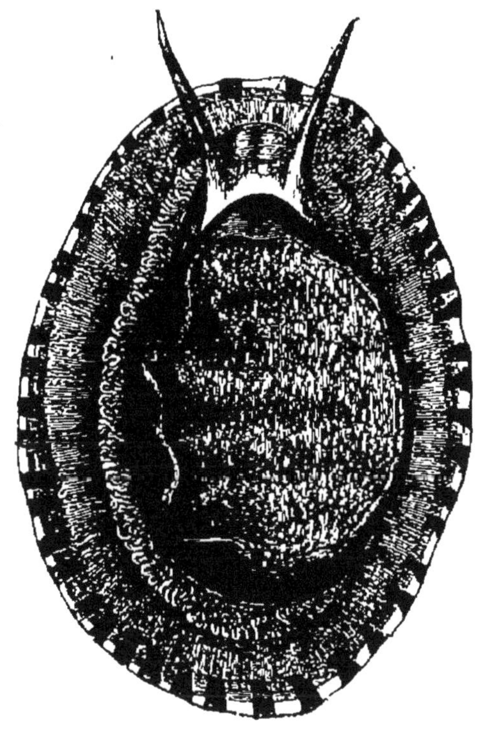

FIG. 20. — *Patella vulgata* Lin.

On distingue un assez grand nombre de Patelles vivant sur nos côtes au niveau du balancement des marées. Notre savant ami, M. le Dr G. Servain, en a publié la monographie complète. Toutes vivent appliquées fortement contre les rochers et les pierres, d'autant plus difficiles à en arracher que l'on veut s'y prendre avec elles avec plus de délicatesse. Pour les avoir, il faut glisser rapidement une lame mince sous la coquille qui, ne pouvant alors plus faire le vide sous elle, se détache avec la plus grande facilité.

Les principales espèces que l'on rencontre sur les marchés sont les suivantes : le *Patella vulgata* de la Manche et de l'Océan, qui a un galbe conique assez élevé ; il est verdâtre en dehors, et jaunâtre en dedans ; sur les côtes de Normandie et dans les îles, il atteint parfois de grandes dimensions. — Le *Patella athletica* est de taille plus petite ; son galbe est plus surbaissé ; à l'intérieur la nacre est chaudement teintée avec une tache centrale rouge ou jaune et les bords rayés de noir. — Le *Patella cœrulea*, commun dans la Méditerranée, a un galbe déprimé ; son test en dehors est finement strié ; l'intérieur est plus ou moins bleuté. — Le *Patella Lusitanica* vit également dans la Méditerranée et dans la région aquitanique ; le test en dehors porte des rayons alternativement blancs et roux, de petits points bruns sont disposés en séries sur les rayons blancs. — Le *Patella Tarentina* de la Méditerranée est très aplati ; en dehors ses côtes sont colorées ; en dedans la nacre est jaune et blanchâtre, avec des rayons bruns ; le bord de la coquille est dentelé.

Toutes ces espèces se mangent crues ou cuites ; c'est à notre avis un assez médiocre régal ; la chair est dure et coriace, et si ce n'était ce petit goût salé qui l'accompagne, nous aurions quelque peine à comprendre qu'elle trouve tant d'amateurs pour être mangée crue, séance tenante ! Cuite ou bouillie elle est moins indigeste ; dans le Midi on l'ajoute très souvent à la bouillabaisse. En Bretagne on en fait un potage qui jouit, dans quelques localités, d'une certaine célébrité. En d'autres pays, après les avoir fait blanchir à l'eau bouillante et les avoir convenablement salées, on les fait confire dans l'huile pour être servies comme hors-d'œuvre.

On trouve des Patelles sur tous les marchés du littoral. Le prix varie suivant les localités. A Cherbourg les Flies se vendent à raison de 10 à 15 centimes la mesure d'un demi-litre. A Bordeaux ce prix s'élève à 20 centimes ladouzaine ; à Marseille il n'est plus que de 10 à 15 centimes la douzaine. La Patelle peut être difficilement transportée. C'est surtout sur place qu'on la consomme. On en trouve sur les marchés de Livourne, de Naples, d'Alger, de Bône, etc.

GASTROPODES EXOTIQUES. — La liste des Gastropodes comestibles à l'étranger est encore à faire ; le nombre en est certainement considérable. Nous ne citerons donc ici que les espèces les plus importantes.

Parmi les Opistobranches, nous indiquerons seulement une espèce, le *Dolabella Teremiti*, de Rang, qui, d'après Lesson, se mange à Taïti.

Dans la famille des *Cypræidæ*, plusieurs espèces sont comestibles. Le *Cypræa tigris* Lin., d'après Rumphius, est mangé rôti sur des charbons par la classe pauvre à Java, Madagascar, l'Ile-de-France, etc. — Dans les *Volutidæ*, le *Cymbium Æthiopicum* est mangé par les Éthiopiens ; ils font griller la coquille avec son animal sur des charbons, consomment le Mollusque et se servent de sa coquille pour puiser l'eau dans leurs canots. Certains Cônes sont comestibles ; Rumphius affirme que plusieurs espèces sont utiles à l'homme comme aliment ; il en serait de même du frai du Cône marbré *(Conus marmoratus)* qui, par son aspect, simule un écheveau de fil emmêlé. Ce frai est blanc et rougeâtre, cartilagineux et bon à manger ainsi que l'animal qui le produit.

La famille des *Doliidæ* est représentée en Europe par
une grande et belle espèce, le *Dolium perdrix*, appelé
aussi Tonne ou Casque. On le vend fréquemment sur
le marché de Bône ; malgré la cuisson, nous écrit le
Dr Hagenmüller, sa chair est toujours coriace. Dans la
même famille, une grande Pyrule est recherchée par les
insulaires des îles océaniennes ; le *Pyrula paradisiaca* se
vend sur le marché de Suez.

Dans les *Fasciolariidæ*, il existe également une espèce
comestible en Océanie ; le *Fusus colosseus* est mangé
par les Chinois du littoral. — Parmi les *Muricidæ*
nous signalerons : le *Murex erythbræus* et plusieurs
autres formes que l'on vend sur le marché de Suez ; le
Rapana Bezoar et le *Purpura luteostoma*, comestibles
sur le littoral de la Chine ; le *Concholepas Peruviana*
mangé au Chili. — Dans les *Fusidæ*, le *Neptimia antiqua*
se mange à Ostende, où il est apporté par des pêcheurs
français. — Dans la famille des *Strombidæ*, nous indiquerons : le *Strombus tricornis* vendu au marché de
Suez ; le *Strombus Luhuanus* mangé par les Calédoniens ;
le *Strombus gigas* ou Lambis, comestible à la Martinique et à la Guadeloupe ; Rumphius rapporte qu'à
Amboine les Strombes servent à l'alimentation des indigènes et que l'ingestion de ces Mollusques donne au corps
une odeur de fauve des plus désagréables. Dans la même
famille le *Pterocera truncula* est comestible en Asie.

La famille des *Naticidæ* renferme quelques espèces
assez bonnes. Déjà nos Natices européennes, quoique
fort coriaces, sont cependant comestibles. Plusieurs
Natices, Nérites (fig. 21) ou Néritines, se mangent en
Océanie. Le *Sigaretus Grayi,* d'après M. Tremeau de
Rochebrune, est comestible au Pérou.

Dans la famille des *Turbinidæ* nous signalerons comme espèces comestibles : le beau *Turbo chrysostomus,* à la Nouvelle-Calédonie ; le *Turbo niger,* au Chili ; le *Trochus pica,* vendu sur les marchés de la Martinique et de la Guadeloupe ; le *Trochus Niloticus,* à la Nouvelle-Calédonie ; on vend également plusieurs Troques sur les marchés de Suez et d'Aden ; le *Chrysostomus ater,* au Pérou, etc.

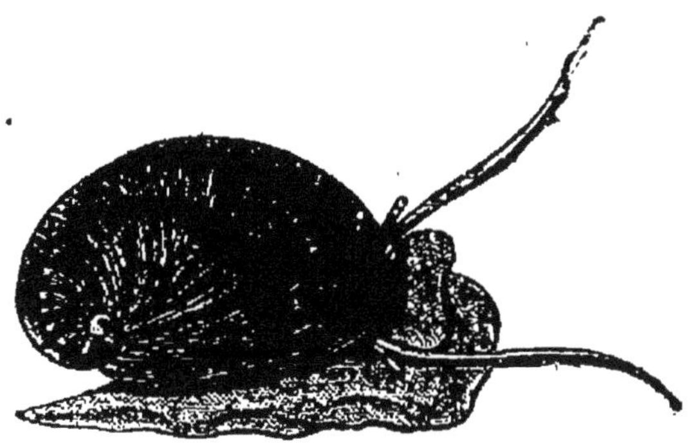

FIG. 21. — *Nerita polita* Lin.

Un *Capulidæ,* le *Crypta Peruviana* se mange au Pérou. — Deux *Fissurellidæ,* les *Fissurella concinna* et *F. Cumingi,* sont également comestibles dans le même pays. — Adanson rapporte qu'au Sénégal les indigènes boucanent la chair des Haliotides, la font sécher au soleil et la vendent aux gens de l'intérieur des terres qui la font cuire avec de l'eau, du riz ou du mil.

Presque toutes les grandes espèces de la famille des *Patellidæ* peuvent se manger : O. Schmidt dit que les habitants de la Terre de Feu se nourrissent presque exclusivement de différentes espèces de Patelles ; à la Nouvelle-Calédonie, on consomme le *Patella testudinaria* et, au Pérou, le *Tectura viridula.* — Enfin on mange les *Siphonaria* dans plusieurs îles de l'Océanie.

GASTROPODES TERRESTRES ET D'EAU DOUCE

Les Gastropodes qui vivent en France dans les eaux douces comme les Limnées, Planorbes, Physes, Vivipares, etc., ne présentent aucun intérêt pour nous, car nous ne croyons pas qu'on en ait jamais mangé ; leur chair est fade et de mauvais goût ; quelques-uns de ces Mollusques, comme les Limnées, sont infestés de parasites, et nous n'engagerons personne à en consommer sans les avoir préalablement fait vivre pendant un temps assez long dans des eaux fraîches et pures pour les débarrasser en partie de leur mauvais goût, et surtout sans les faire cuire pour détruire tout germe nocif.

Mais en revanche les Mollusques terrestres, et parmi eux les Escargots, jouent un rôle important dans la consommation journalière des grandes villes et des campagnes. Avant d'en parler, disons un mot des Mollusques nus dont on a jadis quelque peu abusé, et que l'on absorbe encore dans bien des pays.

Les Limaces (genres *Arion*, *Limax*, *Testacella*, etc.). — Sous le nom de Limaces on confond non seulement un grand nombre d'espèces, mais même plusieurs genres différents. Chez les *Arion*, il n'existe à l'intérieur aucune coquille, c'est à peine si l'on découvre quelques granulations ; le dessus de la peau est très rugueux. Tout le monde connaît la Limace rouge (*Arion rufus* Lin.), quoiqu'il y en ait de toutes les couleurs (fig. 22). — Les *Limax* ont à l'intérieur une petite coquille rudimentaire, une sorte d'osselet grand comme l'ongle ; le dessus de leur peau est chagriné, mais non rugueux ; telles sonles nombreuses Limaces grises qui font tant de ravages dans nos jardins. — Enfin les *Testacella*, déjà mieux organisées, possèdent une petite coquille également rudi-

FIG. 22. — La Limace rouge *(Arion rufus* Lin.).

mentaire, mais alors externe; contrairement aux Arions et aux Limaces, ils sortent surtout la nuit pour faire la chasse aux vers de terre dont ils sont très friands (fig. 23).

FIG. 23. — *Testacella haliotidea* Drap.

Au point de vue horticole, nous dirons qu'il faut faire

la chasse aux Arions et aux Limaces, mais nous recommanderons de conserver précieusement les Testacelles. Au point de vue alimentaire nous nous bornerons à dire que tous ces Mollusques ne valent absolument rien ; nous aurons du reste occasion d'y revenir dans notre chapitre relatif à l'hygiène.

LES ESCARGOTS (genre *Helix*). — Voilà un Mollusque particulièrement intéressant et qui mérite de fixer un instant notre attention. Tout le monde connaît l'Escargot ; c'est un Gastropode qui porte avec lui une coquille de forme et de coloration très variable, dans laquelle il peut s'enfermer complètement et se clore avec un opercule calcaire ou membraneux. Le mufle ou tête de l'animal porte quatre tentacules ; il respire à l'aide de poumons dont l'ouverture débouche dans le collier près de l'orifice anal ; il est androgyne ; deux animaux quoique portant les deux organes génitaux sont nécessaires à la reproduction et donnent naissance à des œufs.

Sous le nom spécifique de *Zonites*, on distingue des Hélices de grande taille, d'un galbe aplati. Les *Leucochroa* ont le test blanc et calcaire, avec un galbe globuleux. Les *Hyalinia* ont le test brillant, corné, la spire déprimée et la taille petite ; ils ne sont pas comestibles. Enfin les véritables *Helix* comprennent un grand nombre d'espèces vivant un peu partout, de préférence dans les milieux frais, humides, ombragés, sortant de leur retraite après les pluies du printemps et de l'automne. Les principales espèces comestibles en France sont les suivantes :

Zonites Algirus. — Grande et belle coquille déprimée avec le dernier tour arrondi, l'animal noirâtre. Cette espèce vit dans le Midi et est particulièrement répandue aux environs de Montpellier ; elle mesure de 50 à 60 millimètres de diamètre.

Quoiqu'on la mange dans bien des localités, nous ne la recommanderons pas, ses mœurs n'étant point toujours absolument irréprochables au point de vue de la propreté. On la désigne parfois sous le nom de Peson.

Leucochroa candidissima. — Coquille de petite taille, d'un galbe globuleux ne mesurant pas, dans nos pays, plus de 10 à 15 millimètres de hauteur, mais devenant le double plus grande en Algérie ; son test est blanc et d'un aspect calcaire. Il vit exclusivement dans le Midi, dans les départements des Bouches-du-Rhône, du Var et dans la Provence, sur les rochers et les vieux murs. Les paysans le mangent grillé.

Helix aperta. — Coquille globuleuse munie d'une très grande ouverture fermée en hiver par un opercule calcaire blanc ; la coloration de la coquille est d'un brun verdâtre ; on la trouve en Provence, dans les vignes et les terres labourées ; à Marseille on la désigne sous le nom de Tapado.

Au point de vue comestible, c'est l'espèce la plus estimée dans le Midi ; elle se vend de 50 à 60 centimes le cent ; on la mange bouillie avec l'aïoli, ou en ragoût, avec des épinards, ou bien encore à la ravigote. Elle commence à se faire déjà un peu rare.

Helix aspersa. — Le Limat, Limaçon ; le Cagouille (Bordelais) ; Tapado (Provence) ; Carago (Marseille). — Cette espèce (fig. 24) est de taille plus grande et surtout avec la spire plus haute que les espèces précédentes ; elle mesure 30 à 35 millimètres de hauteur ; elle a un fond gris ou jaunâtre, tigré ou chagriné de brun ; c'est une des espèces les plus communes et les plus répandues en France.

L'*Helix pomatia* ou Escargot de Bourgogne (fig. 25), est le plus gros de nos Escargots de France ; il mesure suivant les pays, de 40 à 50 millimètres de hauteur ; la coquille

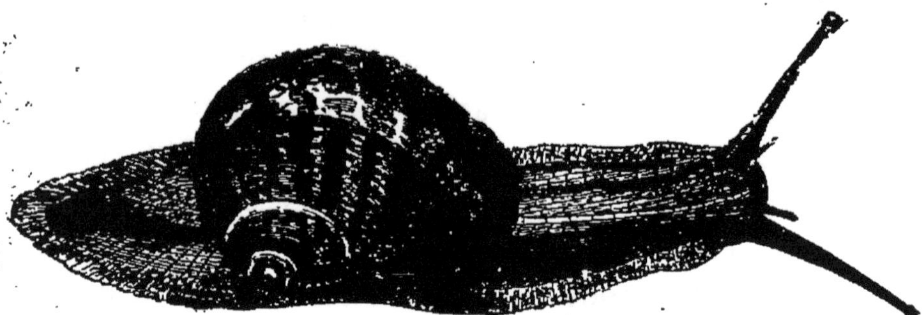

FIG. 24. — *Helix aspersa* Müll.

d'un roux clair avec ou sans bandes plus marquées. On le trouve surtout dans le centre et dans l'est de la France ; il ne dépasse pas trop la Garonne ; on le rencontre dans les champs, les vignes, les jardins, et pendant l'hiver il s'enterre plus ou moins profondément après s'être enfermé sous son opercule calcaire. A côté de cette

FIG. 25 — *Helix pomatia* Lin.

espèce nous signalerons une forme voisine, l'*Helix pyrgia* Bourg. qui s'en distingue par son galbe plus élancé et qui constitue des colonies bien distinctes.

L'*Helix melanostoma*, appelé Terrassier en Provence, ne

mesure plus que 22 à 25 millimètres de hauteur et a un galbe bien globuleux ; son test assez épais est d'un gris terne tandis que l'ouverture est d'un brun presque noirâtre. Cette espèce se rencontre surtout en Provence où elle est très estimée (fig. 26).

Fig. 26. — *Helix melanostoma* Drap.

L'*Helix vermiculata*, le Limaçon ou Mourgueta du Midi, a une forme déjà un peu déprimée ; il mesure 22 à 25 millimètres de hauteur pour 30 à 32 de diamètre ; son test d'un fond blanc est comme vermiculé de gris ou de brun, uni ou sans bandes transversales distinctes. On le rencontre surtout dans les champs et les vignes de la France méridionale. L'*Helix apalolena*, avec son ouverture bien noire, est une forme voisine que l'on ne trouve encore que dans les Pyrénées-Orientales et dans l'Aude.

Helix nemoralis. — Coquille globuleuse, dont la taille, suivant les pays, varie de 12 à 25 millimètres de hauteur ; son test est de couleur jaune, rouge, grise ou violacée, tantôt monochrome, tantôt avec une à cinq bandes transversales plus ou moins larges et presque noires. On la trouve dans presque toute la France, mais principalement dans la France centrale.

Dans le même groupe nous signalerons trois autres espèces voisines, également comestibles : l'*H. subaustriaca* au test plus strié et à ouverture plus arrondie ; l'*H. hortensis*, de taille plus petite et d'un galbe encore plus globuleux ; l'*H. sylvatica*, qui ne vit que dans l'Est et dont le test est encore plus strié et l'ouverture plus petite.

Helix Pisana. — Coquille globuleuse à test un peu mince de couleur rousse avec l'ouverture rose, ornée le plus souvent d'un grand nombre de cordons transversaux plus ou moins étroits. Cette espèce se trouve dans les haies, dans les jardins et est très commune dans le Midi ; on la désigne parfois sous le nom de Mouriguette.

Helix cespitum. — Enfin sous ce nom on distingue une coquille très déprimée, largement ombiliquée, à ouverture arrondie, de couleur grisâtre avec ou sans bandes brunes ; près d'elle prennent place un certain nombre de formes affines que bien des personnes confondent ; toutes ces espèces vivent dans le Midi, et sont du reste moins appréciées que celles qui précèdent, au point de vue culinaire.

On voit par le nombre des espèces que nous venons de citer, combien facilement peuvent être approvisionnés nos marchés ; le Nord, le Centre et le Midi ont leurs espèces privilégiées ; mais c'est surtout l'*Helix pomatia* et l'*H. aspersa* qui voyagent le plus et se répandent sur les marchés de la France entière.

Le prix de vente est extrêmement variable. A Paris, à Lyon, à Rouen, l'*Helix pomatia* brut se vend de 40 à 60 centimes la douzaine ; une fois préparé son prix augmente nécessairement suivant les soins apportés. A Bordeaux il vaut 5 centimes pièce, tandis que l'*Helix aspersa* se vend 40 à 50 centimes le cent, et les *Helix nemoralis*, *hortensis*, etc., 15 à 20 centimes le cent également. A Marseille et à Nice, on vend l'*H. aperta* 50 à 60 centimes le cent, tandis que l'*H. aspersa* ne vaut plus que 25 à 30 centimes et les autres espèces 10 à 15 centimes.

Les Hélix ne se mangent jamais crus, ou du moins c'est par exception qu'on a la déplorable habitude, dans certains pays quelque peu arriérés, d'en faire avaler à de pauvres malades. Mieux vaut en effet manger l'Hélix cuit et bien cuit pour le débarrasser des parasites qu'il renferme presque toujours. La première des conditions pour consommer des Escargots, c'est de les faire sortir de leurs coquilles ; or cette opération ne peut se faire que lorsque l'animal a été suffisamment cuit.

Bien souvent dans nos campagnes, les paysans se contentent de faire griller l'Escargot sous les cendres après l'avoir préalablement fait jeûner quinze jours ou trois semaines ; ils mangent alors réellement de l'Escargot, tandis que nos raffinés des grandes villes, sous prétexte d'améliorer la chose, ne savent plus du tout ce qu'ils dégustent. Les Escargots au sortir des dépôts sont jetés dans une bassine d'eau bouillante mêlée souvent d'un peu de cendre tamisée, et y cuisent à grande eau ; une fois sortis de leur demeure, on les égoutte ou on en remet une partie plus ou moins considérable dans la coquille ou dans celle du voisin, cela importe peu ; on clôt alors l'ensemble d'un mélange de beurre frais mêlé à du persil, de l'ail, de la ciboule, de l'échalotte, etc. ; les vrais gourmets y ajoutent de menus morceaux de truffes et de champignons. Le tout porté sur un gril est servi bien chaud ; vous absorbez ainsi un peu d'Escargot avec beaucoup d'autres choses, et c'est bien là le cas de dire que la sauce fait avaler le poisson. On fait une grande consommation de ces Mollusques, mais quant à dire que c'est là un mets réellement bon, c'est autre chose ; dans tous les cas, puisse la première douzaine que vous absorberez vous être légère !

Gastropodes terrestres et d'eau douce exotiques. — Dans tous les pays de l'Europe on mange des Escargots ; nous n'en ferons pas ici la nomenclature, cela nous entraînerait trop loin ; toutes les espèces un peu grosses sont comestibles et se vendent sur les marchés ; c'est surtout dans le Midi que l'on en fait une plus grande consommation. En Italie, en Espagne, en Portugal, en Algérie il se fait journellement sur les marchés une vente considérable d'Escargots de toutes sortes.

Bien entendu on les accommode suivant les goûts du pays ; en Italie, par exemple, l'huile remplace le beurre, et les épices et condiments de toutes sortes ne font pas défaut.

En dehors de l'Europe, on mange également des Hélix. L'*Helix Cambodjiensis* au pays de Moïs, l'*H. Ghiesbreghti* au Guatemala ; l'*H. achatina* dans une grande partie de l'Afrique. Mais dans quelques pays on rencontre des Bulimes ou *Placostylus* dont la taille dépasse celle de nos plus gros Hélix et qui sont comestibles ; c'est ainsi que le *Bulimus ovatus* se vend sur le marché de Rio-Janeiro, et que la plupart des beaux *Placostylus* de la faune calédonienne sont mangés par les naturels du pays.

Plusieurs Gastropodes d'eau douce sont également utilisés pour l'alimentation à l'étranger. Les *Paludina malleata* et *P. Japonica* se mangent au Japon. — Le *Neritina punctulata*, que l'on rencontre dans presque tous les ruisseaux et torrents des petites Antilles, se consomme à la Martinique et à la Guadeloupe. — Le *Septaria porcellana* est mangé par les malades et même par les personnes bien portantes à l'Ile-de-France. — Les nègres de la Guadeloupe recherchent l'*Ampullaria effusa*, qui, convenablement préparé, cuit au beurre et arrosé de citron constitue un mets délicat.

FIG. 27. — *Limicolaria Adansoni* Pfeiff.

Le *Novicella Cumingi* sert à la nourriture des nègres à l'île Bourbon.

Quelques Achatines, comme le *Limicolaria Adansoni*, sont mangés grillés sur les charbons par les Africains (fig. 27).

ACÉPHALES MARINS

Les Acéphales ou Lamellibranches sont tous caractérisés par l'existence d'une coquille externe composée de deux valves qui enferment l'animal. Suivant que ces valves sont plus ou moins closes, comme chez les Vénus, les Tapès ou les Huîtres, l'Acéphale une fois hors de son élément pourra être transporté au loin et se conserver assez longtemps. Les espèces des genres *Pholas*, *Solen*, *Mytilus*, *etc.*, dont la coquille présente au contraire une certaine solution de continuité, devront être consommées sur place, si on veut les manger bien frais.

L'animal des Acéphales n'a point de tête, ce qui ne l'empêche pas d'avoir des yeux diversement placés, au moins pour quelques espèces. La respiration se fait par des branchies, de là le nom de Lamellibranches qu'on leur donnait jadis. Au point de vue de la génération, la plupart sont hermaphrodites, mais presque toujours cet hermaphrodisme est incomplet ; ils donnent ordinairement naissance à des œufs qui restent un certain temps entre les valves ou pénètrent dans les feuillets branchiaux avant d'être expulsés en dehors.

Leur chair est généralement plus tendre et plus délicate que celle des Gastropodes. Un grand nombre de ces Mollusques est utilisé pour l'alimentation de l'homme.

Les Pholades (genre *Pholas*). — Le Gite, la Datte blanche ; le Dail (Bordeaux) ; Dattilo (Adriatique) ; Thamel abiod (Maltais); Bohrmuscheln (Allemagne).

Ce genre renferme deux espèces comestibles : le *Pho-*

las dactylus, coquille allongée, étroite et effilée à une de ses extrémités, fortement échancrée dans le bas à l'autre extrémité, avec le test d'un blanc gris terne, orné de stries concentriques un peu rugueuses; sa longueur

Fig. 28. — *Pholas dactylus* Lin.

varie de 110 à 115 millimètres. Le *Pholas candidus* est toujours plus petit, sa région antérieure moins excavée; le test porte de fines aspérités. Les deux coquilles ont en outre, au voisinage des sommets, des plaques supplémentaires qui complètent la disposition de ses valves.

Les Pholades, sans être très communes, vivent cependant dans toutes nos mers, se creusant des retraites dans les plus durs rochers (fig. 28), ce qui en rend la chasse parfois assez difficile, car il faut aller les extirper en brisant la roche à l'aide d'un marteau et d'un ciseau ; mais heureusement elles vivent en colonies, de telle sorte que lorsqu'on a découvert un individu, on a grande chance d'en découvrir d'autres dans le voisinage. La chair en est très délicate ; c'est un des Mollusques les plus estimés ; on le mange presque toujours cru ; le prix en est assez élevé et atteint fréquemment sur les marchés 3 francs la douzaine. Le *Pholas dactylus* est plus estimé que le *Ph. candidus*.

Il existe encore d'autres Pholades, de taille plus petite, mais qui ne se vendent pas normalement. En Angleterre, sur les côtes du Devonshire, on fait usage des Pholades comme amorce.

Presque partout c'est un objet d'alimentation recherché. Brehm nous apprend qu'on en vend sur les marchés de la Havane.

Les Solens (genre *Solen*). — Le Coutelier, le Manche de couteau, les Coutas ou Coutoyes (Bordelais) ; Cape da Deo, Cape longhe, Tabachine (Adriatique) ; Manico di coltello (Toscane, Corse) ; Cannoliccho ferraro et vorace (Naples) ; Stoce (Maltais) ; Messerscheiden (Allemand).

On distingue plusieurs espèces de Solen comestibles, toutes ont leurs deux valves très étroites et à bords parallèlement allongés, largement ouvertes à leurs deux extrémités : le *Solen vagina* (fig. 29) a sa coquille d'un blanc jaunâtre ; on le reconnaît à un sillon en forme de gouttière, qui rétrécit l'ouverture de l'une de ses extrémités, sa longueur est de 110 à 120 millimètres, il

est surtout commun dans l'Océan. — Le *Solen ensis* est
un peu arqué, avec une coloration violacée; sa longueur
varie de 90 à 100 millimètres, il est plus particulièrement
répandu dans la Méditerranée. — Le *Solen siliqua* a la
même coloration et le même facies que le *S. ensis*, mais
il est toujours droit et un peu plus large, il est également
très répandu dans la Méditerranée.

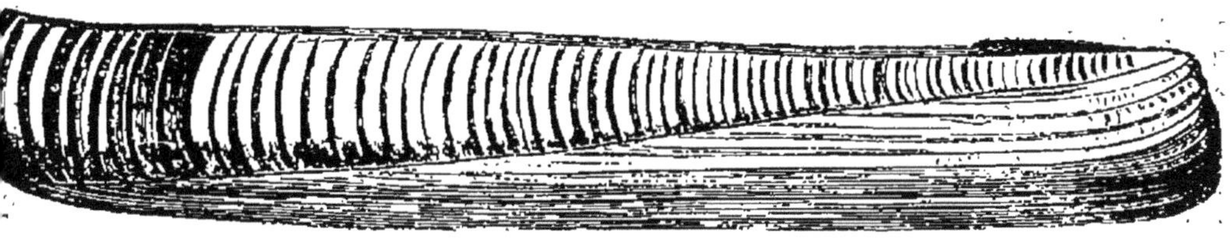

Fig. 29. — *Solen vagina* Lin.

« Ces Mollusques, dit Forbes, vivent enterrés verticalement dans le sable, à l'extrême limite de la mer basse,
leur position n'étant indiquée que par un orifice semblable
au trou d'une serrure; lorsque la marée descend, ils
s'enfoncent plus profondément, pénétrant ainsi souvent
à une profondeur d'un ou deux pieds. Ils ne quittent jamais volontairement leurs trous, et, si on les en sort, ils
s'enterrent bientôt de nouveau ». Pour les avoir on fait
usage d'un long fil de fer recourbé que l'on introduit
dans le trou, jusqu'au fond, de manière à passer le crochet sous la coquille, on n'a plus alors qu'à retirer le
tout. Avec une pincée de gros sel on les fait également
abandonner leur retraite, à moins qu'ils ne s'enfoncent
plus profondément, ce qui arrive parfois.

La chair des Solens est assez bonne, on en fait grand
cas dans certains pays, particulièrement sur les côtes
d'Italie; on les vend sur les marchés de Livourne, de

Venise, de Gênes, etc.; comme goût on peut rapprocher la chair des Solens de celle des Moules sauvages.

On les mange également sur les côtes de l'Océan, tantôt crus, mais le plus souvent grillés ou bouillis; en Orient les Solens accompagnent souvent le classique pilaf, soit seul, soit accompagné d'autres Mollusques. On les vend en Normandie et à la Rochelle de 15 à 20 centimes la douzaine.

LES MYES (genre *Mya*). — La Betja (Charente); la Clanque (Arcachon); Solft Clam (Amérique); Strandga pen (Néerlandais); Peerdekul (Flamand).

On distingue trois espèces de Myes comestibles sur les côtes de France : *Mya truncata* Lin., coquille de grande taille, d'un galbe ovalaire, tronquée à une de ses extrémités, test d'un jaune roux, avec les valves bâillantes aux deux bouts; sa longueur peut varier de 50 à 55 millimètres pour une hauteur de 38 à 40 millimètres. — *Mya arenaria* Lin., coquille de taille plus grande, atteignant de 65 à 70 millimètres de longueur, pour 40 à 45 millimètres de hauteur, d'un galbe régulièrement ovalaire. —*Mya elongata* Loc., coquille de même taille, mais d'un galbe notablement plus allongé.

Tous ces Mollusques vivent dans les fonds sablonneux ou même un peu vaseux, recherchant de préférence le voisinage des cours d'eau douce; on les pêche à marée basse, quoiqu'ils vivent souvent à de plus grandes profondeurs.

La pêche se fait à la main, à l'aide de fil de fer à crochet, comme pour les Solens, ou mieux encore à la bêche; enfouis dans le sol, ils laissent à la surface une petite protubérance qui décèle leur présence et que l'on va fouiller à l'aide de cet instrument.

Leur chair est blanche et d'assez médiocre qualité; sur les bords de l'Océan on les mange bouillis.

Les Myes ne vivent que dans la Manche et sur les côtes de l'Océan, et encore le *Mya truncata* ne descend-il pas beaucoup au-dessous des côtes de la Charente. En revanche ces formes remontent dans les mers du nord et s'étendent jusque sur les côtes d'Amérique où elles sont l'objet d'un commerce considérable. Sur nos côtes, on les trouve aux marchés de Brest, Lorient, La Rochelle, etc. M. A. Granger nous écrit qu'on en expédie de grandes quantités des côtes de la Charente-Inférieure sur le marché de Bordeaux où on les vend de 30 à 40 centimes la douzaine.

LES LUTRAIRES (genre *Lutraria*). — La forme des Lutraires présente quelques analogies avec celle des Myes; mais à l'intérieur les dents situées sous le sommet sont absolument différentes; chez les Myes, il n'y a qu'une seule dent plate et très saillante, sur une des valves, tandis que chez les Lutraires chacune des valves a deux dents. On distingue deux espèces : le *Lutraria oblonga* dont le galbe est elliptique allongé, retroussé et bien bâillant à ses deux extrémités, mesurant de 120 à 150 millimètres de largeur pour 70 de hauteur; son test est gris roux avec un épiderme gris fauve. — Le *Lutraria elliptica* est d'un galbe plus étroitement allongé et non rostré à une de ses extrémités, sa taille est généralement plus petite, et sa coloration un peu rosée avec un épiderme brun.

Ces deux espèces vivent sur tout le littoral français, mais elles sont beaucoup plus communes dans la Manche et surtout dans l'Océan que dans la Méditerranée. On les rencontre dans les fonds vaseux des estuaires où elles s'enfoncent verticalement. On les pêche comme les Myes et les Solens, mais de préférence avec la bêche. Leur chair est de qualité très médiocre, elle conserve souvent le goût de la vase dans laquelle elle vivait; mais sans nul doute elle serait susceptible de s'améliorer par des parquages.

Sur les marchés on les confond bien souvent avec les Myes. A plusieurs reprises nous en avons vu arriver sur les marchés de Paris et même de Lyon, où elles étaient encore très fraîches, malgré le long parcours qu'elles avaient dû subir.

On les mange surtout dans la région armoricaine et jusque sur les côtes du Boulonnais.

Les Mactres (genre *Mactra*). — Cocchiolo junca (Syracuse); Quaquiglie (Italie).

Les Mactres sont des coquilles de taille moyenne, d'un galbe ovalaire peu allongé, presque subtriangulaire isocèle. La charnière sur chaque valve se compose d'une dent triangulaire bifide en forme de V renversé, accompagnée de lamelles latérales saillantes. On en distingue plusieurs espèces dont les plus importantes sont les suivantes :

Mactra stultorum Lin., d'un galbe trigone, avec les sommets peu renflés et les valves peu bombées, d'une teinte blanche ou violacée, brillante; sa largeur est d'environ 50 millimètres pour une hauteur de 45 millimètres. — *Mactra lactea* Gmel., d'un galbe elliptique, avec les sommets et les valves très bombés, de taille plus forte et de même coloration. — *Mactra helvacea* Chemn., d'un galbe beaucoup plus déprimé, mesurant environ 30 millimètres de largeur et 55 de hauteur; son test est ordinairement de teinte jaune avec quelques rayons violacés peu distincts.

Ces trois espèces vivent sur toutes nos côtes ; mais le *Mactra helvacea* est plus commun dans l'Océan ; en revanche le *M. lactea* domine dans la Méditerranée. Elles recherchent de préférence les plages sablonneuses, où elles s'enfoncent à de faibles profondeurs ; elles se déplacent assez facilement quand le milieu ne leur convient pas ; pour se mouvoir elles s'appuient sur leur pied qu'elle font sortir de la coquille et s'en servent comme d'une béquille. Leur chair est d'assez médiocre qualité ; on la mange cependant un peu partout. Le *Mactra helvacea* se vend sur le marché de Bordeaux à raison de 10 centimes la pièce. Les autres Mactres se vendent sur les côtes de la Méditerranée, à Cette, Marseille, Livourne, Gênes, Syracuse, Alger, Bône, etc.

On les consomme crues ou cuites.

LES DONACES (genre *Donax*). — Petite Clovisse, Haricot de mer, Olive (sud-ouest) ; Tenille (Provence) ; Fasiola (Italie) ; Tonninola (Adriatique) ; Cadellinha (Portugal).

Les Donaces sont de petites coquilles toujours faciles à reconnaître à leur galbe triangulaire aplati, transverse et plus ou moins allongé, au test lisse et brillant ; leurs valves sont toujours bien closes. On en distingue plusieurs espèces : *Donax politus* Poli, d'un galbe bien allongé, avec le test jaunâtre, parfois avec des rayons blancs ; il mesure 25 millimètres de longueur et 12 de large. — *Donax trunculus* Lin., d'un galbe beaucoup plus court et toujours très haut. — *Donax anatinus* Lamck., très voisin du précédent, mais plus allongé, tous deux de coloration très variée. — *Donax semistriatus* Poli, orné de stries transversales très fines qui n'existent pas chez les autres espèces, mais s'arrêtent vers le milieu de la coquille.

Les Donaces sont très communes sur nos côtes. Le *D. politus* vit surtout dans la Manche et dans l'Océan; le *D. trunculus* ne se trouve guère que dans la Méditerranée; les *D. anatinus* et *semistriatus* se rencontrent un peu partout. Elles se plaisent dans les sables fins, au niveau de la basse mer, et s'enfoncent à de faibles profondeurs; au-dessus de leur retraite on distingue un petit monticule qu'accompagne un étroit sillon. «C'est aux premières lames de la marée montante qu'elles sortent pour s'enfoncer de nouveau par saccades et avec une rapidité qui étonne l'observateur. » (Granger.)

On en vend sur tous les marchés, à la mesure dans le Nord, à la douzaine dans le Midi; son prix, suivant la grosseur, varie de 15 à 20 centimes. M. le Dr Hagenmüller nous écrit qu'on en vend chaque matin des quantités considérables à Bône; nous en avons également vu beaucoup à la poissonnerie d'Alger.

C'est un petit Mollusque assez agréable à manger cru, à la condition que ses valves ne retiennent pas trop de sable; son goût fin et délicat rappelle celui de la Clovisse.

LES PSAMMOBIES (genre *Psammobia*). — Petits Couteaux. Une seule espèce est comestible, le *Psammobia vespertina;* sa forme présente quelque analogie avec celle des Solens, mais elle est beaucoup plus courte et plus haute; il mesure 50 millimètres de longueur pour 30 de hauteur; sa coloration est d'un fond blanc avec des rayons roses ou violacés; on le trouve sur toutes les côtes, s'enfonçant à de faibles profondeurs dans le sable.

On le mange parfois sur les côtes de Provence. Sa chair n'est cependant pas très bonne; il est plus apprécié en Italie, en Sardaigne et sur les côtes de l'Adriatique.

Le Scrobiculaire (genre *Scrobicularia*). — Lavignon; Lache (Trieste); Caparossole dal scorzo sotil (Venise).

Une seule espèce de ce genre est comestible en France, le *Scrobicularia piperata* Gmel., qui vit sur toutes nos côtes. C'est une coquille aux valves presque closes, d'un galbe ovalaire et déprimé, d'un blanc jaunâtre, orné de stries concentriques assez fines; sa largeur est d'environ 40 millimètres pour une hauteur de 30. « Ce Mollusque, dit Montagu, vit enfoncé verticalement à 12 ou 15 centimètres de profondeur sous la vase des estuaires qui subissent l'influence des marées »; c'est en effet surtout sur les côtes du sud-ouest qu'on le rencontre; sa chair a un goût un peu épicé qui n'est pas apprécié par tout le monde; malgré cela on en fait, dans certaines localités, une grande consommation.

C'est une espèce qui gagnerait sans doute à être cultivée; on la vend à Bordeaux à raison de 50 à 60 centimes le cent. En Italie, sur les bords de l'Adriatique on l'apprécie davantage; peut-être aussi y est-elle meilleure. On en fait dans le Triestois une soupe, paraît-il, fort agréable.

Les Cythérées (genre *Cytherea*). — Le grand *Cytherea chione* Lin. est la seule espèce comestible de ce genre sur nos côtes; sa coquille épaisse et luisante d'un blanc fauve roux, avec quelques rayons plus foncés, est d'un galbe ovalaire régulier, avec ses bords non bâillants; elle mesure 80 millimètres de largeur pour 65 de hauteur. On la rencontre sur le littoral océanique et surtout dans la Méditerranée dans les fonds sablonneux; c'est une des belles coquilles bivalves de notre littoral (fig. 30).

Sa chair, quoique un peu dure, est assez bonne; c'est peut-être encore une espèce qui gagnerait à être cultivée. On la mange sutout dans le Midi où elle devient plus tendre; malheureusement elle se plaît trop souvent à d'assez grandes profondeurs d'où il est assez difficile de la ramener.

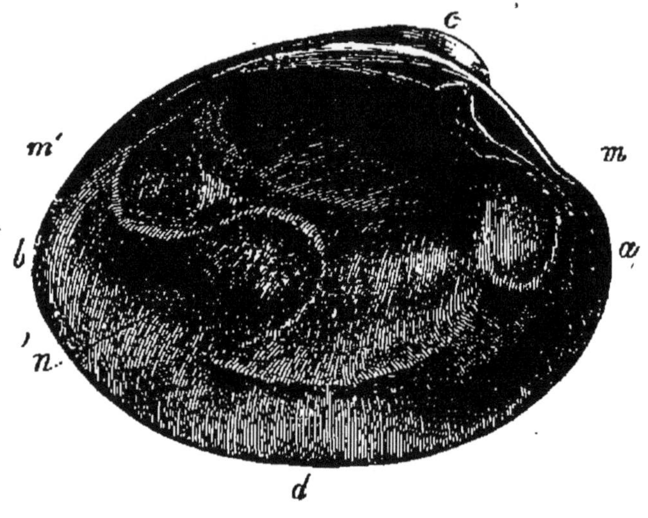

FIG. 30. — *Cytberea chione* Lin.

a, bord antérieur; *b*, bord postérieur; *c*, sommet; *d*, bord ventral; *mm'*,; impressions musculaires; *n*, sinus palléal accusé par la rétraction des siphons.

Le Dr Senoner dit que, dans l'Adriatique, elle est très recherchée à cause du goût délicat de sa chair. On la mange également dans le sud de l'Italie sous le nom de Fasolara, et sur les côtes d'Algérie. On la consomme crue ou encore mieux cuite. Cette différence de goût dans la chair d'une même espèce, suivant les milieux qu'elle habite, démontre tout le parti que l'on peut en tirer pour la domestication dans un milieu convenable.

Les Vénus (genre *Vénus*). — Ce genre renferme deux espèces importantes pour la consommation :

La *Praire (Venus verrucosa* Lin.). — Vénus à verrues; lou Praïré, lou Praïré double (Provence); Cocciola riccia (Messine); Tartufolo (Naples); Caparozzolo (Adriatique); Gandoffla (Maltais). Cette espèce a une coquille épaisse, d'un galbe arrondi, avec les valves bien closes; le test est orné de lames concentriques élevées qui s'épaississent et forment sur un des côtés des nodosités verruqueuses; sa coloration est d'un roux plus ou moins foncé; son diamètre varie de 35 à 45 millimètres, elle est cependant un peu plus large que haute; elle atteint parfois de 50 à 60 millimètres (fig. 31).

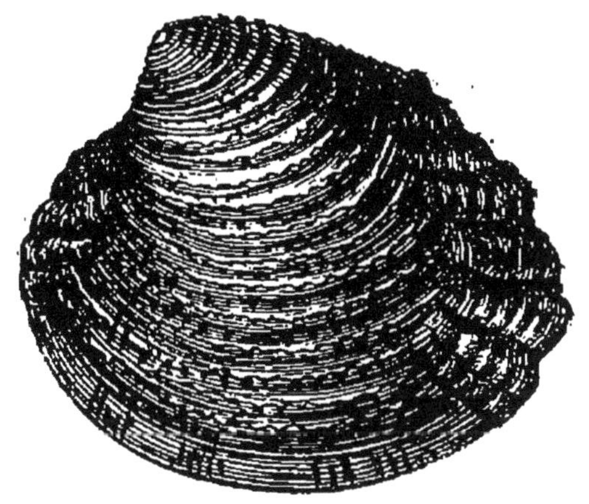

Fig. 31. — La Praire *(Venus verrucosa* Lin.).

La Praire vit sur toutes nos côtes et elle est partout comestible; mais c'est surtout sur les côtes de Provence que, trouvant un milieu qui lui convient mieux, elle atteint ses plus grandes dimensions en même temps que la qualité de la chair s'améliore encore davantage. Ce Mollusque se plaît sur les fonds sablonneux ou même un peu vaseux dans lesquels il s'enfonce en tenant toujours ses siphons dirigés vers l'orifice de sa demeure; on le trouve depuis le niveau de la basse marée jusqu'à deux cent cinquante mètres de profondeur. Dans la Manche et dans l'Océan on le prend à marée basse; dans la

Méditerranée on le pêche soit à la main, soit à l'aide d'une petite pelle recourbée portée par un long manche.

La chair de la Praire est extrêmement délicate, et lorsque l'animal a été convenablement parqué ou qu'il a vécu dans un milieu qui lui convenait particulièrement, elle est de telle qualité qu'elle peut lutter avec les meilleures Huîtres. Dans toute la Provence on en fait une grande consommation; la pêche locale ne peut y suffire; aussi fait-on venir la Praire de fort loin, de l'Océan et de l'Algérie; comme ses valves se ferment hermétiquement, ce Mollusque peut parfaitement se déplacer sans trop souffrir de la longueur du voyage.

On trouve la Praire non seulement sur tous les marchés du littoral, mais il n'est pas rare d'en voir dans les grandes villes du Midi, Montpellier, Toulouse, Bordeaux, etc.; elle remonte même jusqu'à Lyon; on en vend aussi, mais assez rarement aux halles de Paris. Le prix de vente en est extrêmement variable. Dans la Manche, à Vire ou à Cherbourg, la douzaine de Praires vaut 40 centimes; à Marseille et à Nice, suivant leur grosseur, on les vend depuis 60 centimes jusqu'à 2 francs et 2 fr. 50 la douzaine. Ces dernières se débitent sous le nom de Praires de La Réserve, quoique bien souvent elles viennent de n'importe où.

Le plus ordinairement on mange la Praire crue, comme l'Huître.

La Fausse Praire (Venus gallina Lin.), Vénus poule; Lupino (Naples); Bibarazza (Adriatique), etc. — Le *Venus gallina* est de taille plus petite, et d'un galbe encore plus arrondi; souvent sa hauteur égale sa largeur et varie de 35 à 40 millimètres; le test également très épais est orné de côtes concentriques irrégulières, peu élevées, non noueuses, mais s'entrecroisant souvent. On le trouve sur les côtes de l'Océan, mais surtout dans la Méditerranée ; ses mœurs sont très sensiblement celles de la Praire.

Sa chair, quoique assez bonne, ne vaut cependant pas celle du *Venus verrucosa* ; on le vend cependant sur tout le littoral méditerranéen où il se mange cru.

Dans l'Adriatique on fait une grande consommation de cette espèce. D'après le Dr Senoner, on l'expédie souvent dans la Romagne, où les habitants en font une excellente soupe. Cependant sur la côte occidentale de l'Italie, elle est certainement moins appréciée que la Praire.

Les Dosinies (genre *Dosinia*). — Petite Vénus, Cacasangue (Italie).

Les Dosinies ou Artémis appartiennent également à la famille des *Veneridæ* ; on en distingue deux espèces plus particulièrement communes : *Dosinia exoleta* Lin., d'un galbe circulaire déprimé, avec des stries concentriques, fines et irrégulières, la coloration d'un roux clair avec quelques rayons rougeâtres, le diamètre variant de 35 à 40 millimètres. — *Artemis lincta* Pult., de taille plus petite et orné de stries beaucoup plus fines et beaucoup plus rapprochées, d'une teinte blanche un peu brillante.

La première de ces espèces vit sur toutes nos côtes, la seconde est plus particulièrement méditerranéenne, toutes deux recherchent les fonds sablonneux un peu vaseux où elles s'enfoncent de 15 à 20 centimètres. Elles ne sont pas rares sur les marchés méditerranéens, particulièrement à Cette où on les vend confondues ensemble.

Leur chair est assez bonne et rappelle celle du *Venus*

gallina ou fausse Praire. On la mange également en Italie.

Les Clovisses (genre *Tapes*). — Palourde (Nantes, La Rochelle, Normandie); La Cloouvisso(Provence); Ameijo de Rochedo (Portugal); Caperozzolo del Scorzo grosso (Venise) ; Arsella (Gênes et Livourne) ; Vongola, Gamadia (Naples et Tarente) ; Arzella nigra (Maltais).

Le genre *Tapes* comprend, en France un grand nombre d'espèces dont nous avons donné la description dans un autre Mémoire. Toutes ces espèces sont comestibles et se vendent sur les marchés. Nous ne citerons ici que les formes les plus communes.

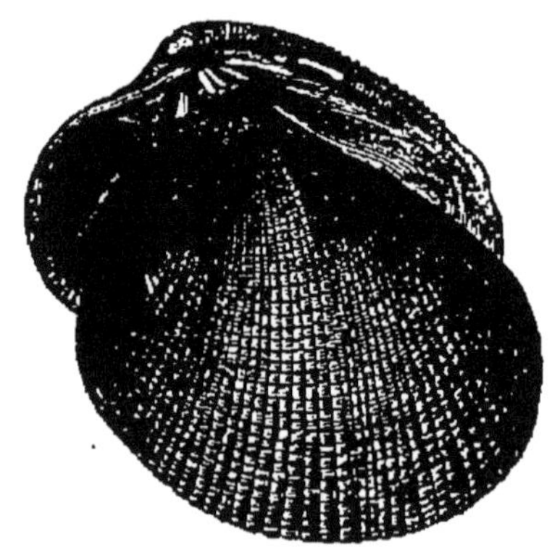

Fig. 32. — La Clovisse *(Tapes decussatus* Lin.).

Tapes decussatus Lin. ; c'est l'espèce la plus grosse et la plus répandue ; son galbe est rhomboïdal, tronqué à une de ses extrémités ; le test est orné d'un double régime de côtes longitudinales et transversales qui lui donne un facies treillissé ; sa coloration très variable passe du gris au roux plus ou moins foncé, avec des taches ou des rayons noirâtres ou bruns; elle mesure de 40 à 60 centimètres de long pour 35 à 45 de hauteur (fig. 32). Une autre espèce du même groupe, le *T. ex-*

tensus Loc., en diffère par son galbe elliptique allongé, non tronqué à l'extrémité.

Tapes pullaster Mont., de taille un peu plus petite, d'un galbe un peu plus allongé et plus régulier que le *T. decussatus ;* ses stries longitudinales sont bien plus fines, et le test n'est plus aussi treillissé ; sa coloration est d'un roux clair, un peu jaunâtre. Dans le même groupe, et avec la même ornementation, nous signalerons le *T. pullicenus* Loc., dont la taille est plus grande, le galbe plus allongé et plus étroitement ovalaire.

Tapes texturatus Lamck., et ses formes affines : *T. Mabillei* Loc., *T. nitidosus* Loc., *T. rostratus* Loc., *T. Grangeri* Loc., *T. petalinus* Lamck., etc., coquilles de taille encore un peu plus petite, mais d'un galbe plus court ou plus renflé, au test d'un roux brun, un peu brillant, tantôt presque lisse, tantôt simplement orné de fines stries concentriques, parfois décoré de flammes, de marbrures, de zigzags diversement colorés.

Tapes Bourguignati Loc., et ses formes affines : *T. bicolor*, Lamck., *T. anthemodus* Loc., *T. Beudanti* Payr., etc., de petite taille, d'un galbe étroitement allongé, ne dépassant pas 25 à 30 millimètres de largeur pour 16 à 20 de hauteur, avec le test finement décoré de stries transversales, et une coloration extrêmement variable. *Tapes aureus* et *T. Æneus*, également de petite taille, mais d'un galbe subtriangulaire ou subrhomboïdal, d'une teinte un peu jaunâtre, avec l'intérieur jaune paille.

Tapes edulis Chemn., de taille plus grande, mesurant de 33 à 35 millimètres de largeur, pour 26 à 28 de hauteur, d'un galbe subrhomboïdal, un peu allongé, avec des côtes concentriques, un peu irrégulières, et une teinte d'un blanc rosé, maculé de taches brunes ou rousses; dans le même groupe nous indiquerons le *T. lepidulus* Loc., d'un galbe beaucoup plus allongé, plus régulièrement ovalaire, orné et décoré de la même façon.

Enfin le *T. geographicus* Chemn., qui représente la forme la plus étroite et la plus cylindroïde puisqu'elle ne mesure que 28 à 32 millimètres de largeur pour une hauteur de 16 à 18; son test est plus finement et strié souvent décoré d'un quadrillage brun qui se détache sur un fond clair.

Toutes ces espèces sont édules, mais naturellement les plus grosses sont les plus recherchées. On les prend sur les plages sablonneuses où elles s'enterrent à une faible profondeur au pied des plantes marines, ou dans les anfractuosités des rochers. On reconnaît toujours leur présence à une petite éminence de sable qui les recouvre. Le plus souvent on les pêche à la main, mais si elles sont à une trop grande profondeur, on fait usage, notamment en Provence, d'une petite pelle recourbée, emmanchée au bout d'une longue canne.

La Clovisse se mange sur toutes les côtes : dans le Nord et dans l'Est, on l'avale toute crue comme l'Huître ; dans le Midi on la fait parfois cuire pour la manger en ragoût avec des épinards. Les petites espèces se vendent sur tout le littoral, à raison de 20 à 40 centimes le cent. A Marseille où l'on en fait une grande consommation, le prix varie de 75 centimes à 1 fr. 50 le kilogramme suivant la grosseur ; à Bordeaux, le *T. decussatus* se vend de 1 fr. 75 à 2 fr. 50 le cent, tandis que les petites espèces ne valent que de 90 centimes à 1 franc.

Les Clovisses arrivent maintenant sur tous les marchés des grandes villes de France. Les grandes espèces avec leurs valves bien closes peuvent très facilement se transporter : on en voit fréquemment sur les marchés de Paris et de Lyon, nous en avons vu également à Genève. C'est une espèce qui mériterait d'être cultivée, car elle se reproduit très facilement, et par l'éducation elle est susceptible de s'améliorer, et comme taille et comme qualité de la chair. « Dans le Sud-Ouest, dit M. A. Granger, on en pêche de grandes quantités, qu'on expédie sur les marchés de Bordeaux ; mais le véritable centre de production des Clovisses est l'étang de Thau, dans la Méditerranée ; tout un quartier de la ville de Cette, situé au bord de l'étang, nommé la Bourdigue, est habité par les pêcheurs de Clovisses. Chaque matin, une flottille de barques part de ce quartier et sillonne l'étang de Thau, chaque barque est montée par un homme qui se tient à l'avant, muni d'un râteau en fer, garni de dents, et auquel est adapté un long manche ; à ce râteau, qui remplace la drague, est fixé un petit filet à mailles très fines ; le pêcheur drague pendant quelques minutes dans la vase et remonte son appareil, le filet, qui est rempli de vase, renferme en même temps une certaine quantité de Clovisses qui sont triées au moyen d'un lavage et déversées dans la cale du bâteau. Au retour, les pêcheurs séparent les Mollusques par grosseur, et en remplissent des paniers qui sont expédiés dans toutes les directions. »

Les Cardiums (genre *Cardium*). — Bucarde, Coque, Sourdon, Cœur, Maillot, Palourde ; Mourgue (Provence) ; Arcelle (Messine) ; Cape tonde (Adriatique) ; Herzmuscheln (Allemagne) ; Leuza, Arzel tal marsa (Maltais) ; Cockle (Anglais) ; Kokhaan ou Kraus (Hollandais).

On distingue un assez grand nombre de *Cardium* ; les uns de très petite taille que nous laisserons de côté, les

autres de très grande taille, d'une forme bien globuleuse, avec de grosses côtes armées d'épines de différentes formes, et qualifiés *C. tuberculatum*, *C. echinatum*, *C. aculeatum*, *C. mucronatum* (fig. 33), etc., d'après
la forme de leurs épines.

FIG. 33. — Le Cardium (*Cardium mucronatum* Lin).

Ces grandes espèces qui mesurent 50 à 60 millimètres
de diamètre sont comestibles sur les côtes de l'Adria-

tique et dans quelques régions, mais ne le sont pas d'une manière régulière sur nos côtes; quelques pêcheurs de la Méditerranée seuls les mangent; nous retiendrons en revanche les espèces suivantes :

Cardium edule Lin., coquille de taille beaucoup plus petite, ne mesurant que 35 à 50 millimètres de largeur pour 25 à 28 de hauteur, d'un galbe subtrigone très renflé, de couleur blanchâtre avec des côtes longitudinales petites et très régulièrement rapprochées; les valves avec leurs bords crénelés se ferment très exactement et ont souvent à l'intérieur une tache violacée. Lorsque la coquille, tout en conservant la même teinte et la même ornementation, est fortement transverse, et bien plus développée d'un côté que de l'autre, on la distingue sous le nom de *C. Lamarckii* Reeve ; quand, au contraire, la coquille est très régulièrement transverse, avec les sommets bien médians, c'est le *C. obtritum* Loc.

Cardium Norvegicum Spengl. Dans cette espèce et la suivante, les côtes sont bien moins accusées. Le *C. Norvegicum* est presque lisse, un peu arrondi et d'une teinte fauve clair. Le *C. oblongum* est plus allongé dans le sens de la hauteur et ses côtes sont un peu plus marquées; sa coloration est la même.

Le *Cardium edule* et les espèces de son groupe sont extrêmement communs sur toutes nos côtes ; il vit sur les rochers et les plages sablonneuses, sans craindre les milieux un peu caillouteux. On le rencontre en colonies assez populeuses, de préférence au voisinage des cours d'eau.

Sa chair un peu coriace est loin de valoir celle des Praires et des Clovisses. On la mange cependant sur toutes les côtes de l'Océan. Le *Cardium oblongum* ne vit que dans la Méditerranée, tandis que le *C. Norvegicum* se rencontre fréquemment dans l'Océan; il est meilleur que les autres Cardiums. Les petites espèces se mangent crues, les grosses sont préférables accommodées : « Rien n'est délicieux, dit l'auteur de la *Fée aux miettes*, comme la Coque, fricassée avec du beurre d'Avranche et des fines herbes. » Aux environs du mont Saint-Michel, les pêcheurs de Coques ou coquetiers mettent sur leurs tables un fourneau recouvert d'une plaque de fer brûlante sur laquelle ils font cuire ce coquillage au moment de le consommer.

On pêche le Cardium en toutes saisons, mais plus volontiers en hiver. On en voit sur tous les marchés du littoral, et même dans les grands centres il n'est pas rare. Dans la Manche on les vend 15 à 20 centimes le litre; à Bordeaux 25 à 30 centimes le cent; à Marseille il vaut 1 franc le kilogramme. Le Capo tonde abonde, dit le Dr Senoner, toute l'année sur les marchés de l'Adriatique. Dans quelques endroits il devient très grand et sa chair est alors réputée très délicate. On la mange également en Algérie, sur les côtes du Portugal, en Angleterre, en Belgique, en Hollande.

Les Cardites (genre *Cardita*). — La petite Praire, la Praire rouge; lou Praïré rougé (Provençal); Mitraglia (Italie); Lenza (Maltais).

Une seule espèce parmi les Cardites est comestible sur les côtes de Provence, de Marseille à Nice, le *Cardita sulcata*. C'est une petite coquille d'un galbe arrondi, très globuleux, ornée de grosses côtes striées transversalement sur un test très épais. Sa coloration est d'un roux foncé avec des taches plus claires; sa hauteur est de 33 millimètres sur 30 de largeur.

Sa chair est aussi bonne que celle des *Cardium*. On la mange également sur les côtes d'Italie (fig. 34).

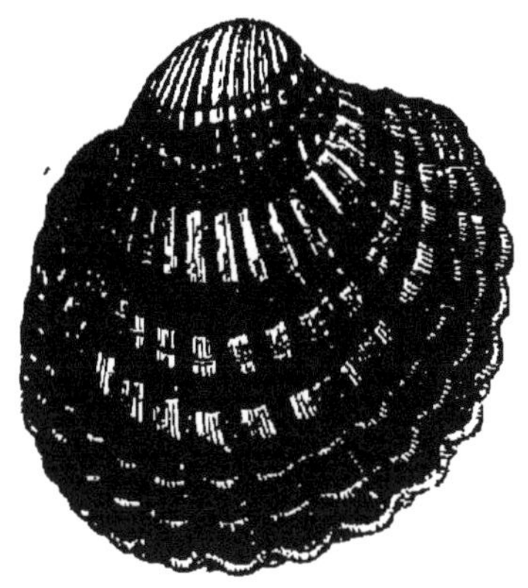

Fig. 34. — La petite Praire *(Cardita sulcata* Brug.).

LES PECTUNCLES (genre *Pectunculus*). — Amandes de mer (Provence) ; Arzellatal bellus (Maltais).

Nous signalerons deux espèces de Pectuncles comestibles : *Pectunculus glycimeris* Lamck., coquille à test épais, presque lisse, recouverte d'un épiderme brun et velu, d'un galbe arrondi, un peu renflé ; à l'intérieur on distingue à droite et à gauche des sommets de nombreuses petites dents. *Pectunculus violacesceus* Lamck., d'un galbe plus transverse que le précédent, et d'une teinte plus violacée ; sa taille varie de 60 à 70 millimètres de largeur.

La première de ces espèces vit dans la Manche et surtout dans l'Océan ; la seconde ne se trouve que dans la Méditerranée.

Ces Mollusques ne sont pas très communs, et vivent surtout à une trop grande profondeur ; on en voit cependant sur les marchés de Cette et de Bordeaux, ramenés par les filets des pêcheurs ; ils se vendent de 15 à 20 centimes la pièce. La chair en est bonne.

LES MODIOLES (genre *Modiola*). — Muscles moussus, Muscles mouflons (Provence); lou Muscli rougi (Var); Cozze plose (Italie); Zinzla (Maltais); Mussolo, Peochio peloco (Adriatique).

Les Modioles présentent une grande analogie avec les Moules; comme elles, elles se fixent à l'aide d'un byssus; mais leur test est de coloration brune ou rousse et souvent couvert d'un épiderme à longue barbe. La chair en est tout aussi délicate. Dans une étude spéciale nous avons donné la monographie des espèces françaises appartenant à ce genre.

Nous ne signalerons ici que trois espèces plus particulièrement comestibles.

Le *Modiola barbata* Lin., a un galbe subtriangulaire un peu allongé; sa hauteur est de 42 à 48 millimètres pour une largeur de 24 à 26 millimètres. — Le *Modiola mytiloides* Loc., possède au contraire un galbe subrectangulaire bien allongé, notablement plus étroit. — Le *Modiola Lamarckiana* Loc., est toujours arqué, avec les sommets comme déjetés par côté. Ces trois espèces vivent sur toutes les côtes. Mais c'est surtout sur les bords de la Méditerranée qu'on les vend sur les marchés; elles sont assez communes dans les étangs et mériteraient d'être élevées comme les Moules. On les vend dans cette région de 50 à 60 centimes la douzaine.

On les mange surtout crues, ou cuites et préparées de la même manière que les Moules. Ces espèces sont également comestibles sur tout le littoral méditerranéen.

LES MOULES (genre *Mytilus*). — Le Muscle, le Musclé, la Moule (Poitou); le Charron (Bordelais et Charente); Musclé de rocco (Provence); Mussel (Angleterre); Cozza nera (Italie du Sud); Peocio (Venise); Muscolo (Ligurie);

Pidochi (Adriatique) ; Catacozzula ninza (Catane) ; Mas-
clu (Maltais) ; Charivia (Smyrne) ; Miesmuscheln (Allemagne) ; Mossel (Belgique) ; Blaa-Skjäl, Krake-Skjäl (Norvège).

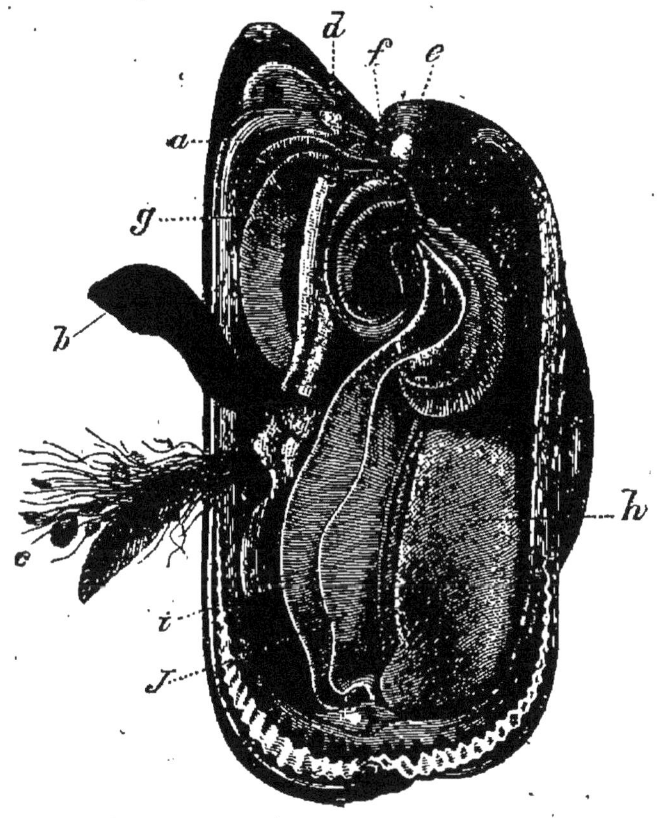

Fig. 35. — *Mytilus Galloprovincialis* Lamck.

a, bords du manteau ; b, pied ; c, byssus ; d, e, muscles du pied ; f, bouche ;
g, tentacules ou palpes labiaux ; b, manteau ; i, branchie interne ; j, branchie
externe.

La Moule (fig. 35) est un des Mollusque qui jouent un
des plus grands rôle dans l'alimentation conchyliologique.
On en distingue sur les côtes de France plus de quinze
espèces ; dans un récent travail nous en avons donné la
description et la figuration. Mais dans ce nombre une
dizaine seulement sont à retenir comme espèces édules,

vivant à l'état sauvage ou cultivées. Nous les passerons rapidement en revue.

On donne le nom de *Mytilus* à des coquilles d'un galbe plus ou moins allongé dans le sens de la hauteur avec les sommets acuminés opposés à un rostre arrondi; ce Mollusque sécrète un byssus par lequel il s'attache à tout âge aux corps environnants; ce byssus passe à travers le bord antérieur de la coquille; l'angle opposé à ce côté se nomme angle postéro-dorsal; sa position joue un grand rôle dans la détermination des formes spécifiques des Mytiles. Ceci étant admis il nous sera facile de distinguer nos espèces.

Le *Mytilus Herculeus* Mtr., a les sommets très antérieurs et le bord antérieur arqué; c'est la plus grande des formes méditerranéennes; elle peut atteindre de 100 à 120 millimètres de hauteur pour 60 à 65 millimètres de largeur; sur les côtes de Provence elle est de taille plus petite. — Le *M. Galloprovincialis* Lamck., a un galbe subrectangulaire, avec les bords antérieurs et postérieurs parallèles, l'angle postéro-dorsal très relevé vers les sommets, les sommets très antérieurs; il mesure 70 à 75 millimètres de hauteur sur 38 à 40 millimètres de largeur; on le trouve surtout sur les côtes de Provence (fig. 36). — Le *M. pelecinus* Loc., a au contraire ses sommets presque médians, le bord antérieur est donc oblique; l'angle postéro-dorsal se trouve à mi-hauteur; cette belle espèce mesure de 90 à 100 millimètres de hauteur pour 50 à 55 millimètres de largeur; on la trouve sur toutes nos côtes. — Le *M. trigonus* Loc., a le bord antérieur droit, les sommets antérieurs; son galbe est triangulaire, et l'angle postéro-dorsal presque médian; il mesure 60 à 65 millimètres de hauteur pour 35 à 40 de largeur; il

vit sur toutes nos côtes (fig. 37). — Le *M. glocinus* Loc.
a un galbe triangulaire allongé dans le sens de la hauteur, et très déprimé ; la fente byssigène est particulièrement large ; il mesure 75 à 80 millimètres de hauteur
pour 40 à 42 de largeur. — Le *M. abbreviatus* Lamck.
est une petite forme sauvage, courte et trapue à sommets
presque antérieurs, avec l'angle postéro-dorsal assez
relevé ; elle mesure 34 à 40 millimètres de hauteur pour
19 à 22 millimètres de largeur.

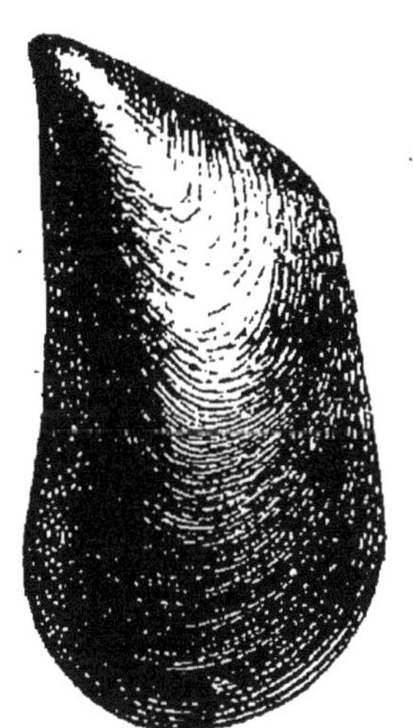

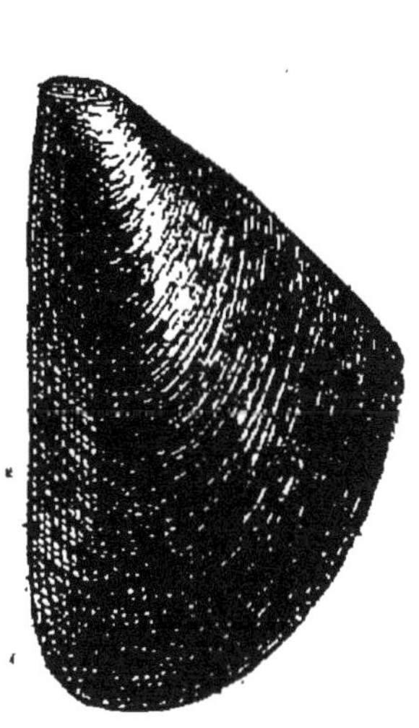

FIG. 36. — *Mytilus Gallo-provincialis* Lamck.

FIG. 37. — *Mytilus trigonus* Loc.

FIG. 38. — *Mytilus edulis* Lin.

Le *Mytilus edulis* Lin. et les formes suivantes sont
tous beaucoup plus étroits et plus allongés ; le *M. edulis*
est comme subcylindrique, avec le bord antérieur très
droit, les sommets très antérieurs, l'angle postéro-dorsal médiocre et très ouvert ; sa hauteur varie de 60 à
70 millimètres, et sa largeur n'est que de 25 à 30
(fig. 38). — Le *M. retusus* Lamck. a un galbe analogue,
mais sa coquille est beaucoup plus renflée, et la ligne

qui va des sommets au rostre beaucoup plus arquée ;
l'angle postéro-dorsal est un peu plus accusé ; il mesure

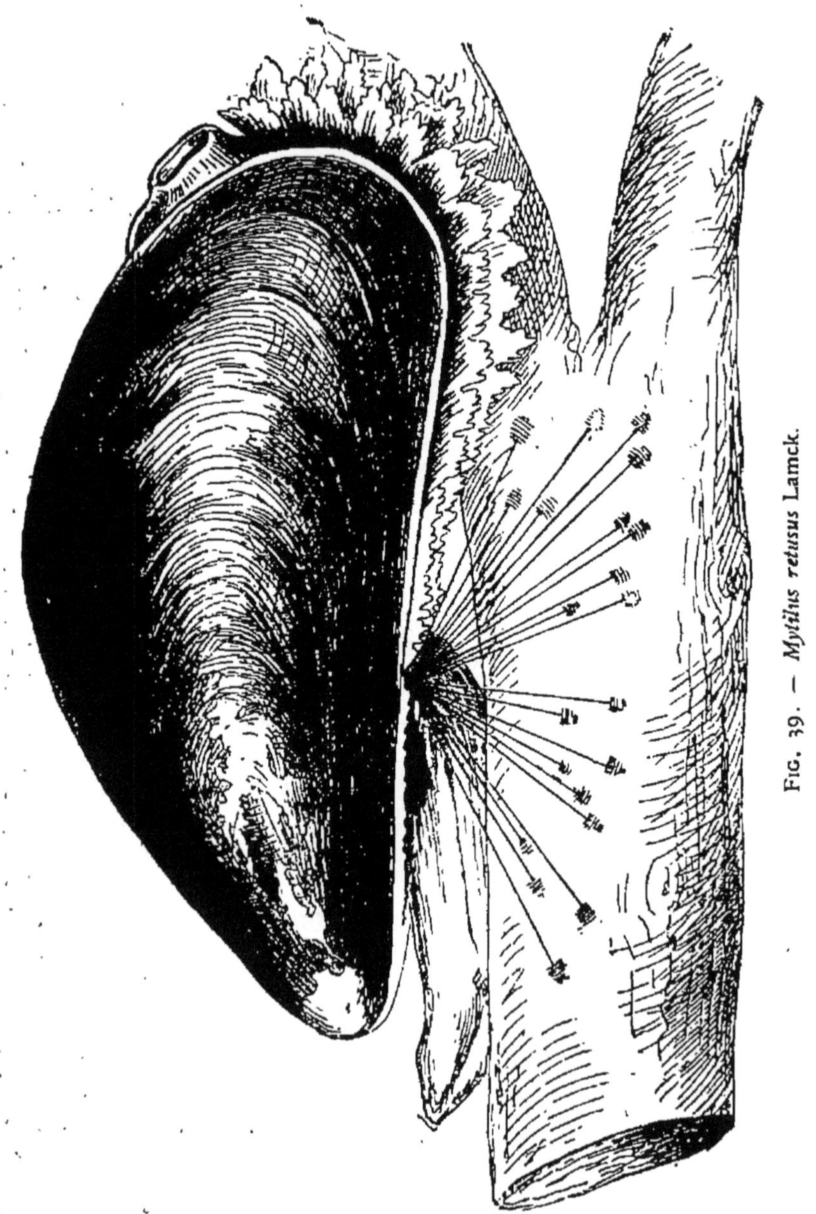

FIG. 39. — *Mytilus retusus* Lamck.

50 à 60 millimètres pour 25 à 28 de largeur (fig. 39).
— Le *M. spathulinus* Loc., tout en ayant le même
galbe allongé a des sommets presque médians, et l'angle

postéro-dorsal très bas ; il mesure 75 à 80 millimètres de longueur pour 35 à 38 de largeur. — Le *M. incurvatus* Pen. est une petite coquille au galbe très incurvé, avec le bord antérieur un peu creusé, les sommets en avant et l'angle postéro-dorsal un peu inframédian ; il mesure 30 à 40 millimètres de hauteur, pour 18 à 22 de largeur. Toutes ces formes sont plus particulièrement septentrionales et vivent dans les eaux de la Manche et de l'Océan. Le *M. edulis* vit également dans la Méditerranée.

La Moule, lorsqu'elle sort de sa mère, est libre, et se déplace au sein des eaux à l'aide d'un appareil spécial qui lui sert de locomoteur et qu'elle perd bientôt ; dès qu'elle a rencontré un point d'appui, elle s'y fixe et sécrète aussitôt son byssus, sorte de câble qui lui permet de se suspendre sans crainte d'être gênée par le mouvement de la marée ou des flots. « Quand le Mollusque veut fixer son byssus, dit Moquin-Tandon, il allonge le pied, le porte à droite et à gauche, tâte les objets, appuie sa pointe contre le corps qu'il a choisi, dépose l'extrémité du fil, et retirant le pied brusquement, il laisse cette extrémité adhérente. Le Bivalve répète plusieurs fois ce petit manège, et chaque fois il atttache un nouveau fil. Il en fixe ainsi quatre ou cinq par vingt-quatre heures, chacun long de plusieurs centimètres et terminé par un empâtement. Son ouvrage est complet quand il a produit ce faisceau. Le byssus de certaines Moules présente jusqu'à cent cinquante petits câbles (fig. 39). »

Les Moules vivent toujours en colonies très populeuses : on rencontre parfois de véritables grappes de Moules, se reliant toutes les unes aux autres par des touffes de byssus ; dans ces conditions elles se développent mal, étant trop serrées les unes contre les autres. Par une éducation intelligemment pratiquée, on arrive à les faire grossir beaucoup plus et surtout plus rapidement, tout en rendant leur chair bien plus délicate.

La Moule est un des Mollusques les plus répandus dans tout le système malacologique européen ; partout on la mange, soit crue, soit plutôt cuite ; comme elle vit à une faible profondeur, sa pêche est toujours facile. Dans un grand nombre de pays on la cultive, mais il y aurait encore bien à faire dans cet ordre d'idées, car les centres mytilicoles pourraient être multipliés sur une bien plus grande échelle, et un choix intelligent des espèces à cultiver permettrait certainement d'obtenir encore de meilleurs résultats.

En Normandie on distingue dans le commerce plusieurs espèces : la Moule ordinaire, de forme allongée, est la moins recherchée, elle se vend 15 centimes le litre ; la Moule blonde vaut déjà 20 centimes le litre ; le Coïeux (*M. incurvatus*) est également plus apprécié. Un peu plus au nord, sur les côtes de Belgique et du nord de la France, on récolte de bonnes Moules que l'on exporte au loin et qui se vendent sur place 75 centimes le cent. Nous avons vu souvent à Paris et à Lyon des Moules de Belgique et de Hollande vendues sous le nom de *Moules de Dunkerque*. Sur la côte occidentale de la Suède, la Moule est peu appréciée, mais en Norvège et sur le côte orientale du Holstein, là où l'Huître fait défaut, on l'apprécie davantage au point de la cultiver ; à Holmbourg, on trouve une forme gigantesque qui atteint jusqu'à 235 millimètres de hauteur.

Dans l'Ouest, la Moule est d'excellente qualité ; il existe

sur nos côtes des installations extrêmement importantes sur lesquelles nous aurons à revenir. A Bordeaux, la Moule se vend 10 centimes la mesure d'un demi-litre. C'est surtout la Moule cultivée qui est la plus recherchée et la plus estimée. En Angleterre, on fait également une grande consommation de Moules.

Les côtes de Provence et tout le bassin méditerranéen conviennent admirablement au développement de la Moule. Sur le marché de Marseille, on la vend de 10 à 30 centimes la douzaine, suivant la grosseur. Les Moules de l'étang de Berre, qui atteignent d'assez grandes dimensions sont généralement peu appréciées; c'est ce que l'on nomme la Moule de Martigues; on lui préfère la Moule dite Moule de Roche qui vit dans des fonds moins vaseux.

A Paris, à Lyon et dans toute la France, on apporte journellement des Moules de tous les pays. A Paris, les Moules les plus estimées sont censées venir de Boulogne sur mer; on les vend à raison de 12 à 13 francs les 100 kilogrammes, mais il est fort difficile de se rendre un compte exact des provenances, car il en vient d'à peu près partout; en quelques jours, une personne bien renseignée peut se faire une superbe collection de toutes les provenances mytilicoles françaises et même étrangères sur le carreau des halles de la capitale.

La Moule se mange de toutes les façons : les vrais amateurs la mangent crue, et ils n'ont pas tort, mais il faut pour cela que la Moule soit bien fraîche, et nous n'engagerons personne à se permettre pareille gourmandise avec une Moule qui a voyagé; il vaut donc infiniment mieux manger la Moule cuite, et surtout bien cuite. On l'accommode de toutes les façons; sans faire ici un cours de gastronomie, rappelons que nos Vatels modernes savent nous préparer des Moules à la provençale, à la marinière, à la béchamelle, en hachis, etc.

LES LITHODOMES (genre *Lithodomus*). — Les Dattes de mer; Dattes brunes, Datti rouge, Datti de mar (Provence); Dattero di mare (Italie); Tamra (Maltais).

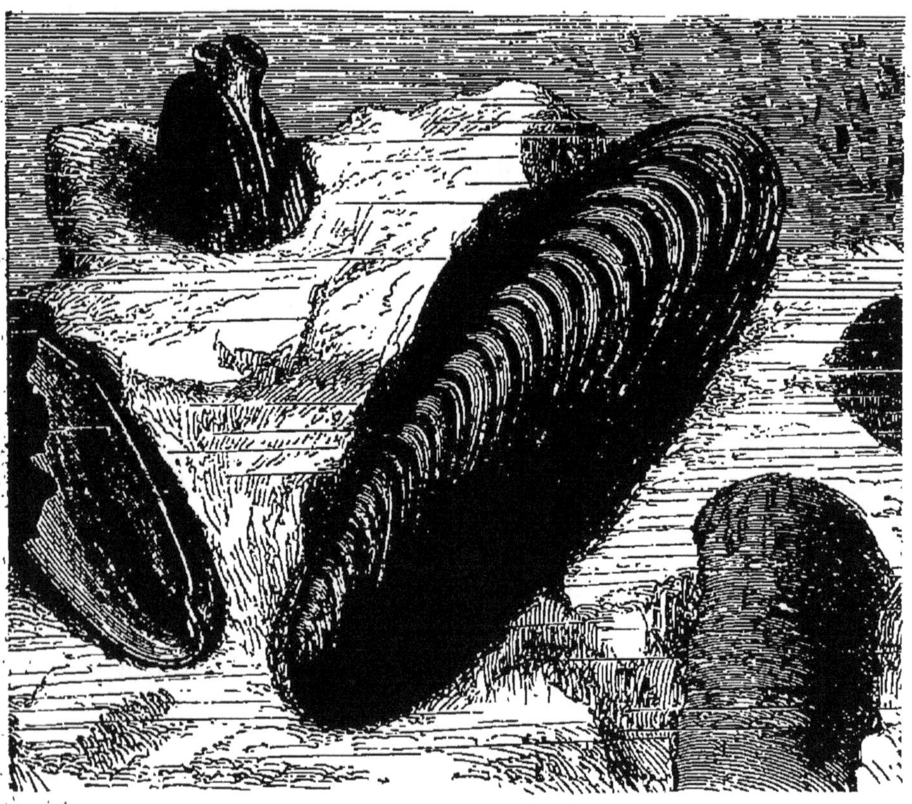

FIG. 40. — La Datte de mer *(Lithodomus lithophagus* Lin.).

Comme l'indique leur nom, ces Acéphales se creusent leur habitation dans la pierre. Une seule espèce est comestible, le *Lithodomus lithophagus* Lin. ; c'est une coquille d'un galbe étroitement cylindroïde, régulièrement allongé, d'un roux chaud et brillant, finement striolé et mesurant de 40 à 50 millimètres de hauteur. Cette espèce ne se rencontre que sur les côtes méditerranéennes, vivant en colonies dans les rochers (fig. 40); sa chair est des plus délicates, c'est sur les côtes de Provence un des mets les plus estimés. On ne peut se les procurer qu'en cassant la pierre avec un marteau et un ciseau comme pour les Pholades, mais à l'inverse de ces coquilles le transport peut s'en effectuer dans les meilleures conditions.

On mange la Datte de mer crue comme l'Huître; elle se vend à Cette et à Marseille jusqu'à 2 francs la douzaine.

LES AVICULES (genre *Avicula*). — Nous ne possédons en France qu'une seule espèce d'Avicule, l'*Avicula Tarentina* Lamck., sa coquille mince et feuilletée, très déprimée, ressemble à celle des Huîtres, et porte dans le haut, latéralement, une longue expansion ailiforme toute caractéristique. La hauteur de l'Avicule est de 8 à 9 centimètres. On la trouve sur toutes nos côtes et surtout dans la Méditerranée, où elle constitue parfois des bancs importants. La chair de ce Mollusque est assez bonne, malheureusement la fragilité de la coquille ne la rend pas facilement transportable; en outre, comme elle sécrète un byssus à la manière des Moules, ses valves ferment mal, et l'eau nécessaire à la bonne conservation du Mollusque ne tarde pas à s'échapper. On voit assez souvent des Avicules sur le marché de Cette; ce coquillage y était plus commun autrefois qu'aujourd'hui.

LES JAMBONNEAUX (genre *Pinna*). — Pinna, Pinne, Cornet; Steckmuscheln, Schinken (Allemand); Nackra tal harira (Maltais); Ostura, Palostreghe (Adriatique).

Les Jambonneaux ou Pinnes (par corruption du mot Penna, aigrette qui décorait le casque des Romains) sont

de très grandes coquilles, dont quelques-unes atteignent
500 millimètres de hauteur, en Corse et en Italie ; ils ont
un galbe triangulaire allongé, effilé vers les sommets,
comme tronqué à la base ; le test est mince, et souvent
recouvert de petites écailles ; l'intérieur est richement
nacré. L'animal sécrète un long et abondant byssus que
l'on a cherché à tisser.

Sa chair n'est pas très bonne, cependant on la consomme parfois sur le littoral des environs de Cette ; elle
est plus appréciée sur les côtes de l'Adriatique et en
Algérie.

FIG. 41. — *Lima bians* pendant la natation.

LES LIMES (genre *Lima*). — Les Limes ont une coquille déprimée, très bâillante, d'un galbe subovalaire
allongé dans le sens de la hauteur, orné de côtes longitudinales assez fortes, souvent squameuses ; à côté des

sommets il existe deux petites expansions latérales appelées oreilles. Le test est d'un blanc foncé passant parfois au roux (fig. 41).

Les Limes sont comestibles, mais vu leur taille, une seule espèce est quelquefois mangée sur nos côtes, c'est le *Lima inflata* Chemn., des bords de la Méditerranée. L'animal, d'un rouge violacé, exhale une odeur forte, assez désagréable ; en outre, ces Mollusques sont toujours peu communs ; ils vivent sur les plages, s'enfoncent dans le sable ou la vase, ou s'attachent sous les pierres à l'aide d'un long byssus. On en voit parfois sur le marché de Cette.

On mange également la Lime dans l'Adriatique, mais elle n'est jamais bien recherchée. Dans l'Extrême-Orient, à Smyrne, par exemple, les gens du peuple en font une assez grande consommation, grâce à son bas prix.

Les Peignes (genre *Pecten*). — Les Pectens, Pèlerines, Manteaux, Coquille de saint Jacques, Pétoncles ; Kammuscheln (Allemagne).

Tous les Peignes sont comestibles et leur chair est de bonne qualité. Nous distinguerons les espèces suivantes qui se recommandent par leur taille.

Pecten maximus Lin. — Grande Palourde (Bordeaux) ; Grosille (Charente) ; la Vanne ou grande Vanne (Normandie) ; Scalop (Angleterre) ; Groot Mantel (Belgique). C'est une coquille d'un galbe arrondi, avec une valve inférieure très creuse et une valve supérieure très plate ; chaque valve est ornée de côtes rayonnantes, celles de la valve inférieure sont arrondies, celles de la valve supérieure un peu méplanes, toutes les deux sont formées par la réunion de plusieurs autres petites côtes. La coloration est très variable et passe du blanc au roux

brun; son diamètre moyen est d'environ 140 millimètres. On la trouve surtout dans la Manche et dans
l'Océan (fig. 42).

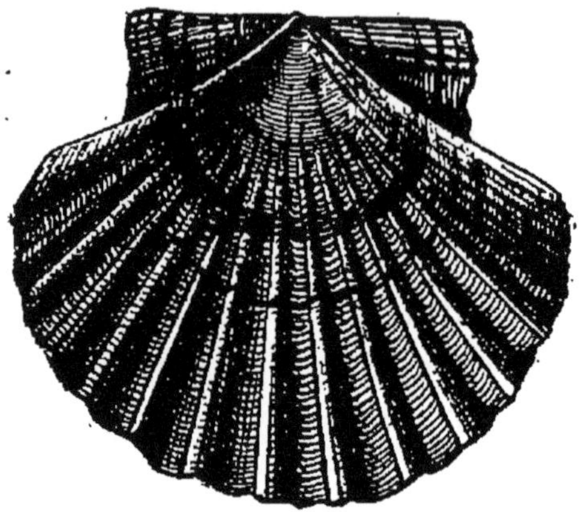

FIG. 42. — Le Peigne (*Pecten maximus* Lin.)

Pecten Jacobœus Lin. — La Pèlerine (Provence); Capa
santa (Venise); Pellegrina (Italie méridionale et Maltais); Ctenia (Smyrne); etc. — Cette forme est très voisine de la précédente; elle en diffère par l'allure de ses
côtes; celles de la valve inférieure ont une forme anguleuse, tandis que celles de la valve supérieure sont étroitement arrondies et comme lisses. Cette forme vit surtout dans la Méditerranée.

Pecten opercularis Lin. — Vanneau, Olivette (Normandie); petite Palourde (Bordeaux). Les deux valves
sont sensiblement également bombées; le test est orné
de côtes régulières, un peu arrondies, finement striées
dans le sens de la hauteur, et parfois squameuses; son
diamètre est de 60 à 70 millimètres, sa coloration extrêmement variable passe du blanc au jaune, au rouge, au
brun, au violacé, monochrome ou polychrome. On le
trouve sur toutes les côtes, mais surtout dans la Manche
et dans l'Océan.

Pecten varius Lin.. — Petite Palourde (Bordeaux); Palourde (Normandie); Callogria, les Sœurs (Smyrne); etc. Coquille de taille plus petite et d'un galbe un peu allongé dans le sens de la hauteur, mesurant de 60 à 65 millimètres, avec de nombreuses côtes longitudinales étroites et bien arrondies, parfois épineuses. Dans cette espèce les oreilles sont très inégales; la coloration est moins variable que chez le *P. opercularis*; on la trouve sur toutes les côtes.

Le *Pecten maximus*, lorsqu'il n'est pas trop grand, est de bonne qualité; sa chair est bonne surtout cuite et accommodée de diverses façons; on lui préfère cependant celle du *P. Jacobœus* qui est un peu plus délicate. On vend le *P. maximus* de 75 centimes à 1 fr. 50 la douzaine à Cherbourg, et de 15 à 25 centimes la pièce à Bordeaux. Le *P. Jacobœus* se vend à Marseille et surtout à Cette de 10 à 15 centimes la pièce. Tous deux se prennent dans les filets par vingt-cinq à trente brasses de profondeur. Les valves, lorsqu'elles sont un peu grandes, sont utilisées pour accommoder et servir différentes préparations culinaires qualifiées de coquilles, mais où le plus souvent le contenant seul représente l'élément malacologique, le contenu étant représenté par du poisson, du Homard ou de la Langouste, de la volaille ou plus simplement du veau.

Les autres espèces se vendent surtout en Normandie et sur les côtes de l'Océan; on les paye de 75 centimes à 1 franc le cent sur les marchés de Bordeaux. A Cherbourg le *P. opercularis*, assez recherché, vaut 10 à 30 centimes la douzaine.

Toutes ces espèces sont très bonnes et gagneraient certainement à être cultivées.

Les Huitres (genre *Ostrea*). — Le genre *Ostrea* comprend, même sur les côtes de France, un grand nombre de formes, espèces ou variétés, à l'égard desquelles les naturalistes ne sont pas toujours en parfait accord ; ces formes, surtout celles qui vivent à l'état domestique, se sont tellement modifiées sous des influences multiples, qu'il est souvent bien difficile de retrouver les véritables formes ancestrales.

Nous allons donner une description sommaire des espèces les plus communes, en indiquant les formes domestiques qui s'y rattachent.

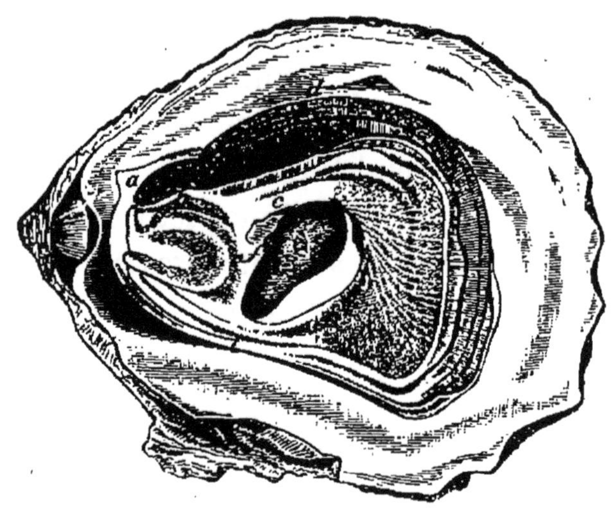

Fig. 43. — L'Huître *(Ostrea edulis* Lin.).

a, partie supérieure du manteau, recouvrant la bouche et les palpes ou tentacules labiaux ; *b*, *c*, manteau ; *d*, branchies ; *e*, portion des lobes du manteau entre lesquels l'anus vient déboucher ; *f*, une portion du cœur placé à la partie antérieure des muscles des valves ; *g*, muscles des valves.

Ostrea edulis Lin. — Coquille d'un galbe ovalaire un peu allongé dans le sens de la hauteur, ornée de nombreuses lamelles calcaires superposées et striées ; le contour est irrégulier et les sommets peu développés. Cette espèce a donné naissance à plusieurs races dont les plus importantes sont : les Gravettes ou Huîtres d'Arcachon, les Huîtres de Marennes (fig. 52), de Cancale, d'Ostende, etc.

L'Huître Gravette, qui pullulait jadis dans les crassats d'Arcachon avant leur repeuplement, est ainsi définie par M. le Dr P. Fischer : « Ces Huîtres étaient irrégulières, petites, minces ; la valve concave avait une coloration bleue, violacée ou purpurine, parfois très intense, et les lamelles transversales de sa surface extérieure se relevaient en festons bien détachés ; les oreilles étaient larges et redressées ; enfin, chaque valve concave retenait un coquillage entier ou un fragment (*Cardium edule, Nassa, Trochus*), sur lequel l'Huître s'était fixée après la période embryonnaire. »

Les Huîtres de Marennes se rapprochent du type de l'*Ostrea edulis* ; parfois elles sont teintées de rayons bleutés et constituent l'*Ostrea bicolor* des auteurs anglais ; souvent elle prend une coloration verte très caractéristique et sur laquelle nous aurons à revenir plus loin. Enfin l'Huître d'Ostende, comme nous l'expliquerons n'est qu'un *Ostrea edulis* dont les bords ont été découpés de manière à lui conserver toujours de petites dimensions.

L'*Ostrea hippopus* Lamck., ou Huître pied de cheval, est caractérisé par sa grande taille qui atteint facilement 110 à 115 millimètres, et par l'épaisseur considérable de son test ; sur la valve supérieure les plis longitudinaux disparaissent, et le sommet ou talon est beaucoup plus développé. Il est à remarquer que cette espèce qui vit sur toutes nos côtes, constitue des colonies beaucoup moins populeuses ; souvent les sujets sont complètement isolés les uns des autres.

L'*Ostrea Tarentina* Issel, ou Huître de Tarente, diffère de l'*Ostrea edulis* par son galbe incurvé, virguliforme tout en restant toujours très large; les lamelles du test sont plus minces et plus fragiles, les plis longitudinaux plus étroits et un peu plus nombreux. Cette espèce cultivée surtout dans le golfe de Tarente peut très bien s'acclimater sur les côtes de Provence. C'est, croyons-nous, surtout cette forme que les éducateurs du Midi doivent essayer de propager dans la Méditerranée. Sa taille est la même que celle de l'*O. edulis*.

L'*Ostrea Adriatica* Lamck., conserve la forme transverse incurvée de l'*Ostrea Tarentina*, mais son test est encore plus finement orné, les lamelles sont plus nombreuses et plus rapprochées, et les plis longitudinaux plus fins et plus serrés. C'est un type parfaitement défini et qui très probablement s'acclimaterait bien sur nos côtes. Cette espèce, comme la précédente, se vend sur tous les marchés d'Italie. Sa taille est un peu plus petite que celle des espèces précédentes.

L'*Ostrea Cyrnusi* Payr., ou Huître de Corse, grande et belle espèce, atteint souvent les dimensions de l'*Ostrea hippopus*, mais elle en diffère par son galbe plus étroitement allongé et par son sommet plus effilé à son extrémité. Elle vit surtout dans les étangs de la côte orientale de la Corse, et est de très bonne qualité; on a, à plusieurs reprises, essayé de l'acclimater dans les étangs de la Provence. Ces essais mériteraient certainement d'être repris et suivis avec le plus grand soin.

L'*Ostrea Stentina* Payr., coquille de petite taille, mesurant de 35 à 45 millimètres de diamètre, est de forme très variable, souvent irrégulière, avec la valve supérieure plus petite que la valve inférieure; celle-ci plus profonde et dentelée sur les bords. Cette espèce, d'assez médiocre qualité comparativement aux autres espèces, se trouve assez fréquemment sur les côtes de la Provence.

L'*Ostrea angulata* Lamck., ou Huître du Portugal n'est connue que depuis quelques années sur nos côtes; sa forme est irrégulièrement étroite et allongée, la valve inférieure est très creusée, très profonde, tandis que la valve supérieure est presque plane; les sommets sont allongés et saillants. Cette espèce, lorsqu'elle est jeune, vaut certainement, comme qualité, l'*Ostrea edulis;* elle tend de plus en plus à se répandre sur nos côtes océaniques.

Sans nous étendre beaucoup sur l'anatomie de l'Huître, quelques mots cependant nous paraissent nécessaires pour bien faire comprendre les conditions de reproduction et d'éducation de ce précieux Mollusque (fig. 43). La bouche, dépourvue de tout organe masticateur, est située à côté de la charnière ; les organes de la digestion consistent en un estomac, un foie très volumineux, et un intestin, formé de plusieurs circonvolutions, qui se termine par un anus situé sur les côtés de l'animal. Le cœur, composé de deux oreillettes et d'un ventricule, est logé dans la partie supérieure du Mollusque. La respiration se fait par deux paires de branchies qui entourent l'animal.

La reproduction s'effectue chez un seul animal à la fois; les organes sont confondus dans une glande génitale donnant naissance à des œufs ; ces œufs, fécondés, se répandent dans les branchies et y séjournent un certain temps avant leur éclosion. Cependant, malgré cette disposition, il est reconnu que deux individus sont nécessaires pour la fécondation. L'œuf passe successivement

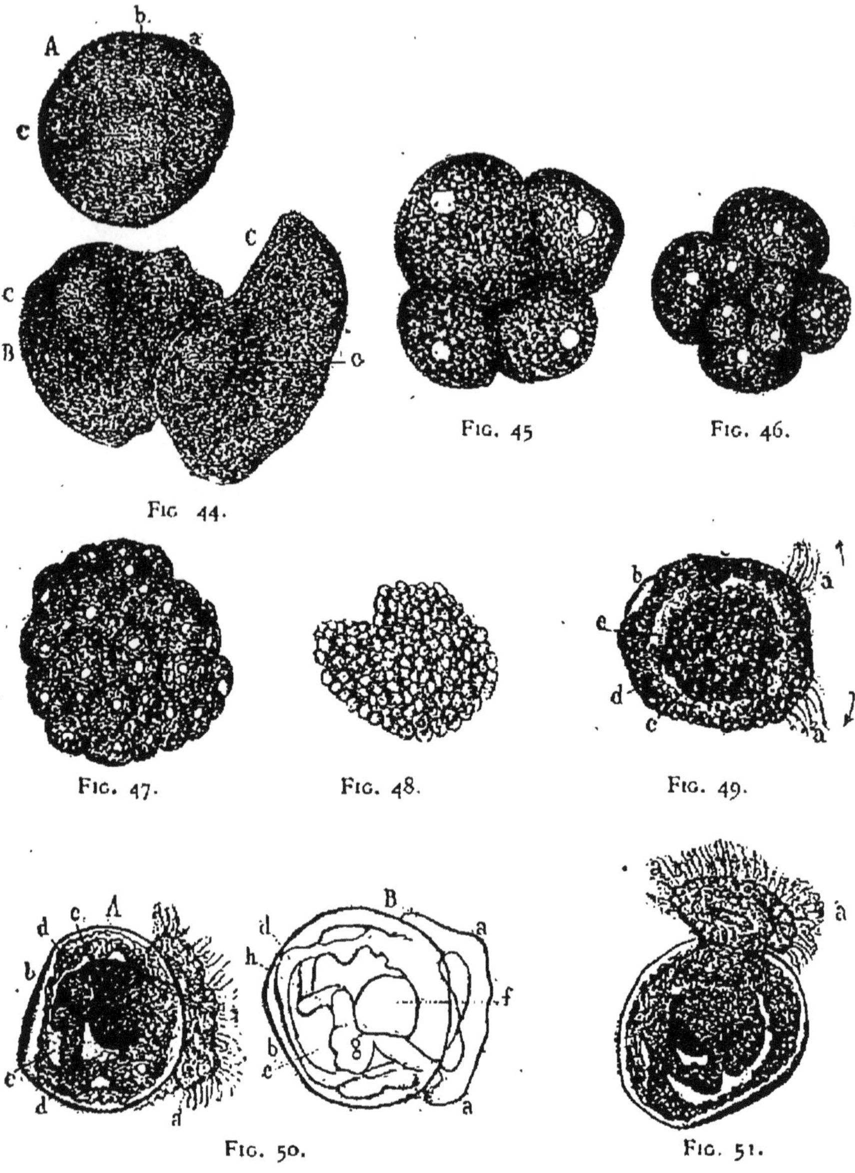

FIG. 44. — Œufs murs non encore fécondés : *a*, membrane vitelline ; *b*, vitel-
lus ; *c*, vésicule germinative ; B et C, ovules plus ou moins déformés.

FIG. 45 à 48 — Œufs fractionnés à divers degrés.

FIG. 49. — Œuf ou embryon plus avancé : *a*, *a*, cils vibratiles ; *b*, charnière ;
c, masse centrale ; *d*, bandelette périphérique ; *e*, espace vide.

FIG. 50. — Embryon muni de son appareil ciliaire natatoire *a*, *a* : *b*, charnière ;
c, masse centrale, formant le foie et l'estomac ; *d*, *d*, bandelettes périphé-
riques représentant le manteau et les branchies ; *e*, espace vide; *f*, foie ;
g, estomac ; *b*, anse de l'intestin.

FIG. 51. — Embryon plus avancé dont l'appareil ciliaire *a*, *a*, est prêt à se détacher.

Toutes ces figures, empruntées à Davaine (*Mémoires de la Société de biologie*),
sont grossies 100 fois.

par les diverses phases que nous figurons (fig. 44 à 51)
et qui ont été si soigneusement étudiées par Davaine.
Les petits, lorsqu'ils viennent de naître, sont pourvus
d'un appareil de natation (fig. 49 à 51) constitué par une
sorte de bourrelet irrégulier armé de nombreux cils vibratiles en mouvement. Les larves, au sortir de l'Huître
mère, se dispersent et partent à la recherche d'un point
d'appui sur lequel elles se fixeront. A ce moment, elles
perdent leurs organes de natation devenus inutiles et
s'attachent au corps sur lequel elles ont élu domicile,
par le sommet de leur valve inférieure. Si elles doivent
continuer à vivre normalement, elles resteront logées
sur ce point d'attache jusqu'à la fin de leur vie.

La nourriture des Huîtres consiste en particules organiques tenues en suspension dans l'eau et en animalcules
microscopiques. Or, comme les eaux douces, à leur embouchure, contiennent toujours de telles substances en
beaucoup plus grande quantité, c'est pour cette raison que les Huîtres, qui ne peuvent aller au-devant de
leur nourriture, s'engraissent plus rapidement dans ces
milieux qu'au sein des eaux plus pures de la mer.

Quant à la respiration, elle peut encore s'effectuer durant plusieurs jours hors de l'eau normale, à la condition
qu'il reste dans l'intérieur de la coquille assez d'eau pour
baigner les branchies du Mollusque. C'est là, en grande
partie, en quoi consiste le secret de la conservation de
l'Huître.

La fécondité de l'Huître est véritablement prodigieuse;
on estime que chaque individu peut donner naissance à
deux millions d'œufs chaque année ; on voit combien de
ces jeunes individus se perdent en naissant, soit parce qu'ils
ne trouvent pas le point d'appui qui leur est indispensable,

soit parce qu'ils sont absorbés par d'autres animaux qui s'en repaissent avidement. Suivant les pays, la saison du frai varie de juin à septembre ; il importe donc, durant cette époque, de veiller à ce que le naissain se perde le moins possible.

Huîtres vertes. — Les Huîtres vertes sont souvent plus recherchées par les amateurs que les Huîtres ordinaires ; cette coloration se manifeste surtout dans les branchies, et longtemps les naturalistes se sont préoccupés des causes qui pouvaient ainsi modifier la nature de l'Huître ordinaire. En 1820, Gaillon crut pouvoir l'attribuer à un petit vibrion qu'il désigna sous le nom de *Vibrio ostrearius*, l'eau des parcs renfermant en effet une grande quantité d'animalcules. Coste, plus tard, attribua le verdissement des Huîtres à la nature du sol. A la suite d'analyses chimiques comparatives, il écrivait : « Les expériences prouvent que les marnes bleu-verdâtre ont, comme le territoire de Marennes et au même degré, la propriété de colorer les Huîtres. » Mais, il y a quelques années, M. de Brébisson signala, dans les parcs de Courseulles, la présence d'une diatomée à laquelle il donna le nom d'*Amphipleura ostrearia*, et lui attribua le verdissement des Huîtres.

« Les choses en étaient là, dit M. le Dr Brocchi, lorsque M. de Puységur, commissaire de la marine, reprit à son tour la question avec le concours de M. Bornet, l'algologue bien connu. Ces messieurs examinèrent la matière verte qui se produit dans les claires ; ils reconnurent que cette matière était constituée par une diatomée dont les innombrables frustules en fuseaux traversaient avec vivacité le champ du microscope. Cette diatomée fut soumise à l'examen de M. Grunow, botaniste autrichien, qui constata que c'était une variété de sa *Navicula fusiformis* et lui donna le nom de *Navicula ostrearia*. » M. de Puységur essaya alors de nourrir des Huîtres ordinaires avec cette diatomée et voici ce qu'il constata : « Dirigées jusqu'à l'appareil buccal, les Navicules pénètrent dans l'estomac du Mollusque où elles abandonnent leurs matières nutritives ; la chlorophylle jaune est détruite et digérée ; le pigment solide passe directement dans le sang auquel il communique sa couleur. »

Fig. 52. — *Ostrea edulis*, type de Marennes.

Jadis, en France, l'Huître était un mets fort rare, réservé aux tables les plus luxueuses ; pourtant, au temps des Romains, on trouvait déjà le moyen d'en expédier dans tous les grands centres. C'est ainsi, par exemple, que dans les fouilles de Trion, à Lyon, nous avons constaté la présence d'un nombre considérable

d'écailles d'Huîtres provenant évidemment de fort loin.
Mais, plus tard, l'Huître fut surtout consommée dans les
ports de mer ou dans les villes les plus voisines. Depuis
la création des chemins de fer, avec cette incessante facilité de transports économiques, la consommation des produits maritimes a augmenté dans des proportions considérables; c'est à ce moment que l'on a commencé à
constater que les bancs naturels tendaient à s'épuiser et
qu'il importait d'apporter bien vite un remède à cet état
de choses. Aujourd'hui, dans nos grandes villes, nous
consommons des Huîtres de tous les pays, et si la production augmente dans de larges limites depuis quelques
années, à voir les prix de vente, on doit en conclure qu'elle
est bien loin d'atteindre les besoins de la demande. Voici,
à titre de renseignements, les principales qualités de ce
Mollusque qui arrivent au marché de Paris, et leur prix
de vente au détail et en gros:

	LA DOUZAINE	LE CENT
Portugaises vertes et blanches.	0 40 à 0 90	3 25 à 6 »
Arcachon (petites)	0 30 à 0 80	3 25 à 6 »
— (moyennes).	1 »	7 »
— (grosses).	1 25	8 »
Armoricaines (petites).	1 60	10 »
— (moyennes).	2 »	12 »
— (grosses).	2 50	16 »
Bêlon.	2 50	18 »
Marennes blanches 2es.	1 25	8 »
— blanches 1res.	1 60	9 »
— blanches extra.	2 »	13 »
Sables d'Olonne.	1 60	10 »
Marennes vertes ordinaires.	2 »	14 »
— vertes extra.	2 25	16 »
— vertes extra-grosses.	2 75	18 »
Cancale ordinaires.	2 »	13 »
— extra.	2 25	16 »
Pieds de cheval.	3 »	22 »

	LA DOUZAINE	LE CENT
Courseulles.	2 25	15 »
Ostende.	2 50	18 »
— extra.	3 »	22 »
— Victoria.	2 50	20 »
Zélande.	3 »	22 »
Royal Whitstable.	3 50	25 »
— extra Whitstable. . .	4 50	32 »
— Colchester.	3 50	27 »
Burnham.	3 »	22 »
Seconde native.	2 75	20 »

Il va sans dire que, dans les ports de mer, ces prix sont moindres ; ainsi à Bordeaux, la douzaine de Portugaises vaut de 30 à 40 centimes ; la Gravette d'Arcachon, 20 à 25 centimes ; l'Huître verte de Marennes, 75 à 80 centimes ; le Pied de cheval, 2 francs, etc. Ces prix, pour nos Huîtres françaises, laissent encore une belle marge aux producteurs et aux éleveurs, car il n'est pas encore bien éloigné le temps où l'Huître, à Paris, se vendait couramment 50 et 60 centimes la douzaine, qu'elle vinssent de la Manche ou des côtes océaniques de la région armoricaine.

Mais, malgré cela, comme le faisait judicieusement observer M. Max de Nansouty dans une conférence à l'Exposition universelle de 1889, les compagnies de chemins de fer et les municipalités ont le grand tort de traiter l'Huître moderne, produit aujourd'hui surabondant, sur le même pied que le rare et précieux Mollusque d'autrefois ; « les frais de transport et d'octroi le chargent à l'envi ; un cent d'Huîtres de bonne grandeur, payé à Arcachon 3 francs à 3 fr. 50, suivant le cours, revient, rendu à Paris, à 6 ou 7 francs. Il va sans dire que les intermédiaires commerciaux n'oublient pas de prélever une quote-part respectable dans ce résultat total. On ne devrait pas payer, au maximum, dans les villes, plus de 1 franc la douzaine les Huîtres de la meilleure qualité. Si les compagnies de transport et les municipalités voulaient bien s'y prêter, elles n'y perdraient rien, car la consommation augmenterait en conséquence. »

LES ANOMIES (genre *Anomia*). — L'Éclair (La Rochelle); l'Estufette (Cette).

L'Anomie est un Acéphale qui vit en quelque sorte en parasite sur les autres Mollusques. Sa coquille est très mince, de forme arrondie ; la valve inférieure s'applique sur d'autres corps solides dont elle épouse la

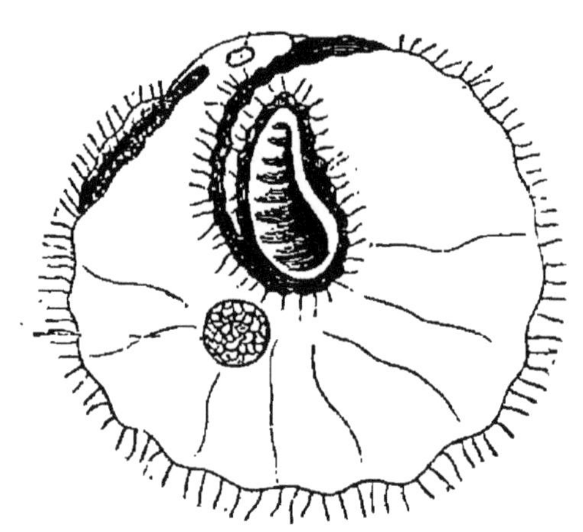

FIG. 53. — L'Anomie *(Anomia ephippia* Lin.).

forme, tandis que la valve supérieure, tantôt lisse, tantôt striée, porte à l'intérieur un ossicule qui traverse la valve inférieure pour se fixer au corps étranger, comme un byssus solide. La taille des Anomies varie de 30 à 60 millimètres de diamètre, et la couleur généralement d'un blanc argenté passe au rose ou au jaune (fig. 53).

On trouve cette coquille sur toutes nos côtes ; l'espèce la plus connue est l'*Anomia ephippia* Linné. « Plusieurs naturalistes, fait observer M. A. Granger, ont prétendu que l'animal ne pouvait pas être mangé impunément et qu'il occasionnait souvent des vomissements et des douleurs d'entrailles chez les personnes qui en avaient fait usage. C'est une erreur qu'on ne doit plus admettre aujourd'hui, car si l'Anomie est peu estimée sur notre littoral de l'Océan, elle est, en revanche, fort recherchée sur nos côtes de Provence et du Languedoc; et à Cette, où elle se vend sur le marché sous le nom de l'*Estufette*, elle est estimée à l'égal de l'Huître. »

Les Spondyles (genre *Spondylus*). — La fausse Huître, l'Huître épineuse, l'Huître rouge ; Ostreghe rose, Ostreghe spinose (Gênes) ; Scutoponzoli ou Spronnuli (Italie méridionale); Gaideri (Adriatique); Gaidra (Maltais).

Une seule espèce de Spondyle nous intéresse, le *Spondylus gœderopus* Linné, ou Spondyle pied d'âne. Sa coquille ressemble à celle d'une Huître comme galbe; ses valves sont inégales, le test est épais et orné d'épines plus ou moins saillantes sur la valve inférieure ; la charnière, puissante, rappelle celle des Peignes ; la coquille est souvent colorée d'un rose violacé. On la rencontre sur les côtes de la Méditerranée. Sa chair est édule, mais elle est loin de valoir celle de l'Huître. On la mange en Italie, en Algérie, mais assez rarement en France.

ACÉPHALES MARINS EXOTIQUES

Le nombre des Acéphales marins qui sont consommés à l'étranger est considérable; la liste complète est loin d'être connue ; nous nous bornerons, comme nous l'avons fait pour les Gastropodes, à citer les principales espèces, celles qui sont les plus communes.

Les Pholades, comme en France, se mangent dans un grand nombre de pays ; on en vend sur les marchés de la Guadeloupe, de la Havane, de la Martinique. — Le *Sole-curtus strigillatus* fort peu apprécié sur nos côtes, se vend d'avril en août sur le marché de Naples, sous le nom de Latturo di mare ; dans la même famille, le *Novaculina constricta* est élevé par les Chinois qui en font une grande consommation.

Les Myes sont comestibles chez certains peuples du Nord. M. Peelsener nous écrit qu'on pêche le *Mya arenaria* sur les rives du Bas-Escaut, à Ostende, et qu'on en envoie jusqu'au marché de Bruxelles. — Les *Mesodesma* malgré leur petite taille, sont utilisés, mais lorsqu'ils atteignent des dimensions suffisantes ; leur chair de bonne qualité est très recherchée ; c'est ainsi que, dans l'archipel de la Nouvelle-Calédonie, on mange le *M. striata*, et à Valparaiso, le *M. Chiliensis*. Dans la même famille, on consomme au Chili et au Pérou le *Ceronia donacina*.

Le *Scrobicularia piperata*, non recherché sur nos côtes, est au contraire fort apprécié dans l'Adriatique ; le Caparazzolo dal Scorzo Sotil des Vénitiens ou Lache des Triestois, sert, d'après le Dr Senoner à faire une excellente soupe ; on le vend également sur le marché de Bône en Algérie. — Dans une famille voisine, le *Capsa rugosa* se vend à la Guadeloupe et à la Martinique. — Dans le même pays, le *Donax denticulatus* sert à faire un bouillon très estimé. — Les Mactres déjà plus appréciées dans l'Adriatique que dans la Méditerranée sont, paraît-il, recherchées en d'autres pays ; en Amérique, on consomme régulièrement le *Mactra solidissima*, et en Chine le *M. veneriformis*.

La grande famille des *Veneridæ* va nous présenter un

grand nombre d'espèces comestibles. En première ligne, nous inscrirons le *Venus mercenaria* des rivages est de l'Amérique du Nord, appelé Round Clam, Hard Clam, ou plus simplement Clam. « Les Clams, dit M. le Dr Fischer, étaient connus des Indiens qui leur avaient donné le nom de Quahog, encore en usage dans l'État de Massachusetts. On rapporte même que les Mohegans payaient aux Iroquois un tribut de ce précieux coquillage ; la chair était rôtie, et les valves servaient d'ornement. Le marché de New-York est régulièrement approvisionné de Clams, dont la consommation est considérable ; on les vend dans les rues, et on les mange crus, comme les Huîtres. Il en est de même à Philadelphie, et à Boston, qui en reçoit d'énormes quantités de Cape-Cod ». Coste a essayé vainement d'acclimater cette espèce dans le bassin d'Arcachon.

Plusieurs autres Vénus sont comestibles : le *V. discrepans* au Pérou, les *V. cancellata*, *V. granulata*, *V. albida*, *V. mactroides*, *V. Beanii*, à la Guadeloupe et à la Martinique. Comme en France les *Tapes* sont recherchés dans nombre de pays ; le *Tapes semidecussatus* se consomme au Japon, où, paraît-il, il est très estimé ; dans le même pays on mange également le *Cytherea petechialis* ; M. Debeaux l'a vu consommer en Chine.

Les belles Tridacnes ou Bénitiers ont des animaux dont la chair est très bonne à manger ; le *Tridacna mutica* se consomme aux îles Carolines ; et le *Tr. gigas* dans la Nouvelle-Irlande.

Une autre espèce, le *Tr. squamosa*, vendu sur le marché de Suez, est fort appréciée des Arabes ; c'est une précieuse ressource pour les Indiens ; ses muscles, au dire de Brehm, auraient la saveur de la chair du canard. —

Plusieurs Cardiums sont également comestibles : on mange le *Cardium Japonicum* au Japon, et le beau *C. hians* se voit parfois sur le marché de Bône. A la Guadeloupe et à la Martinique on vend l'*Anomalocardia flexuosa*.

Plusieurs Chames sont également utilisées pour l'alimentation : à la Pointe-à-Pitre, Basse-Terre, Saint-Pierre, Port de France, on vend les *Chames venosa*, *Ch. radians*, *Ch. sarda*, *Ch. florida*, etc. — Les Lucines exotiques sont encore plus appréciées : les *Lucina Pensylvanica*, *L. tigerina*, *L. Jamaïcensis*, *L. edentula*, se mangent à la Guadeloupe et à la Martinique ; la première surtout est très estimée et a donné lieu à des élevages qui ont bien réussi ; le *L. exasperata* est, paraît-il, une véritable friandise pour les Canaques. En Chine on mange le *L. Philippiana*, et sur quelques points de la Nouvelle-Calédonie on consomme également le *L. tigerina*.

Les Arches, même les espèces les plus grosses, sont peu estimées sur nos côtes ; mais il n'en est pas de même en Italie, notamment à Tarente ; les Arabes limitrophes de la mer Rouge en font une assez grande consommation, et Adanson nous apprend qu'à l'embouchure du Niger les nègres pêchent l'*Arca similis* ou Fagan, dont ils se nourrissent. Une autre Arche serait également mangée en Chine, d'après M. A. Issel.

Les Indiens prisent la chair des Pernes ; le *Mytilus decussatus* est une des espèces comestibles du Pérou.

Enfin, outre les nombreuses espèces d'Huîtres que nous avons relevées en Europe, citons encore : les *Ostrea borealis* et *O. Virginica*, sur la côte est de l'Amérique du Nord ; l'*O. parasitica*, aux Antilles ; l'*O. tuberculosa*, au Cap de Bonne-Espérance ; l'*O. cornucopiæ*, à Suez ; l'*O. rufa*, au Pérou ; l'*O. cucullata*, au Japon ; etc.

ACÉPHALES D'EAU DOUCE

En Europe, les Acéphales d'eau douce se réduisent à un très petit nombre de genres : les *Sphærium* et les *Pisidium* sont trop petits pour être utilisés, mais les *Margaritana*, les *Unio* et les *Anodonta* sont de taille plus que suffisante pour pouvoir rendre des services ; malheureusement, la plupart du temps, ces espèces vivent dans des milieux vaseux qui leur communiquent un goût fade et très désagréable. Cependant nous savons qu'en France à plusieurs époques, on a eu recours à ces Mollusques comme objets d'alimentation.

Les espèces qui vivent dans les eaux courantes ont nécessairement la préférence. Le D' Ozenne rapporte que les *Margaritana* sont assez recherchés des paysans des environs du mont Saint-Michel qui les font cuire quelque temps dans l'eau bouillante pour les attendrir, puis frire dans du beurre, assaisonnés d'un filet de vinaigre. Gassies a vu manger dans le Sud-Ouest les *Unio sinuatus* et *U. Requieni*, et les *Anodonta Grateloupiana, A. piscinalis* et *A. cygnæa*. Moquin-Tandon dit que les habitants pauvres de la Valogne, dans les Vosges, se nourrissent quelquefois des *Margaritana*, et qu'il a vu à Tournefeuille, près Toulouse, consommer des *Unio rhomboideus*. Enfin Gauthier nous apprend que, en 1668, les gens de la campagne mangeaient les Anodontes dans le Lyonnais et dans le Forez.

Ces quelques exemples démontrent surabondamment que la chair de nos grands Acéphales peut être utilisée ; mais comme bien souvent nos paysans ont autre chose à se mettre sous la dent, ils préfèrent cette autre chose.

Cependant il est bien certain que la chair de nos Nayades, une fois qu'elle a été purifiée par un séjour un peu prolongé dans des eaux pures et un peu vives, est au moins aussi bonne que celle des Escargots, et dans tous les cas certainement moins coriace. Mais il convient de la manger cuite et accompagnée de quelques condiments qui en relèvent la fadeur.

A l'étranger, les Acéphales d'eau douce comestibles sont assez nombreux : l'*Anodonta Japonica* se mange au Japon ; en Chine, l'*A. edulis* est cultivé à cet effet dans les fossés d'eau vive de Soug-Kiang-Fou ; l'*A. sempervirens* est consommé au Cambodge, par les indigènes.

Le *Cyrene Caledonica* est comestible non seulement en Nouvelle-Calédonie, mais encore dans une grande partie de l'archipel Océanique. Les Ethéries et les Galathées sont mangées par les nègres, en Égypte et au Sénégal, et même dans l'intérieur de l'Afrique. Enfin Rafinesque rapporte que plusieurs espèces d'*Unio* sont comestibles en Amérique.

II

L'OSTRÉICULTURE

On donne le nom d'ostréiculture à l'art qui consiste à faire produire et à élever des Huîtres. Cette opération, assez complexe et assez variée dans son ensemble, comporte une série de manipulations dont le mode, quoique changeant un peu suivant les pays, embrasse deux phases absolument distinctes et donnant lieu chacune à des branches d'industrie toutes différentes. On distingue en effet les producteurs et les éleveurs. Les producteurs se proposent de faciliter le développement embryonnaire de l'Huître, de récolter cet embryon par différents procédés que nous aurons à décrire, et de livrer ensuite aux éleveurs le produit ainsi obtenu.

Les éleveurs reçoivent l'Huître toute jeune, la font grandir et prospérer dans des milieux convenablement aménagés, l'engraissent et améliorent sa chair, jusqu'au moment où elle est susceptible d'être livrée à la consommation. Il peut paraître assez étrange que le producteur ne soit pas en même temps éleveur ; le cas est pourtant assez rare ; mais lorsque nous aurons dit que ces deux genres d'opérations nécessitent le plus souvent des milieux de nature différente, assez difficiles à rencontrer dans un même pays, on comprendra la nécessité de la division dans la culture de l'Huître.

Les anciens, fort appréciateurs de ce succulent Mollusque, s'étaient déjà préoccupés des moyens de l'élever ; pratiquaient-ils l'ostréiculture telle que nous la connaissons aujourd'hui ? c'est peu probable, étant donné leur complète ignorance sur la reproduction des Mollusques. Il suffit de parcourir les écrits de Pline, le plus complet des naturalistes de l'antiquité, pour s'en convaincre. Mais, s'ils n'étaient point producteurs dans le vrai sens du mot, c'étaient par contre de très bons éleveurs.

Aristote, tout en se préoccupant de la reproduction de l'Huître, esquisse en quelques mots, dans son *Traité des Parties*, toute l'histoire de l'élevage tel que nous le pratiquons encore aujourd'hui : « La flotte, dit-il, étant venue débarquer à Rhodes, et les matelots ayant jeté dans l'eau des pots cassés et autres tessons, il s'y amassa avec le temps de la bourbe, et alors il s'y trouva des Huîtres » ; et plus loin : « Des pêcheurs de l'île de Chio, ayant pris des Huîtres à Pyrrha, dans l'île de Lesbos, et les ayant portées dans un autre endroit de la mer voisine, et où les eaux formaient un courant, elles grossirent beaucoup, mais elles ne produisirent rien, quoi qu'elles y restassent longtemps ».

Entre les mains d'un observateur intelligent, ce double texte eût été certainement la source de toutes les phases de l'ostréiculture puisqu'il nous enseigne, d'une part, comment les jeunes Huîtres peuvent se reproduire, et, d'autre part, que l'Huître est susceptible de s'améliorer lorsque, après avoir été déplacée, on la dispose dans un milieu propice.

C'est sans doute de ces précieuses données que s'inspira un Romain du nom de Sergius Orata qui vivait un siècle avant notre ère, au temps de l'orateur Lucius Licinius Crassus (140-91 avant J.-C.). Pline, le naturaliste, rapporte en effet que ce Sergius Orata établit pour la première fois des parcs à Huîtres à Baïes; toutefois dit cet auteur, il les institua non pas dans un but gastronomique, mais uniquement pour en retirer de l'argent. La spéculation, paraît-il, réussit admirablement, car elle eut par la suite un grand nombre d'imitateurs. Comment s'y prenait-on? c'est ce que Pline a négligé de nous apprendre; mais il est probable qu'à cette époque on se bornait à recueillir des Huîtres encore un peu jeunes dans la mer, et à les parquer dans les eaux plus douces des lacs Lucrin ou Fusaro.

D'après de récentes découvertes archéologiques, on sait aujourd'hui que l'ostréiculture remonte chez les Romains, au moins au siècle d'Auguste. Deux vases funéraires en verre, à large panse et à goulot étroit, ont été trouvés, l'un dans la Pouille de l'ancien royaume de Naples, l'autre aux environs de Rome. Sur la paroi extérieure, on voit encore des dessins en perspective figurant des viviers attenant à des édifices, et communiquant avec la mer par des arcades.

Sur le vase de la Pouille on lit ces mots : *Stagnum palatinum*, nom que portait quelquefois la villa que Néron possédait sur les bords du lac Lucrin, et plus bas *Ostrearia*. Sur l'autre vase est écrit : *Stagnum Neronis*,

Ostrearia, Stagnum, Sylva, Baïa, ce qui indique d'une manière manifeste que la perspective figurée sur le vase a été tirée des édifices et des lieux de la plage de Baïa et de Pouzzoles.

Le lac Lucrin, l'Arverne des anciens, fut longtemps prospère ; mais, à la suite d'un tremblement de terre survenu en 1538, il fut comblé, et sur son fond s'élève aujourd'hui le Monte Nuovo. Dans le courant du siècle dernier, sous le règne de Ferdinand de Naples, l'industrie ostréicole fut transportée au lac Fusaro, l'Achéron de l'antiquité, à quelques kilomètres au sud-ouest de Naples, près de Baïes. C'est là que Coste, le grand savant, auquel nous sommes redevables de si beaux travaux sur la pisciculture et l'ostréiculture, puisa la plus grande partie de ses documents sur l'art d'élever les Mollusques. Mais l'Achéron ne devait pas avoir un sort bien différent de l'Arverne ; ce lac, séparé jadis de la mer par une simple digue, est aujourd'hui en partie comblé et livré à l'agriculture.

Durant les temps troublés du moyen âge, la culture de l'Huître a dû s'effectuer sans doute comme dans les temps passés, quoique nous n'ayons à cet égard aucune donnée positive. Cependant dans nombre de chartes on voit qu'il est question de « l'ensemencement des Huîtres », c'est-à-dire non pas de la production d'Huîtres nouvelles, mais du transport dans un milieu nouveau de jeunes Huîtres déjà formées. La difficulté de se procurer, durant la mauvaise saison, des aliments maigres pour satisfaire aux lois de l'Eglise devait nécessairement favoriser le développement de l'élevage de l'Huître, au moins au voisinage des côtes.

Pour en finir avec l'historique de l'ostréiculture, nous

emprunterons à Coste les documents suivants relatifs à d'autres pays que le nôtre : « Pontoppidan rapporte une tradition danoise, d'après laquelle des bancs d'Huîtres de la côte occidentale du Schleswig auraient été implantés artificiellement en l'an 1040. Cette tradition peut n'avoir guère de fondement, car les Huîtres ont pu s'étendre dans cette région tout naturellement ; nous savons en effet, d'une manière certaine, qu'il existait des Huîtres le long de la côte danoise à une époque bien antérieure ; néanmoins, cette tradition nous montre que les tentatives de culture artificielle des Huîtres n'étaient pas absolument étrangères au peuple.

« Dans l'Hellespont et aux alentours de Constantinople, on « ensemençait » des Huîtres, d'après les récits des voyageurs du siècle dernier. Certainement cet usage n'a pas été introduit par les Turcs. Il a dû être conservé, par conséquent, depuis l'époque byzantine. Pétrus Gyllius, écrivain du XVIᵉ siècle, qui a laissé une description détaillée du *Bospborus traceus*, déclare aussi que depuis des temps immémoriaux on « plante » là bas des Huîtres.

« Dans l'Ouest, l'ostréiculture n'a pas été suspendue, ainsi que l'indique une loi promulguée en 1375, sous le règne d'Édouard III, d'après laquelle il était interdit de recueillir et de transférer les couvées d'Huîtres à toute autre époque qu'au mois de mai. En toute autre saison, on ne pouvait détacher que les Huîtres assez grandes pour enfermer un shilling [1]. »

En 1855, Coste étudia tout particulièrement la disposition adoptée par les Italiens dans le laç Fusaro. C'est ce mode qui a servi de point de départ aux différentes ten-

---

[1] Coste, *Voyage d'exploration sur le littoral de la France et de l'Italie.*

tatives qui ont été faites postérieurement pour le repeuplement de nos côtes. Il importe donc de rappeler ici les observations de ce savant naturaliste : « Entre le lac Lucrin, les ruines de Cumes et le cap Misène, se trouve un étang salé d'une lieue de circonférence environ, de 1 à 2 mètres de profondeur dans la plus grande étendue, au fond boueux, volcanique, noirâtre, l'Achéron de Virgile enfin, qui porte aujourd'hui le nom de Fusaro.

« Dans tout le pourtour du lac, on voit de distance en distance des espaces, le plus ordinairement circulaires, occupés par des pierres que l'on a transportées. Ces pierres simulent des espèces de rochers que l'on a recouverts d'Huîtres de Tarente, de manière à transformer chacun d'eux en un banc artificiel (fig. 54)... Autour de chacun de ces rochers factices qui ont en général deux ou trois mètres de diamètre, on a planté des pieux assez rapprochés les uns des autres, de façon à circonvenir l'espace au centre duquel se trouvent les Huîtres. Ces pieux s'élèvent un peu au dessus de la surface de l'eau, afin qu'on puisse facilement les saisir avec les mains, et les enlever quand cela devient utile.

« Il y en a d'autres aussi qui, distribués par longues files, sont reliés par une corde à laquelle on suspend des fagots de même bois destinés à multiplier les pièces mobiles qui attendent la récolte (fig. 55). Le produit de la pêche, renfermé et entassé dans des paniers en osier, de forme sphérique et à larges mailles, est provisoirement déposé, en attendant la vente, dans une réserve ou parc établi dans le lac même, à côté du pavillon royal, et construit sur des piliers qui supportent un plancher à claire-voie armé de crochets auxquels on suspend les paniers (fig. 56). »

Ainsi donc, comme on le voit dans ce récit, la production et l'élevage se trouvent réunis dans le même

FIG. 54. — Banc artificiel du lac Fusaro, d'après Coste.

milieu, milieu de petite dimension, de peu de profondeur, convenablement protégé des intempéries, plus

FIG. 55. — Lignes de fascines dans le lac Fusaro, d'après Coste.

chaud encore que les eaux de la mer avoisinante et probablement de moindre salure. Est-il nécessaire d'ajouter

que les produits sont de très bonne qualité ? Telles sont les données pour ainsi dire fondamentales dont Coste a fait usage pour chercher à réaliser sur toutes nos côtes la culture de l'Huître.

Dès le printemps de l'année 1858, des essais furent pratiqués simultanément : le premier dans la baie de Saint-Brieuc, dans les Côtes-du-Nord ; le second dans la baie de La Forest, près de Concarneau, dans le Finistère ; le troisième dans le bassin d'Arcachon, dans la Gironde. Les résultats obtenus furent très différents : dans le Nord, la tentative échoua complètement ; elle ne réussit qu'en partie dans le Finistère ; mais en revanche la réussite fut complète dans le bassin d'Arcachon.

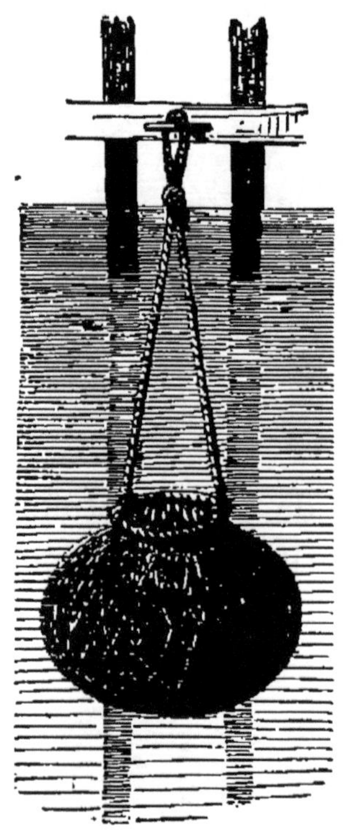

Fig. 56. — Panier servant à la conservation des Huîtres.

Aujourd'hui, avec l'expérience acquise durant ces dernières années, la possibilité de la création artificielle des bancs d'Huîtres, la culture de ces jeunes Mollusques, leur élevage, leur développement dans les parcs réservés ne font plus question. On pratique l'ostréiculture, sous ses différentes formes, sur presque toutes nos côtes ; les moyens de détails seuls diffèrent un peu. Mais pour arriver avec certitude à de bons résultats, pour éviter les fâcheux écueils des tentatives de la première heure, il faut s'astreindre à suivre des principes désormais bien acquis. Nous allons examiner les différents procédés.

Fig. 57. — Réserve ou parc de dépôt.

Production de l'Huître. — Les jeunes Huîtres, comme nous l'avons expliqué, une fois à l'état de larve embryonnaire, sont munies d'un appareil de natation qui leur permet d'effectuer de rapides mouvements au sein des flots. En sortant du manteau de la mère, elles se mettent aussitôt à la recherche d'un point d'appui sur lequel elles viendront se poser d'une manière définitive et immuable si elles doivent toujours vivre à l'état sauvage. Tout corps solide, rocher, coquillage, bois fixe ou flottant, épaves de toutes sortes leur seront bons ; elles ne sont point difficiles à contenter ; l'essentiel, c'est que, dans un court délai, elles parviennent à trouver ce point d'appui solide, absolument indispensable à leur nouveau mode d'existence.

Cela étant bien établi, on comprendra que le rôle du producteur consiste à faciliter le plus possible ces jeunes embryons dans la recherche de ce point d'appui. Il conviendra donc d'installer, dans le voisinage des Huîtres mères, déjà constituées en bancs naturels, des appareils convenables pour recueillir les larves huîtrières, pour les tenir à l'abri de toute attaque des nombreux ennemis qui guettent une proie facile, et leur permettre de se développer convenablement durant cette période de leur existence. On donne à ces appareils le nom de *collecteurs*. On en a imaginé un grand nombre d'espèces ; nous passerons en revue les principaux.

Reproduction en bassins clos. — Dans le principe, on imagina de parquer les Huîtres mères dans des bassins complètement clos, de façon à pouvoir retenir et récolter la presque totalité du naissain qu'elles étaient susceptibles d'émettre, sans qu'il s'en dispersât au dehors. Mais on s'aperçut bientôt que cette précaution quelque peu dispendieuse était non seulement inutile, mais qu'elle présentait même parfois des inconvénients. Les Huîtres mères, ainsi parquées, perdent au bout de peu de temps leur puissance génératrice ; pour que ces animaux puissent vivre convenablement, il est nécessaire que l'eau qui les baigne soit souvent renouvelée, de façon à ce que les principes nutritifs qui sont tenus en suspension dans l'eau soient constamment remplacés, à mesure qu'ils sont absorbés par l'animal.

La production du naissain avec des collecteurs installés au large, dans le voisinage des bancs naturels, donne des résultats bien suffisants et tout aussi complets. Ce n'est donc plus que dans le Nord, et particulièrement sur les côtes de la Hollande, que ce mode de reproduction est encore employé. Dans l'île de Wight, sous la direction de lord H. Scott, on a construit des bassins circulaires entièrement clos dans lesquels on installe, dès le printemps, des Huîtres mères que l'on a soin de renouveler chaque année ; dans le voisinage, on établit des tuiles chaulées sur lesquelles le naissain vient se déposer ; l'eau du bassin est renouvelée par un système de tuyauterie.

Ce procédé, ainsi compris, est certainement bon, mais il a le grand inconvénient d'être très onéreux. Nous ne connaissons, sur nos côtes, aucune installation de ce genre.

Collecteurs en fascines. — Ce mode, renouvelé des dispositions du lac Fusaro fut proposé par Coste et employé en 1858 dans les tentatives ostréicoles de la baie de Saint-Brieuc. Des branchages (fig. 58) de 2 à 3 mètres de longueur, liés en fagots par le centre, à l'aide d'une bonne corde, ou mieux, d'une chaîne gal-

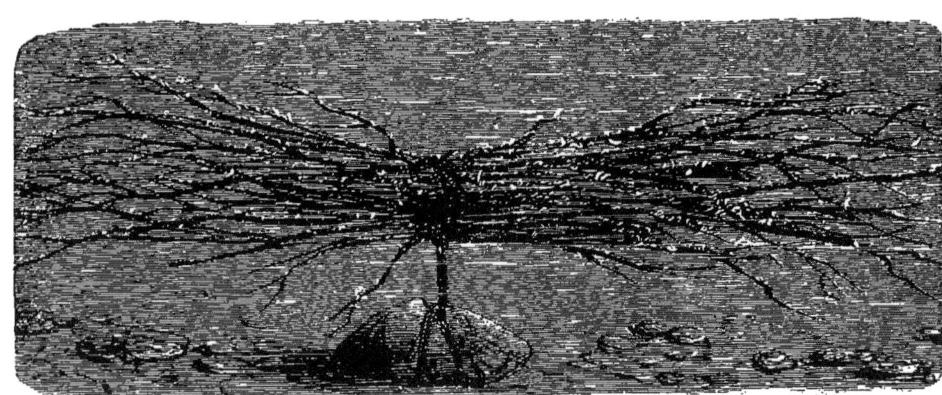

Fig. 58. — Collecteur en fascines, d'après Coste.

vanisée, et reliée à une pierre servant de lest, assez lourde pour les maintenir dans les fonds producteurs,

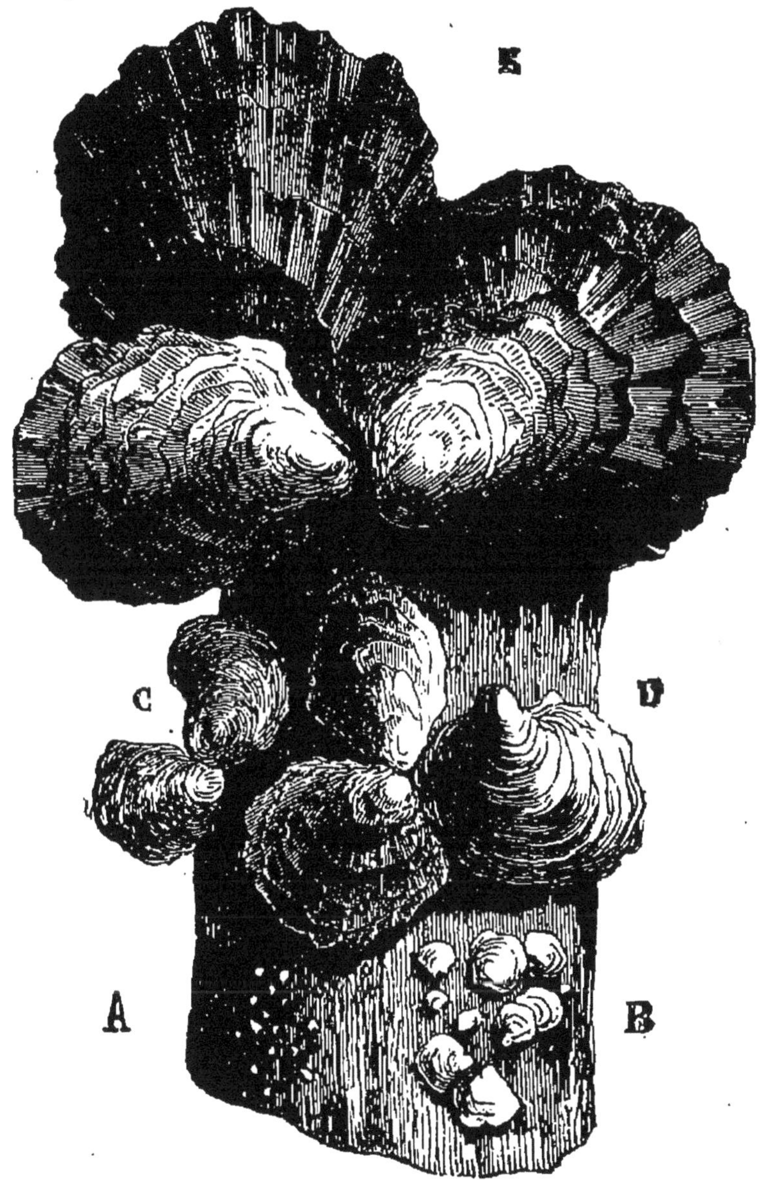

FIG. 59. — Jeunes Huîtres fixées sur un morceau de bois (grandeur naturelle).
A, Huîtres de 15 à 20 jours ; B, Huîtres de 1 à 2 mois ; C, Huîtres de 3 à 4 mois ;
D, Huîtres de 5 à 6 mois ; E, Huîtres de 12 à 14 mois, d'après Coste.

tel est le premier collecteur dans toute sa simplicité ; on le tient élevé à une hauteur de 30 à 40 centimètres seulement au dessus du fond et il ne tarde pas à se couvrir de naissain.

« Après un certain temps, dit Coste, on va relever l'une après l'autre les fascines et on en extrait la récolte avec autant de facilité que peut le faire un agriculteur pour celle des espaliers qui portent les fruits dans son domaine. Les fascines portent dans leurs branchages, dans leurs moindres brindilles, des bouquets d'Huîtres en si grande profusion, qu'elles ressemblent à ces arbres de nos vergers qui, au printemps, cachent leurs rameaux sous l'exubérance des fleurs. On dirait de véritables pétrifications. » (fig. 59).

Ce procédé, l'un des plus économiques, sans doute, n'est cependant plus en usage aujourd'hui ; il laisse perdre une grande quantité d'embryons qui passent à côté des fascines sans s'y fixer. En outre, il arrive parfois que les fascines sont entraînées par les courants ; dans les essais pratiqués par Coste, plusieurs fascines ont disparu à la suite de gros temps. Aussi donne-t-on la préférence aux systèmes suivants qui sont un peu plus dispendieux, mais qui donnent de bien meilleurs résultats.

Planchers collecteurs. — Coste, un peu après, avait imaginé de répandre sur les terrains où il existait des bancs naturels, de véritables planchers en bois. Suivant l'importance de l'installation, ces planchers pouvaient être plus ou moins grands et offrir un nombre variable de compartiments. Nous donnons ci-joint la disposition d'un plancher collecteur à compartiments multiples (fig. 60).

« Le plancher collecteur à compartiments multiples consiste, dit Coste, en plusieurs séries de doubles pieux A, qu'un intervalle de 12 à 15 centimètres seulement sépare, disposés en échiquier et à la distance de 2 mètres environ les uns des autres, et coupés par des passages d'exploitation E, larges de 60 à 70 centimètres.

« Deux trous se correspondant, le premier à 50 centimètres du sol, le second à 25 ou 30 centimètres au-dessus du premier, percent de part en part les pieux accouplés. Une clavette en bois ou en fer, introduite dans le trou inférieur I, convertit ces pieux en une sorte de chevalet, et sert de point d'appui à des traverses B, d'une seule pièce, longue de 2 à 20 centimètres au moins, et d'un diamètre de 10 à 12 centimètres. Ces traverses doivent être solides, car c'est sur elles que porte le plancher D, consistant en planches posées à plat, par leurs extrémités, sur les traverses inférieures, et rangées côte à côte de manière à laisser entre elles le moins d'intervalle possible.

« D'autres traverses C, de même longueur que celles-ci, mises au-dessus des planches et retenues elles-mêmes par des clavettes J, passées dans le trou supérieur des pieux, assujettissent le tout. S'il arrivait qu'il y eût un peu trop de jeu entre les clavettes supérieures et les traverses qu'elles doivent maintenir, un coin placé entre ces deux pierres obvierait à cet inconvénient. Des coins de bois servent aussi à assujettir les planches qui auraient trop de mobilité... Les planches les plus propres à former plancher sont les planches brutes en bois de sapin ou de pin de $2^m,10$ à $2^m,15$ de long, sur 20 à 25 centimètres de large, dont on hérisse l'une des faces, à l'aide d'un ciseau ou d'une herminette, de minces copeaux adhérents. Ces copeaux, qui ont une saillie de 2 à 3 centimètres, multiplient les surfaces et rendent très facile la cueillette des Huîtres qui y adhèrent.

Fig. 60. — Plancher collecteur de Coste.

« On peut les remplacer par une couche de valves de Bucardes, de Vénus, de Moules ou de cailloux du volume d'une noix, que l'on fait adhérer aux planches à l'aide d'un mastic de brai sec et de goudron. Enfin, pour fournir au naissain un plus grand nombre de points d'attache, on garnit aussi cette face de menus branchages de châtaigniers, de chênes, de sarments de vigne, etc., que l'on fixe par des liens passés à des trous pratiqués aux planches. »

Ces planchers collecteurs sont installés environ un mois

avant la ponte, à 20 ou 30 centimètres au-dessus des bancs ou dans leur voisinage immédiat. M. de Bon a installé dès 1858, sur les parcs de Cancale, un système analogue qui a donné de bons résultats. Le reproche que l'on peut faire à ce système, c'est que d'une part il est assez coûteux, et que, pour le détroquage, c'est-à-dire pour la cueillette de la jeune Huître, il ne se prête pas aussi bien que la tuile dont nous allons parler.

Collecteurs en tuiles. — Il y a fort longtemps déjà que l'on a proposé de substituer les planchers en tuiles aux planchers en bois, les premiers essais auraient été tentés dans l'établissement de Régneville dans la Manche, appartenant à Mme Sarah Félix, sœur de la célèbre tragédienne Rachel. Différents systèmes ont été indiqués.

Le toit collecteur simple consiste en un cadre en bois formé de barres parallèles écartées de 30 centimètres les unes des autres et reliées ensemble par des traverses ; on dispose sur ce cadre les tuiles, de façon à ce que la partie concave regarde le sol , elles sont placées bout à bout ou se recouvrent à peine ; pour les maintenir en place, et les empêcher d'être dérangées par les courants, on pose par-dessus, de distance en distance, des pierres un peu grosses (fig. 61). Dans quelques installations plus exposées au mouvement des eaux, on a soin de consolider chaque rangée de tuiles à l'aide de fil de fer galvanisé, tel que cela se pratique pour les toitures dans les pays exposés aux vents.

Dans le bassin d'Arcachon, on dispose les tuiles en ruche ; on empile les tuiles les unes au-dessus des autres, sur huit ou neuf rangs superposés ; le tout est retenu soit par un piquet central, soit mieux encore par des piquets latéraux auxquels sont fixés les cadres. Ce système a donné les meilleurs résultats. Aujourd'hui on emploie dans cette station plus de quatorze millions de tuiles.

Fig. 61. — Toit collecteur simple.

Chaque tuile peut recevoir une moyenne de deux cents Huîtres.

Au lieu de placer les tuiles à plat, on préfère parfois les disposer en files obliques ; ce système est bon lorsque

Fig. 62. — Toit collecteur à piles obliques.

le courant tend à entraîner le naissain toujours dans la même direction ; on place alors les files dans le sens opposé au courant. On implante dans le sol des chevalets peu élevés et assez rapprochés ; sur chaque ligne on dispose les tuiles, le côté le plus large sur le sol, et de façon à ce qu'elles se présentent sous un angle de 30 à 35° (fig. 62). On peut également, et c'est même chose prudente, relier les tuiles entre elles par du fil de fer galvanisé.

D'autres personnes ont proposé une disposition différente ; c'est celle des collecteurs formant une double toiture, l'une à claire-voie, l'autre à séries continues et croisant la première ; le tout, comme dans le premier système que nous avons indiqué, s'étale sur des cadres en bois reposant sur des chevalets implantés dans le sol (fig. 63).

Enfin, si l'on veut éviter de faire usage des cadres et des chevalets, on pourra installer les tuiles de manière à former des séries de toits à files juxtaposées ; les tuiles reposent sur le sol par leur extrémité la plus large et se touchent par le sommet de façon à pouvoir se soutenir ; une seconde rangée vient se buter par la base contre la première, et ainsi de suite (fig. 66) ; pour donner plus d'assiette à cet échafaudage, on dépose au pied des tuiles, de distance en distance, quelques grosses pierres.

Tuiles en champignons. — Les dispositions que nous venons d'indiquer sont bonnes toutes les fois que le terrain est solide, mais lorsqu'il est plus mou, plus vaseux, il ne saurait convenir. Tel est le cas de la plupart des fonds que l'on rencontre sur les côtes de Bretagne. On doit à M. E. Leroux une ingénieuse installation qui permet d'établir des tuiles collectrices dans ces terrains. On nomme ce système : tuiles en bouquets ou en champignons. L'histoire de cette invention mérite d'être rapportée d'après le fils de l'inventeur.

« Eugène Leroux, en juillet 1866, voulant employer la tuile qu'il savait à l'essai tant à l'île de Ré qu'à Arcachon, fit venir de Nantes cinq mille tuiles à couverture,

Fig. 63. — Toit collecteur double.

Fig. 64. — Toit collecteur en files opposées.

de 33 centimètres de longueur, qu'il disposa par petites ruches de six tuiles élevées au-dessus de la vase, sur quatre échalas formant un carré de 20 centimètres et reliés entre eux par la tête avec du fil de fer. Il maintenait les tuiles placées sur ce carré, au moyen de deux fils de fer placés au milieu des échalas en passant en croix sur le collecteur.

« A l'époque des malines, les deux frères E. et H. Leroux, allèrent à basse mer, avec une brosse, délivrer les tuiles de la couche de vase qui les couvrait, et leur zèle fut bientôt stimulé par l'apparition d'un certain nombre de naissains sur chaque tuile. Mais la solidité des collecteurs laissait beaucoup à désirer, un grand nombre de tuiles avaient été renversées.

« C'est E. Leroux qui résolut le problème. En 1867, il eut la patience de percer, avec un foret, un trou à chaque extrémité de la tuile ; il y passa deux longs fils de fer nº 14, galvanisés, qui, après avoir réuni six ou douze tuiles en forme de ruche, allaient se fixer solidement à la tête d'un piquet de plus de 1 mètre, qu'il faisait passer dans l'espace carré formé par l'écartement des tuiles, au milieu de la ruche.

« Cet appareil, fixé dans le sol, tenait les tuiles suspendues à 15 ou 20 centimètres au-dessus de la vase. Il avait l'apparence d'un champignon, c'est le nom qu'il reçut ; d'autres l'appellent bouquet. »

Cette heureuse disposition a été adoptée par tous les ostréiculteurs de la région armoricaine, partout où le sol est un peu trop vaseux. Quelques légères modifications ou perfectionnements ont été apportés par divers éleveurs. Dans certaines localités, au lieu du piquet unique, on fait usage de traverses en bois qui reposent sur le sol ; pour maintenir l'ensemble des tuiles, on les relie à un simple pieu central ; de cette façon, elles sont plus régulièrement réparties en surface. Enfin pour maintenir un écartement convenable, et pour ne pas perdre de place, M. de Wolbock dispose entre chaque tuile une planchette de bois, de façon à maintenir un écartement constant.

Longtemps on a reculé devant la dépense occasionnée par l'achat de ces tuiles, achat qu'il faut renouveler bien souvent. Mais aujourd'hui, au moins dans le Nord-Ouest, on arrive à faire des tuiles à bon marché, en se servant de la vase de mer ; M. de Wolbock, depuis 1882, a annoncé à la Société ostréicole d'Auray qu'il pouvait livrer des tuiles ostréicoles à raison de 22 francs le mille.

Dans la Gironde, on vend, d'après M. Gonon, depuis quelques années, la tuile couverte de son naissain, telle qu'elle est au moment du relevage. La tuile, qui revient brute à 25 centimes pièce en moyenne, peut, suivant les marchés, se revendre à 50 ou même 60 centimes. C'est donc, comme on le voit, un joli bénéfice pour le producteur.

Collecteurs en chapelets. —Les jeunes Huîtres, comme nous l'avons expliqué, aiment à se fixer de préférence sur les corps un peu rudes et surtout de nature calcaire. Ainsi en liberté elles s'attachent très volontiers sur les valves de leurs congénères ou sur de vieilles coquilles au fond de la mer (fig. 65). On a donc imaginé de percer des morceaux de coquille ou de les nouer le long d'un fil de fer galvanisé de manière à former des chapelets que l'on suspend au voisinage des Huîtres mères. Ces chapelets sont utilisés sur un grand nombre de points concurremment avec les tuiles.

Dans le même ordre d'idées et pour remplacer les coquilles, on fait usage à Wameldigne, en Hollande, de petits cylindres en terre-cuite de 2 centimètres de long, enduits de chaux hydraulique ; ces cylindres sont enfilés dans des fils de fer galvanisés et placés sur un cadre métallique de 1 mètre de long sur 2 de large ; ils pro-

FIG. 65. — Valves de Cardium chargées de jeunes Huîtres de grandeur naturelle.

duisent de bons effets et leur prix de revient est assez minime, car ils peuvent être fabriqués à la mécanique très économiquement.

Caisses ostréophiles. — Les ostréiculteurs du bassin

d'Arcachon, voyant leurs éducations bien souvent compromises par l'intervention de poissons ou de crustacés
destructeurs, ont inventé divers systèmes pour tenir
complètement à l'abri leurs jeunes Mollusques. Ils ima-
ginèrent de placer les petites Huîtres soit dans des cages
en osier, soit dans des caisses en bois munies de trous
permettant à l'eau de circuler, mais interdisant toute approche aux ennemis des Mollusques. Ces procédés étaient
en somme assez primitifs. M. Michelet eut alors l'idée de
construire ce qu'il qualifia d'ambulance ostréophile.
« C'était, dit M. le Dr Brocchi, un bassin en pierre à fond
de briques cimentées, reposant sur un fort madrier en
bois, lequel était lui-même soutenu par des pieux enfoncés dans le sol. Un second madrier posé sur les pierres
se reliait au premier par de forts boulons en fer. A l'intérieur, et à 6 centimètres environ du fond, étaient fixées
des claies en osier ou en toile métallique sur lesquelles
étaient placées les jeunes Huîtres. La couverture se
composait de panneaux mobiles en bois ou en toile métallique. L'ensemble de la construction était entouré d'un
massif d'argile qui en consolidait la muraille. »

Ce procédé était, comme on le voit, assez dispendieux
et surtout intransportable; à chaque changement de station on était forcément condamné à reconstruire la maçonnerie de l'appareil. On a remplacé les ambulances par
des appareils beaucoup plus simples appelés caisses ostréophiles. Ce sont de véritables ruches en bois qui se
présentent dans les meilleures conditions pour recevoir
le naissain et l'abriter complètement durant son jeune
âge.

Cet appareil (fig. 66) est constitué par une caisse sans
fond en bois léger, mesurant environ 2 mètres de lon-

gueur pour 1 mètre de hauteur et autant de largeur. La base repose soit directement sur le sol, soit mieux encore sur deux ou trois traverses Q posées à plat, de façon à laisser la libre circulation de l'eau dans toute la partie inférieure. Le couvercle D, situé au-dessus, est formé de plusieurs pièces juxtaposées et maintenues par

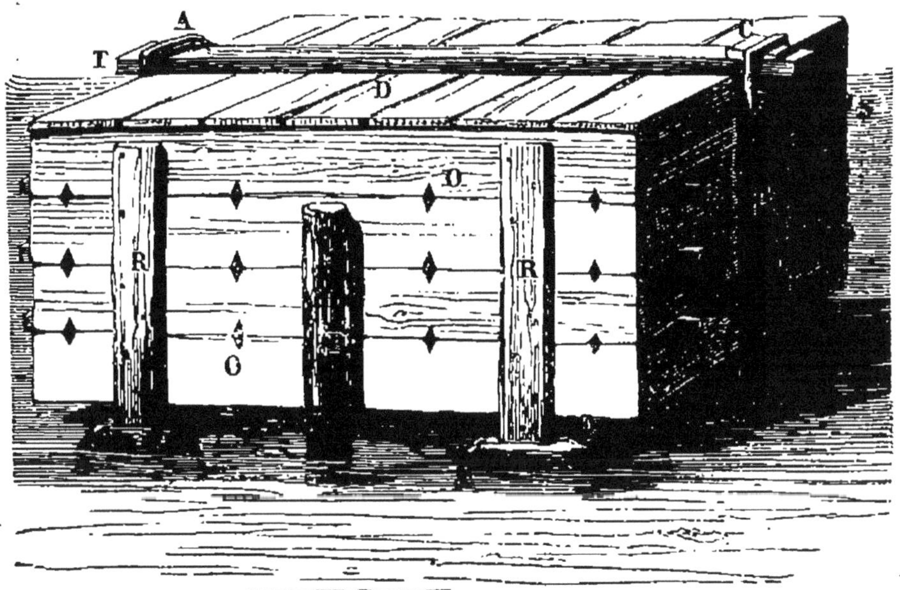

Fig. 66. — Caisse ostréophile.

une traverse T, qui vient s'encastrer à ses deux extrémités dans une sorte de gâche A à l'aide d'un coin C, et disposée à la partie supérieure de deux pilotis P, enfoncés aux deux extrémités de la caisse pour la maintenir fixe.

Les planches qui constituent les parois latérales de la caisse sont fixées sur des cadres S de manière à laisser entre elles des vides de 2 à 3 centimètres à travers lesquels l'eau peut librement circuler. En outre on a soin de percer dans ces planches des ouvertures O permettant encore à l'eau de se déplacer facilement du dehors au dedans.

Dans l'intérieur de ce coffre, on dispose des châssis (fig. 67 et 68) également en bois, de 4 à 5 centimètres d'épaisseur, garnis dans le fond d'un treillage en laiton ou en fil de fer galvanisé à mailles de 2 centimètres de côté; ces cadres sont soutenus en dessous soit par une traverse en bois, soit par des tringles en laiton ou en fer

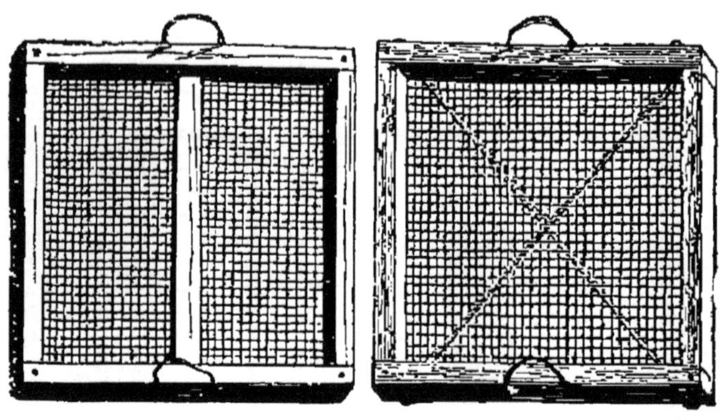

FIG. 67. — Châssis mobile
à traverse en bois.

FIG. 68. — Châssis mobile
à tringles métalliques.

galvanisé, placées en croix. Chaque châssis est muni de poignées; la dimension de ces cadres est telle qu'il doit en entrer un multiple pair dans chaque rangée de la caisse. Pour compléter l'organisation, on étale sur ces châssis des fragments de coquilles mortes, valves d'Huîtres, de Cardiums, de Moules, etc.

Pour faire usage de ce collecteur, on dispose sur le sol une soixantaine d'Huîtres mères également réparties, et on place au-dessus le cadre avec une première rangée de châssis; puis, sur la seconde rangée de châssis, on étale une seconde couche d'Huîtres mères au milieu de fragments de coquilles, et on recouvre le tout d'une nouvelle rangée de châssis coquilliers.

Cinq ou six mois après la ponte, les fragments de coquilles sont recouverts de jeunes Huîtres qu'il est alors facile de retirer des châssis et des cadres (fig. 69). Ce procédé, un peu dispendieux comme mode d'installation première, présente de grands avantages; bien peu de naissain est perdu, et toutes les jeunes Huîtres sont absolument protégées durant leur jeune âge. Une caisse comme celle que nous venons de décrire peut contenir facilement cinq mille jeunes individus. Elle coûte en

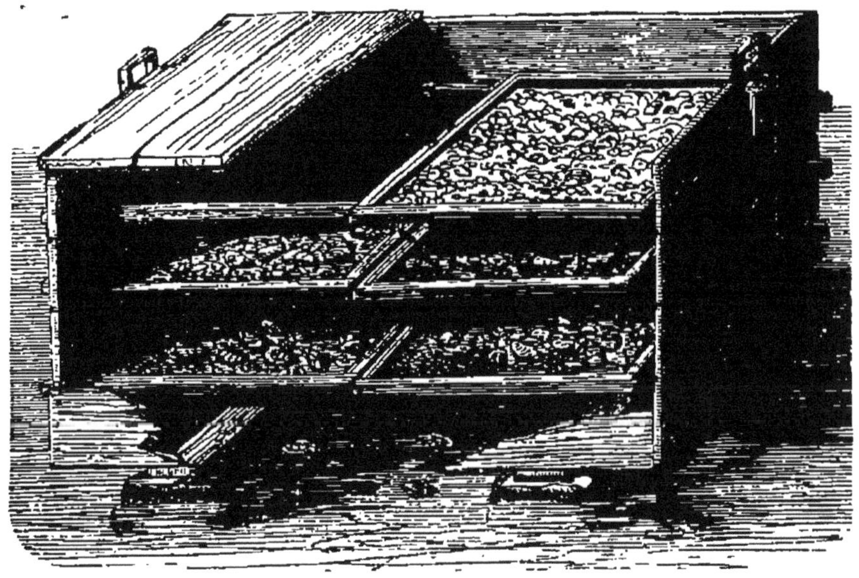

Fig. 69. — Caisse ostréophile ouverte ; une des parois latérales est enlevée pour monter l'arrangement des châssis mobiles.

moyenne une dizaine de francs et peut servir pendant longtemps à condition qu'il n'y ait dans la localité aucun Mollusque phytophage. Dans ce cas, il conviendrait de revêtir les parois d'une feuille de zinc galvanisé. D'après M. le Dr Brocchi, on n'emploie pas moins de cinq mille de ces caisses dans le bassin d'Arcachon. Ces caisses peuvent servir pour la production et pour l'élevage.

Collecteurs pour hauts fonds. — M. Arturo Issel, dans son intéressant volume intitulé *Pelagos*, a donné la description d'un collecteur très simple et très ingénieux qui peut être avantageusement utilisé dans les localités où le fond se trouve un peu bas. Sur un cadre carré de 1 mètre de côté fait en bois noueux, on fixe des branches rameuses de $1^m,50$ de hauteur environ, et l'on dispose le tout sur quatre piquets enfoncés dans le sol avec quatre grosses pierres dans les angles, pour maintenir au besoin l'appareil au fond de l'eau. Dans l'intérieur du cadre également fait en bois on installe les Huîtres mères. Les jeunes embryons, en sortant de la coquille viennent se fixer sur les rameaux qui sont étalés au-dessous et ne tardent pas à s'y développer.

Époque de la pose. — Le choix des collecteurs étant fait, et ceux-ci étant préparés à l'avance, à quelle époque conviendra-t-il de les mettre en place, et combien de temps faudra-t-il les laisser au sein des eaux avant de les retirer ? Cette époque de la pose varie suivant les pays. La ponte, pour nous servir de l'expression des ostréiculteurs, est d'autant plus précoce que la température est plus clémente.

Dans le Midi, sur les côtes de Provence, les collecteurs devront toujours être installés avant le 1er juin. A Arcachon on estime qu'ils doivent être en place du 12 au 15 du même mois, tandis que, sur les côtes de Bretagne et de la Manche, on retarde cette pose du 15 juin au 15 juillet.

Il y a de grands inconvénients à placer les collecteurs trop tôt ou trop tard, Trop tard, on perd la récolte ; trop tôt, les collecteurs se salissent, leur surfac se recouvre de corps étrangers qui viennent s'y déposer ; plusieurs animaux tels que des Bryozoaires, des Serpules, des Ascidies, etc., prennent la place que l'on croyait réservée aux jeunes Huîtres ; il importe donc d'apprécier exactement le moment le plus favorable.

Il existe du reste un criterium à peu près certain qui permet aux ostréiculteurs de se rendre un compte exact du moment opportun où cette pose devra s'effectuer. Il suffit pour cela d'ouvrir, vers les époques indiquées, quelques Huîtres, et de voir quelle couleur elles présentent à l'intérieur. Si l'animal prend une teinte blanchâtre ou laiteuse, il est temps de se préparer ; si la coloration passe au blanc ardoisé, c'est que la sortie des embryons est très prochaine. Il faut alors se hâter d'installer les collecteurs.

Au moment de la ponte, les collecteurs se recouvrent rapidement du jeune naissain qui s'y fixe et y croît dès le premier jour avec une grande rapidité. Cet accroissement, au moins pour l'*Ostrea edulis* et ses formes affines, se fait en moyenne à raison de 2 centimètres de diamètre en dix mois environ. Nous avons donné (fig. 59) les dimensions, en grandeur naturelle, des Huîtres à cinq âges différents. C'est seulement lorsque l'Huître a 2 centimètres de diamètre qu'il convient de la détacher et de la livrer aux éleveurs.

C'est donc au printemps, c'est-à-dire au commencement du mois de mars, que cette opération devra avoir lieu. Dans le Midi, et surtout dans la Méditerranée, nos Mollusques attendront le retour de la belle saison sans trop souffrir des rigueurs de l'hiver ; mais dans le Nord, il est prudent, si les collecteurs ne sont pas suffisamment abrités, de retirer le naissain fixé sur les tuiles et de placer le tout dans des eaux plus profondes qui les maintiendront toujours au-dessous du niveau des plus basses marées et les préserveront des atteintes d'un froid trop rigoureux. C'est surtout dans ces conditions que les caisses ostréophiles rendront des services, car on pourra les déplacer avec une extrême facilité sans que les petits Mollusques aient trop à en souffrir.

Détroquage. — Nous voici arrivés au printemps, c'est-à-dire au moment où il convient de retirer les jeunes Huîtres de leur premier berceau, pour les céder aux éleveurs qui vont parachever leur éducation. Tantôt, on vend directement les tuiles des collecteurs avec leur récolte, tantôt au contraire, on livre au commerce les Huîtres toutes détachées. On donne le nom de détroquage à l'opération par laquelle on détache l'Huître de son premier support.

La plupart du temps, ce détroquage est fait à la main par des femmes; à l'aide d'un instrument en fer, elles détachent délicatement la coquille de la tuile et la déposent dans des corbeilles ou paniers qui sont expédiés le plus rapidement possible aux éleveurs. Il va sans dire que ce détroquage doit être fait avec assez de soin pour que la coquille n'en souffre pas. Longtemps cette pratique a présenté certaines difficultés, tant est grande l'adhérence du Mollusque. Mais aujourd'hui, grâce à l'emploi de certaines précautions, cette opération s'effectue avec la plus grande facilité.

Au lieu de laisser les tuiles brutes, telles qu'elles sont livrées par le commerce, on les recouvre de divers enduits qui ont pour but, non seulement d'attirer les embryons, mais encore de faciliter considérablement le détroquage.

L'enduit le plus simple et le plus économique consiste en un chaulage unique ou double; on passe sur les tuiles une ou deux couches d'un lait de chaux. M. Al. Martin plonge chaque tuile d'abord dans un lait de chaux grasse, puis quand la couche est sèche, il la replonge à nouveau dans un lait de chaux hydraulique.

M. H. Leroux prépare de la manière suivante ses tuiles pour les collecteurs en champignon : « Une cuve étant remplie d'eau douce, si c'est possible, on y ajoutera de la chaux en quantité suffisante pour obtenir un liquide plus ou moins épais, suivant le mode de détroquage qui devra être adopté; on pourra même y mêler un peu de sable fin, 5 à 6 litres par hectolitre de liquide. Un collecteur en champignon, tout préparé sur son piquet, est plongé en le renversant, dans le liquide calcaire constamment agité; il est mis ensuite à sécher. »

M. le D^r Kœmmerer a imaginé un autre enduit un peu compliqué, il est vrai, mais qui, paraît-il, a présenté de bons résultats. L'auteur donne à son appareil le nom de *collecteur ciment porte-graine mobile* : « La tuile étant saturée d'eau, on tapisse la concavité de cette tuile avec du papier mouillé, de manière que le papier laisse près des bords de la tuile une surface d'un centimètre à découvert. Alors vous étendez votre ciment sur toute la concavité de la tuile et vous laissez sécher. Le ciment se prend en une seule masse, mais il ne tient à la tuile que dans la partie que le papier ne couvre pas; dans toute la partie tapissée le ciment n'a aucune adhérence avec la tuile, et il suffit de couper rapidement, avec la pointe d'un couteau, la petite lisière de ciment pour en séparer en bloc tout le ciment porte-graine. »

L'Huître ne doit jamais rester trop longtemps sur la tuile, surtout si les jeunes individus sont assez rapprochés pour arriver à se nuire dans le développement. Quelques personnes laissent ainsi les Huîtres quinze et dix-huit mois avant de les détroquer, mais dans ce cas le Mollusque affecte une forme irrégulière qui nuit à sa bonne vente.

Huîtres à tessons. — Quelques producteurs, voulant faire de l'élevage sur place, ont imaginé un mode de manipulation particulier que l'on désigne sous le nom d'Huître à tesson. Dans les caisses ostréophiles, nous avons vu le naissain venir se déposer sur des fragments de coquille, et là, la jeune Huître, fixée seulement par son sommet sur une surface plus ou moins arrondie, se développer pendant un certain temps, sans que son galbe en pâtisse le moins du monde. C'est ce que certaines personnes ont voulu imiter sans avoir recours aux caisses ostréophiles.

Le naissain étant déposé sur des tuiles même chaulées, on les y laisse le plus longtemps possible, c'est-à-dire tant que les coquilles ne se gênent point les unes les autres dans leur développement. Puis on casse ou mieux on découpe la tuile de manière que chaque fragment ou tesson porte son Huître. Ces tessons ainsi chargés de leur Huître sont ensuite déposés dans des claires où elles achèvent de grandir. Lorsque l'Huître est devenue marchande, on la détroque alors assez facilement de manière à la séparer de son tesson.

Élevage. — L'Huître une fois produite passe entre les mains des éleveurs ; mais il va sans dire que, si le milieu s'y prête, ses producteurs seront en même temps des éleveurs, et qu'ils suivront l'Huître depuis sa phase embryonnaire jusqu'à la fin de l'évolution du produit marchand. En ostréiculture on distingue le petit et le grand élevage, ou encore l'élevage et le demi-élevage, suivant le degré d'avancement que l'on veut donner à l'Huître avant de la livrer à la consommation.

Le petit élevage consiste à prendre les jeunes Mollusques une fois détroqués, à les parquer dans un milieu convenablement aménagé, et à les laisser croître jusqu'à ce qu'ils aient atteint un développement suffisant. Dans le grand élevage, on ne se contente pas de laisser pousser les Huîtres, comme le disent les éleveurs, tout à fait à leur guise, on les soumet à une sorte d'entraînement qui a pour effet d'en modifier les chairs en les améliorant, de manière à les rendre plus grasses, plus appétissantes au goût comme à la vue, et surtout plus facilement digestives.

Petit élevage. — Pour l'élevage ordinaire, on se contente de choisir dans la mer un milieu à fond non vaseux, peu profond, convenablement abrité des coups de vent et des coups de mer ; les milieux à fonds de rochers ou sablonneux conviennent très bien pour ce genre d'éducation. La vase, lorsqu'elle est en excès, nuit, comme nous le verrons plus loin, au libre bâillement des valves, et les jeunes Huîtres ne tardent pas à y périr étouffées.

Mais une fois la nature du sol convenablement choisie, il ne suffit pas d'y déposer de jeunes Huîtres et de les abandonner ; il faut les parquer de manière à ce que l'eau se renouvelle de temps en temps ; il faut en outre les protéger contre les nombreux ennemis avides de se repaître d'une proie si facile. Enfin, on a observé que les Huîtres prospéraient beaucoup plus rapidement dans des eaux traversées par des courants même assez énergiques plutôt que dans les eaux de même qualité, mais absolument tranquilles.

« On ne saurait douter, dit le Dr Brocchi, de l'influence des courants sur la pousse des Huîtres. Il arrive à chaque instant que des Huîtres placées dans des bassins où les

courants sont très faibles, restent pour ainsi dire inac-
tives, ne grandissent pas. Si l'on prend alors ces Mollusques et qu'on les place dans un endroit où se produit
un courant énergique, on ne tarde pas à voir les coquilles
s'accroître ; tout leur contour s'allonge, produisant une
couche coquillière, d'abord mince, transparente, et désignée, par les ostréiculteurs, sous le nom de dentelle. » Il
est bien certain que dans un milieu absolument calme,
les substances nutritives tenues en suspension dans l'eau
ne se renouvellent que difficilement autour de la coquille,
tandis que, sous l'action d'un courant, les provisions
nutritives sont sans cesse renouvelées.

Grand élevage. — Dans le grand élevage ou élevage
complet, on se préoccupe non pas tant de donner à
l'Huître tout le développement dont elle peut être
susceptible, mais bien de faire acquérir à sa chair des
qualités plus fines et plus délicates. Il faut alors non
plus se contenter de parquer les Huîtres dans des eaux
normales et courantes, mais leur donner des eaux plus
douces, presque saumâtres. Cette action de l'eau sau-
mâtre est absolument manifeste ; l'expérience l'a démontré maintes fois. Sans doute, ces eaux sont encore plus
chargées de principes nutritifs que les eaux de la mer,
et cette condition particulière tend à engraisser davantage le Mollusque, et à rendre sa chair plus tendre et
plus agréable.

Parfois aussi dans le grand élevage, on fait subir à la
coquille une véritable transformation mécanique. A
l'aide d'un outil on coupe ses bords sans toucher aux
sommets, de façon à donner à son profil un contour
arrondi bien régulier. Cette ablation périphérique du
test a pour effet, non seulement de rendre la coquille

plus petite et plus élégante, mais encore d'empêcher l'animal de concentrer inutilement ses forces au développement de la matière testacée qui lui sert d'enveloppe.

Le grand élevage se pratique donc rarement sur les mêmes lieux que la production. Souvent même l'Huître est appelée à subir de grands et longs voyages. Nous citerons comme exemple l'histoire de l'Huître dite d'Ostende. A Ostende, il faut bien l'avouer, il n'y a point d'Huîtres naturelles. Le plus ordinairement, ces fameuses Huîtres d'Ostende, que l'on vend à Paris et bien ailleurs, ont pris naissance en France sur les côtes de Bretagne. On les a transportées, dans leur jeune âge, en Angleterre, pour les parquer dans les eaux saumâtres qui avoisinent l'embouchure de la Tamise où elles se sont rapidement engraissées ; puis on les a emmenées à Ostende pour y subir une dernière toilette, celle de la taille des bords de leur coquille. C'est de là qu'une fois transformées on les expédie dans le monde entier sous la dénomination de leur dernière demeure. On a pu constater que des Huîtres de Bretagne vendues à Paris sous le nom d'Huîtres d'Ostende, avaient séjourné à peine vingt-quatre heures dans les eaux belges ; c'est bien peu pour en modifier les qualités, mais c'est encore beaucoup trop pour l'honneur du marché français !

Parcs et claires. — L'élevage des Huîtres se fait dans des parcs ou claires installés au bord de la mer ou à l'embouchure des cours d'eau suivant le genre d'élevage que l'on veut pratiquer. Le nom de claire, déjà fort ancien, vient simplement de ce que dans ces espaces clos et réservés, l'eau y est ordinairement plus limpide et plus claire. On peut faire des claires de toutes les façons.

Dans le bassin d'Arcachon, les claires ont ordinairement de 30 à 40 mètres de longueur sur 4^m,50 de largeur, répondant à une superficie de 120 à 200 mètres carrés. En Bretagne, elles sont plus petites et ne mesurent que 4 à 5 mètres de long sur 30 à 40 centimètres de largeur. Elles sont presque toujours installées dans la partie la plus élevée de la concession, par conséquent dans la partie du terrain qui restera le plus longtemps à découvert au moment de la marée basse. La hauteur d'eau moyenne varie de 30 à 40 centimètres.

On les entoure de cloisons en planches ou en clayonnage d'osier que l'on soutient avec des pieux enfoncés dans le sol, ou avec de la terre en buttes. Le fond est garni de gravier fin et de sable ; on a soin d'y laisser quelques plantes marines qui ne peuvent qu'assainir l'eau. On subdivise l'ensemble de la claire par des cloisons qui empêchent les vagues de se former et de disperser les Huîtres. C'est dans ces compartiments que l'on dépose les tuiles chargées de naissain et les Huîtres déjà détroquées.

A Marennes et dans le Nord-Ouest, les claires sont installées différemment ; elles ne sont plus, comme à Arcachon, submergées à chaque marée, mais seulement aux époques des grandes malines, c'est-à-dire à la nouvelle et à la pleine lune. En outre, elles sont d'une plus grande superficie puisqu'elles mesurent de 5 à 600 mètres carrés de surface. Suivant qu'elles sont plus ou moins rapprochées des cours d'eau douce, on les désigne sous le nom de hautes et basses claires. Elles sont délimitées par une levée en terre appelée *chantier*, qui mesure environ un mètre de hauteur et autant à la base, et sur laquelle on peut circuler pour les besoins du service.

Pour pouvoir renouveler l'eau suivant les besoins, la digue qui entoure la claire porte une écluse munie d'une vanne qu'un homme peut manœuvrer. Enfin, comme, dans ces régions, on a toujours à redouter les envasements, on donne à la claire une pente suffisante ; de temps en temps on établit des chasses qui entraînent la boue dans un fossé ou doue pratiqué dans la partie extérieure la plus basse de la cloison. Outre cela, on doit, chaque année, parer la claire ; cette opération se fait au mois de mars et comprend deux manœuvres : le grattage et la mise en humeur.

Le grattage sert à purifier et à régénérer le sol de la claire ; il dure de six semaines à deux mois. L'eau étant supprimée, au moment des basses eaux, le sol se dessèche et se fendille sous l'action des rayons solaires du printemps ; on dit alors que le terrain se gratte. Lorsqu'il est bien desséché, on fait rentrer l'eau petit à petit, de manière à déliter lentement cette croûte desséchée ; il se forme petit à petit, au bout de douze à quinze jours, sur le sol humide, une couche blanchâtre appelée *humeur*. La claire est alors bonne à recevoir les Huîtres. Mais toute claire qui n'est pas parée à temps ne permet pas aux Huîtres de verdir. D'après M. S. Grand, il n'y a plus d'espoir de voir ce fait se produire, lorsqu'il ne s'est pas accusé de septembre à novembre, époque des premières pluies.

Le parage doit être pratiqué toutes les années, mais en outre, tous les trois ou quatre ans, il faut encore piquer la claire. Suivant l'état du terrain, on procède à un piquage complet ou à un demi-piquage. Il se fait à l'aide d'une pelle appelée *ferrée* que l'on enfonce plus ou moins profondément dans le sol. On profite de ces parages

FIG. 70. — Parc pour l'étude.

pour renforcer et consolider les levées ou chantiers qui bordent la claire. Ces soins, quelque minutieux qu'ils puissent paraître, sont indispensables, si l'on veut s'assurer la production des Huîtres vertes si particulièrement recherchées.

Dans ces claires ainsi préparées, on dispose les Huîtres détroquées ; on admet que l'on peut en répartir environ 40.000 par hectare de surface submergée ; elles doivent autant que possible être très régulièrement disséminées sur la surface du sol.

On recommande toujours de ne pas laisser le naissain trop longtemps sur les collecteurs ; en attendant que l'on puisse procéder au détroquage, M. le Dr Gressy a proposé de parquer les tuiles dans des claires de très petites dimensions où le naissain séjournera avant d'aller prendre place dans les grandes claires vides que nous venons de décrire ; les claires du Dr Gressy ont seulement 8 mètres de longueur, 20 centimètres de profondeur et 2 mètres de largeur ; ce sont de simples bassins creusés dans la vase et sans aucune clôture.

On a également construit pour l'élevage des Huîtres et pour leur étude, des parcs plus confortables et ménagés d'une façon plus scientifique. Ils sont alors entièrement construits en maçonnerie (fig. 70) ; le sol est fait artificiellement, s'il s'agit d'un parc d'étude ; l'arrivée de l'eau s'obtient par des tuyautages, tandis que la sortie se fait par des vannes. Mais de telles installations sont plutôt des annexes de laboratoires maritimes ou des réserves, que des parcs destinés à faire des élevages sur une vaste échelle.

Réserves. — Puisque nous venons de citer les réserves, disons qu'on donne, dans la Méditerranée et particulièrement aux environs de Marseille, ce nom à de petits parcs ou bassins, la plupart du temps très sommairement aménagés dans lesquels on entrepose des coquillages en attendant le moment opportun de leur consommation. Ces réserves reçoivent non seulement les Mollusques pêchés dans la localité, mais surtout ceux venant de beaucoup plus loin, même des côtes océaniques.

Le plus souvent, les Huîtres déposées dans les réserves ont atteint tout leur développement, et elles n'y font qu'un court séjour; mais parfois aussi on y fait parquer de jeunes Huîtres pour qu'elles s'y développent et y engraissent rapidement. On pourrait sans doute tirer un bon parti de ces installations; mais malheureusement, la plupart du temps, elles sont faites dans des conditions déplorables sous tous les rapports, et les Mollusques que l'on y renferme ont certainement plus à y perdre qu'à y gagner sous le rapport gastronomique.

Pêche de l'Huître. — La pêche de l'Huître sauvage, vivant en bancs au sein de la mer, nécessite un matériel spécial. Un Mollusque qui s'attache avec autant de facilité que l'Huître aux corps solides, et qui ne paraît pouvoir vivre qu'à la condition d'être ainsi rivé au sol, ne se pêche pas aussi facilement que la Praire ou la Clovisse qui préfèrent la liberté à cette singulière servitude. Aussi, lorsqu'il s'agit des Huîtres vivant en bancs, ne les pêchet-on pas; on les drague. C'est là un mode aussi sauvage que barbare, qui a singulièrement contribué pour sa part à détériorer et à dévaster les bancs les plus riches.

La drague à Huître, que nous qualifierons volontiers de guillotine à Mollusques, est composée d'un cadre en fer de forme rectangulaire, muni sur ses deux plus grands côtés d'une lame étroite et amincie, en forme de couteau. Le plus grand côté du cadre et par conséquent le couteau, mesure de 80 centimètres à 1 mètre de long ; à la suite du cadre, s'étend une vaste bourse en filet, tandis que, de l'autre côté, sont fixées trois ou quatre cordelettes qui viennent se réunir en une longue corde unique servant à la manœuvre (fig. 71).

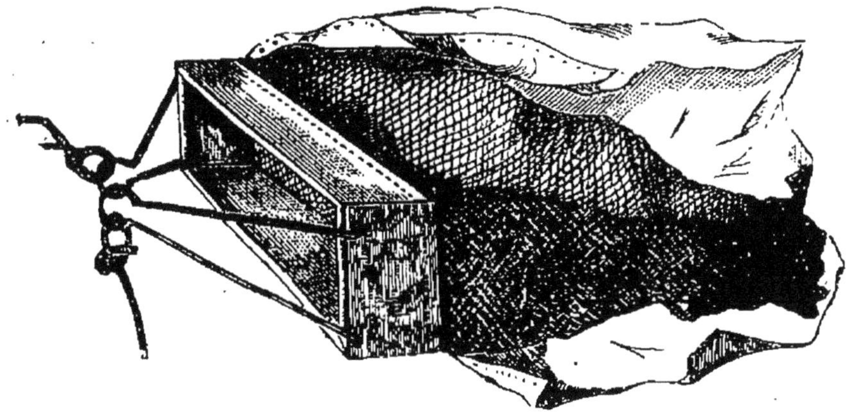

Fig. 71. — Drague.

Comme cette pêche est réglementée, elle ne se pratique, aux époques et aux heures fixées, qu'avec un certain nombre de barques déterminé, opérant toutes en même temps, à un signal précis, sous la surveillance d'un garde-côte, portant le pavillon de l'État. Chaque barque porte quatre ou cinq dragues. Le bateau est sous voiles (fig. 72), la drague jetée à la mer, atteint bien vite le fond ; le côté qui porte le couteau, étant nécessairement le plus lourd, vient s'appliquer sur le sol, et le bateau, l'entraînant dans sa marche, lui fait impitoyablement racler tout ce qu'il rencontre devant lui.

Les Huîtres, jeunes ou vieilles, sont détachées du fond et viennent se loger pêle-mêle dans le filet qui suit le couteau.

On comprend dès lors tout le mal qu'un pareil engin peut produire. C'est sans le moindre discernement qu'il opère; il arrache presque toutes les Huîtres, grosses ou

Fig. 72 — Dragage en mer.

petites, et celles qui lui résistent sont blessées ou détériorées; le filet à lui seul, traînant ses lourdes mailles sur un naissain débile, peut le détruire à jamais. Le filet de la drague une fois plein est ramené à bord, puis vidé dans le bateau, et rejeté de nouveau à la mer.

Rarement les Huîtres ainsi pêchées sont vendues directement. Presque toujours on en fait un sévère triage une fois le bateau revenu à terre, et on envoie les Huîtres s'engraisser et s'améliorer dans des parcs ou claires aux eaux plus douces ; par l'effet de ce parquage, les Huîtres sauvages, quelle que soit leur taille, prennent toujours une plus grande valeur marchande ; en réalité, elles deviennent meilleures au goût.

Quant à la pêche des Huîtres domestiques, il va sans dire qu'elle ne présente plus la moindre difficulté. Si la Moule, chaque fois qu'on l'arrache de son milieu normal s'empresse bien vite de sécréter un nouveau byssus pour s'accrocher à sa nouvelle demeure, l'Huître qui, dans le premier état de sa vie, meurt, si elle n'a pas trouvé un point d'appui pour s'y fixer, peut au contraire très bien s'en passer par la suite. Une fois détachée de ce point solide, elle ne cherche plus à s'attacher à nouveau. Dans ces conditions, une fois arrivée au point voulu de sa croissance, on n'a plus qu'à la ramasser dans son parc pour l'expédier ensuite.

Dans la Méditerranée, là où les plongeurs sont plus hardis et plus habiles que dans le Nord, c'est à la main que l'on procède à la pêche de l'Huître sauvage. Aux îles Minorques, les pêcheurs montent des embarcations qui les conduisent jusque sur les bancs ; ils plongent hardiment, parfois même à d'assez grandes profondeurs, et détachent l'Huître du sol, à l'aide d'un marteau courbé, ou d'une sorte de ciseau qu'ils ont soin d'attacher à leur bras ; ils déposent leur cueillette soit dans un panier suspendu à l'autre bras, soit dans une large poche fixée à la ceinture.

Au Mexique, sur la côte de Campêche, la pêche est plus facile, et le produit ne manque pas d'une certaine originalité. Les Huîtres, dans cette région, se fixant sur les racines submergées des mangliers qui s'entrecroisent au bord de la mer, les Indiens coupent les branches de ces arbres sans en détacher les grappes des coquilles, et portent ainsi au marché des villes voisines de véritables régimes d'Huîtres.

Expédition et vente. — Une fois pêchée, l'Huître est très soigneusement triée, puis on l'empile par lots de douze douzaines dans des paniers *ad hoc* appelés bourriches, le tout recouvert d'un peu de paille et vigoureusement ficelé, il ne reste plus qu'à la transporter rapidement au lieu de consommation. Dans d'autres pays, en Amérique par exemple, l'expédition se fait non pas en bourriches, mais dans des tonneaux où l'Huître s'arrime mieux, ou même dans de simples caisses.

Il est nécessaire que l'Huître reste toujours en pression ; une fois hors de son élément, l'Huître bâille, perd son eau et souffre de ce régime nouveau qui est complètement incompatible avec sa manière d'être, de là la nécessité de tenir toujours les Huîtres fortement pressées les unes contre les autres ; de là également l'origine de cette énorme pierre, que nos marchands au détail ne manquent pas de mettre sur les bourriches entamées ; sans cette sage précaution, les Huîtres se conserveraient fraîches beaucoup moins longtemps.

Aux installations telles que nous venons de les décrire, il conviendra donc d'annexer quelque bâtiment pour tenir en réserve l'outillage, pour procéder à l'expédition, etc. Nous avons donné la description des dispositions les plus simples, les plus économiques. Mais

Fig. 73. — Parc aux Huîtres de l'Océan.

dans une exploitation en grand, on pourra modifier avantageusement ces dispositions en installant des parcs en maçonnerie, reliés entre eux par des voies ferrées qui faciliteront singulièrement la manutention. Nous donnons un dessin d'un parc aux Huîtres, ingénieusement combiné dans ces conditions (fig. 73). De semblables installations ne sont plus du domaine du naturaliste, mais bien de celui de l'ingénieur. Reste à savoir si les Huîtres y sont moins chères, dans tous les cas nous affirmerons qu'elles n'y sont pas meilleures !

Extension ostréicole. — Comme on a pu le voir, on peut créer des installations ostréicoles, non seulement au voisinage immédiat des bancs naturels producteurs, mais même loin d'eux. Cependant, en tenant compte de l'extrême facilité avec laquelle l'Huître normale se propage, il est bien certain que l'on aura plus de chance de réussite en donnant la préférence aux milieux dans lesquels l'Huître a déjà vécu. C'est donc à notre avis, plutôt un repeuplement qu'une acclimatation nouvelle que l'on devra tenter. Passons donc rapidement en revue les centres ostréophiles de nos côtes.

Dans la Méditerranée, les bancs naturels subsistants sont devenus fort rares, presque partout ils ont été épuisés. Nous ne parlerons pas de la partie la plus orientale comprise dans le voisinage des Alpes-Maritimes ; cette région avec des fonds très inclinés, très abrupts, a toujours été rebelle à la conchylioculture. Mais, dit M. Bouchon-Brandely, « il fut un temps où la côte toulonnaise était aussi fertile en coquillages qu'en poissons. On retrouve encore dans le golfe de Gênes la trace de plusieurs bancs huîtriers, et dans la rade d'Hyères, M. le commissaire de l'inscription maritime de Toulon a pu reconnaître les emplacements occupés autrefois par douze bancs sur des tufs calcaires. La rareté de l'Huître dans cette partie de la rive provençale, ne remonte pas au delà du commencement du siècle. Il y avait à cette époque, dans la rade de Toulon, plusieurs gisements d'une grande richesse, et qui fournissaient des produits d'une qualité sans pareille. »

Il y a un demi-siècle, il existait un banc d'huîtres naturel en dehors de l'étang de Thau, au voisinage de son embouchure ; ce gisement était d'une richesse telle que les Huîtres ne se vendaient alors que 3 à 4 sous le cent. Aujourd'hui ce banc est complètement épuisé. Un peu plus à l'ouest, au Barcarès, il y avait, il n'y a pas encore bien longtemps, un autre banc d'Huîtres et un gisement de Pectens ; ces Huîtres étaient, dit-on, les meilleures et les plus belles de la Méditerranée. Le poète Ausone, qui écrivait aux premiers siècles de notre ère, cite en propres termes les Huîtres du littoral de Marseille à Port-Vendres.

Plusieurs essais ont été tentés pour repeupler nos côtes méditerranéennes, et à part les bons résultats obtenus dans le Var, la plupart des autres ont échoué. Mais il faut dire qu'au lieu de s'appliquer à développer l'Huître locale, ou tout au moins l'Huître de la Méditerranée, ces essais ont été en grande partie pratiqués avec des Huîtres d'Arcachon qui vivent dans des milieux absolument différents de ceux des grands étangs ; MM. Marion et Coutagne ont bien déjà essayé d'acclimater l'Huître de Corse dans ces parages ; ces tentatives mériteraient d'être reprises sur une plus vaste échelle et d'être poursuivies avec plus de persévérance.

Dans l'Océan, les installations ostréicoles sont infiniment plus prospères; quelques-unes ont donné des résultats véritablement surprenants. On a pu voir à l'Exposition de 1889 que les efforts tentés par plusieurs syndicats avaient pleinement réussi. Sur toutes les côtes, depuis Arcachon au sud, jusque dans la Manche, il existe un nombre considérable de centres producteurs ou éleveurs. A Arcachon, la production s'élève à près de 300 millions d'Huîtres donnant une valeur d'environ 5 millions de francs. A Marennes, le mouvement ostréicole oscille autour de 125 millions d'individus que l'on introduit annuellement dans les parcs, représentant environ 2 millions; il en sort pour près de 4 millions de francs de produit cultivé. Si à ces quelques chiffres nous ajoutions ceux donnés par les installations de l'île de Ré, Rochefort, La Rochelle, les Sables-d'Olonne, le Croisic, Vannes, Auray, Carnac, Quiberon, Lorient, Concarneau, Brest, Paimpol, Saint-Brieuc, Cancale, Régneville, Granville, Cherbourg, Saint-Waast-la-Hougue, Courseulles, Dives, Dieppe, Vimereux, Dunkerque, etc., nous arriverons à un total de près de 1200 millions d'Huîtres qui, au prix moyen de 20 francs le mille, représentent un minimum de 24 millions de francs.

D'après les documents fournis par M. de Nansouty, dans une conférence faite à l'Exposition de 1889, l'élevage de l'Huître occupe actuellement en France une population de 300.000 individus. Les parcs à Huîtres concédés sur le domaine public maritime s'étendent sur une superficie de près de 13.000 hectares. Ils sont exploités par 18.000 inscrits maritimes, femmes ou enfants d'inscrits, et par 29.000 non inscrits. Sur les propriétés privées, 1940 hectares sont affectés à l'ostréiculture; ils appartiennent à 950 inscrits et à 2500 non inscrits.

A l'étranger, nombre de pays se mettent également à cultiver l'Huître. L'Italie, jadis en partie tributaire de la France, se suffit aujourd'hui à elle-même avec ses installations de Venise et de Tarente. L'Angleterre tend de plus en plus à développer sur ses côtes les parcs ostréicoles; autrefois elle achetait en France une prodigieuse quantité de jeunes Huîtres qu'elle faisait prospérer à l'embouchure de ses cours d'eau. Maintenant, sous prétexte de l'envahissement de l'Huître portugaise, elle cherche de plus en plus à s'isoler dans sa production; les compagnies de Whistable, de l'île de Wight, les pêcheries de Coln, de Lyn, de la Crouch, font concurrence, sur le marché de Paris, à nos Huîtres françaises. En Hollande, l'ostréiculture a rendu les plus éminents services. Les anciens polders autrefois à peu près improductifs, qui, en 1875, ne rapportaient que 40 à 45.000 francs, produisaient, en 1882, 4.500.000 francs. Les établissements de Berg-op-Zoom et de Kruiningen fournissent actuellement plus de 22 millions d'Huîtres vendues 125 francs le mille en moyenne sur le parc. La Belgique, la Suède, la Norvège, l'Allemagne tendent de plus en plus à faire développer sur leurs côtes ce genre d'industrie.

Dans l'Amérique du Nord, le commerce des Huîtres atteint des proportions encore plus considérables. D'après M. de Broca, la consommation s'élève dans ce pays à 4 milliards d'Huîtres par an; New-York à lui seul en absorbe près de 4 millions. Les côtes de New-Jersey, de l'île de Long-Island, du Conneticut, de Rhode-Island, les rivages de l'embouchure du Delaware et surtout ceux de la baie de Chesapeake sont les principaux centres producteurs de cette vaste contrée.

III

LA MYTILICULTURE

Si l'élevage de l'Huître présente de sérieuses difficultés, il n'en est pas de même de la culture de la Moule ou mytiliculture. Il est peu de Mollusques qui se prêtent aussi bien à l'élevage que ce coquillage dont l'animal est presque aussi apprécié que celui de l'Huître. Moules et Huîtres ont leurs défenseurs, nous ne soutiendrons ici le débat ni pour l'un ni pour l'autre, pareil sujet ne rentrant pas dans notre rôle, et nous nous bornerons à exposer quels sont les moyens mis en œuvre pour obtenir et élever la Moule.

L'histoire, ou pour mieux dire l'origine de la myticulture est chose fort curieuse, et ce qu'un Robinson intelligent, échoué sur les côtes de France, a su faire il y a six siècles, c'est encore ce que nous faisons aujourd'hui. Si les Romains revendiquent à bon droit l'art de parquer les Huîtres pour les engraisser, c'est à un Irlandais qu'il faut attribuer l'invention de la culture de la Moule telle qu'on la pratique encore de nos jours dans les lieux mêmes où elle fut inaugurée pour la première fois.

A l'automne de l'année 1235, une barque, montée par trois courageux Irlandais et chargée de moutons, fut assaillie par la tempête et vint se briser près de La Rochelle, sur les rochers de la pointe de l'Escale, à 2 kilomètres seulement du port d'Esnande. Les pêcheurs du littoral accoururent au secours des naufragés, mais seul le patron de l'équipage et une partie de la cargaison parvinrent à se sauver. Cet homme avait nom Patrice Walton. Il paya plus tard généreusement sa dette à ceux à qui il devait la vie, en dotant leur pays d'une industrie qui n'a jamais cessé d'être florissante.

Patrice Walton, presque ruiné par les pertes qu'il venait d'éprouver, tenta de se fixer sur cette plage pauvre et solitaire de l'Aunis, n'ayant désormais pour tout patrimoine que les quelques moutons échappes au naufrage, vivant de la chasse et de la pêche fort productives en ce pays. Il accoupla ces moutons irlandais avec ceux du pays et donna ainsi naissance à cette race croisée aujourd'hui fort estimée et connue dans l'Ouest sous le nom de moutons du marais.

Sa chasse eût été réellement fructueuse s'il avait pu parvenir à s'emparer de ces innombrables oiseaux qui voltigent sans cesse sur les eaux marécageuses au bord de la mer. Il avait bien observé que, la nuit venue, quelques-uns de ces oiseaux en quête de petits insectes, rasaient tantôt l'eau, tantôt la terre ; il se souvint qu'en son pays d'Irlande on tendait des filets de nuit ou filets d'alloret (de deux vieux mots, l'un celte, l'autre irlandais :

allaow, nuit; *ret,* filet); ce filet fut bientôt fabriqué. Il se composait d'un long réseau de 3 à 400 mètres, haut de 3, tendu verticalement comme un rideau sur de grands piquets enfoncés dans la vase.

Pendant l'obscurité du crépuscule les oiseaux venaient donner contre ce filet et restaient engagés dans ses mailles. Jusque-là rien de mieux, mais il fallait pouvoir accéder le long de ce filet; là était la véritable difficulté. En cet endroit, la baie de l'Aiguillon n'est en quelque sorte qu'un vaste marécage au sol boueux où nulle embarcation ne saurait pénétrer.

Notre Irlandais eut un trait de génie; il imagina une sorte de batelet ou de pirogue qui lui permit de traverser en tous sens cette immense vasière de l'Aiguillon. C'est grâce à cette découverte que non seulement il put chasser à sa guise, mais qu'il rendit possible, comme nous allons le voir, la culture de la Moule dans ce pays. Ce batelet se nomme acon ou pousse-pied dans tout le bassin de La Rochelle. C'est une sorte de caisse en bois à fond plat, longue de 3 mètres, profonde de 50 centimètres, dont l'extrémité postérieure est droite, tandis que l'antérieure est retroussée à l'avant en forme de proue à bout carré. Pour en faire usage, l'homme y place sa jambe droite, le pied et le genou appuyés sur le fond, tandis que la jambe gauche chaussée d'une longue botte reste au dehors. Se penchant en avant, il saisit avec les deux mains les bords latéraux de l'acon, et plongeant la jambe libre dans cette vase à peine durcie, il y trouve un point d'appui suffisant qui lui permet de faire avancer son embarcation (fig. 74). Cette succession réitérée de mouvements le fait circuler assez rapidement sur le sol; en même temps, sans que cela lui demande beaucoup plus d'efforts, il peut charger, dans de certaines limites, la petite barque des produits de sa chasse ou de sa pêche et les ramener sur la terre ferme.

Fig. 74. — Bouchoteur dans son acon.

Mais bientôt Walton, tout en chassant ainsi au marais, fit une découverte d'une bien grande portée. Il observa que les jeunes Moules, dont les parents abondent dans tous les parages de l'Aiguillon, venaient se fixer par leur byssus à la partie submergée des piquets qui soutenaient son filet de chasse. Laissant ces Moules grandir, il constata que, ainsi suspendues en grappes à une certaine hauteur au-dessus de la vase, tantôt émergées, tantôt immergées, suivant les caprices des marées, elles devenaient plus grosses et croissaient avec plus de rapidité que celles qui restaient constamment sous l'eau de l'Océan.

Il planta alors dans la vase quelques pieux isolés, qui se recouvrirent bientôt comme les autres de jeunes Moules se développant avec plus de rapidité que leurs ancêtres, et dont le goût était certainement plus fin et plus délicat. Cette intelligente observation et la découverte de l'acon renferment à elles deux tout l'art de la mytiliculture, tel qu'on le cultive aujourd'hui couramment sur les côtes océaniques.

« Les pratiques qu'institua Walton, dit Coste, furent si heureusement appropriées aux besoins permanents de la nouvelle industrie que, après bientôt huit siècles, elles servent encore de règle aux populations dont elles sont devenues le riche patrimoine. Il semble qu'en s'appliquant à cette entreprise, non seulement il avait la conscience du service qu'il rendait à ses contemporains, mais le désir que ses descendants en conservassent le souvenir, car il donna aux appareils qu'il inventa la forme d'un W, lettre initiale de son nom, comme s'il eût voulu que son chiffre fût inscrit sur tous les points de cette vasière fertilisée par son génie, en attendant sans doute que la reconnaissance publique élevât un monument à la mémoire du fondateur. »

D'après un document publié vers la fin du XVIe siècle,

ce fut vers 1246, soit dix années après son naufrage, que Walton procéda à la construction de son premier établissement de mytiliculture, sur le modèle duquel sont installés aujourd'hui les quatre cent quatre-vingts parcs artificiels que nous voyons répartis dans l'anse de l'Aiguillon. On leur donne le nom de bouchots : de *bout*, clôture; *choat*, bois.

Patrice Walton implanta donc dans le sol boueux de la baie, au niveau des basses marées des pieux de $2^m,50$ à 3 mètres de hauteur, espacés les uns des autres d'environ 1 mètre, et sur une longueur de 200 à 250 mètres, formant une série de V dont les sommets étaient tournés vers la mer, et dont les branches s'écartaient de manière à former entre elles un angle d'environ 45" (fig. 74). A la pointe il installa des filets pour pouvoir retenir le poisson au passage, de telle sorte qu'il faisait à la fois double récolte. Il entrelaça ses pieux de branchages, de manière à en boucher grossièrement les interstices. Monté sur son acon, il parcourait avec aisance ces terrains jusqu'alors improductifs, profitant des marées les plus basses pour disposer ses pieux les plus avancés vers la mer.

Bientôt une abondante récolte vint couronner ses efforts; et comme on remarqua bien vite que les Moules ainsi obtenues étaient plus grosses, plus grasses et de bien meilleur goût que les autres, chacun se mit à l'œuvre pour construire de tous côté des bouchots. En peu d'années la vasière entière en fut sillonnée.

Aujourd'hui, la baie de l'Aiguillon est couverte d'une véritable forêt de pieux et de fascines qui, selon l'heureuse expression de Coste, « plie tous les ans sous une récolte qu'une escadre de vaisseaux de ligne ne

pourrait suffir à renfermer ». Dans cette baie, les palissades des bouchots, c'est-à-dire chaque branche du V
mesure de 200 à 250 mètres, et émerge au-dessus du
sol d'environ 2 mètres. L'ensemble des bouchots s'étend
sur une largeur de 8 kilomètres.

Fig. 75. — Bouchots d'en bas ou d'aval.

Dès le XVIe siècle, l'industrie des bouchots était en plein
rapport. Dans son mémoire qui remonte à 1750, Mer-
cier-Dupaty constatait qu'un bouchot bien entretenu
pouvait fournir au moins la charge de trois barques,
sans préjudice de la vente au détail qui était, paraît-il,
assez considérable, et sans qu'on touchât aux Moules
nécessaires pour le repeuplement et l'entretien du parc.
Le chargement de chaque barque se vendait alors 150 livres ; le produit des deux cents bouchots qui existaient
alors produisait annuellement de 90 à 100.000 livres.
Bordeaux était à cette époque le centre d'exportation.

Les bouchots, suivant la place qu'ils occupent à plus ou moins grande proximité de la mer, et par conséquent suivant qu'ils sont plus ou moins longtemps immergés au moment des marées, se divisent en quatre étages successifs : 1° bouchots d'en bas ou d'aval ; 2° bouchots bâtards ; 3° bouchots millouins ; 4° bouchots d'amont.

En tête, près du large, sont installés des pieux isolés, non palissadés ; ils ne sont à découvert qu'aux époques de grandes marées de sizygies. Ces pieux sont destinés à recevoir le jeune naissain qui vient du large. On les distingue sous le nom de bouchots d'en bas ou bouchots d'aval (fig. 75). La jeune Moule, comme la jeune Huître, dès sa naissance, se meut et se déplace rapidement pour se mettre en quête d'un point d'appui où elle passera le reste de sa vie ; ces bouchots d'aval jouent donc le rôle de collecteurs. S'ils étaient palissadés comme les autres bouchots, ils rassembleraient certainement plus de naissain ; mais comme la cueillette en serait ensuite assez difficile à travers ces brindilles, on se contente de planter des pieux un peu plus rapprochés qu'ils ne le sont dans les autres bouchots. C'est en février ou en mars que l'embryon se met en mouvement et vient se fixer sur ces supports. En avril, sa grosseur atteint déjà le volume d'une graine de lin. En mai, il est gros comme une lentille, et en juillet, comme un haricot. A ce moment, on le nomme renouvelain, et il est prêt à être cueilli pour pouvoir être transplanté. Jusque-là, par suite de la position des pieux, nos jeunes Mollusques se sont presque constamment trouvés immergés, et par conséquent à l'abri d'une sécheresse prolongée qui amènerait rapidement l'évaporation de la minime quantité d'eau renfermée sous leurs valves fragiles. Mais les voilà maintenant plus forts, et ils pourront passer à un nouveau genre de vie tout différent de celui qu'ils eussent mené s'ils avaient vécu à l'état sauvage.

Donc, lorsqu'arrive le mois de juillet, les boucholeurs ou mieux bouchoteurs, montés sur leurs acons, s'avancent à marée basse armés d'un pêchoir (fig. 76), sorte

Fig 76. — Pêchoir à Moules.

de long crochet en fer emmanché à son autre extrémité. Ils vont ainsi jusqu'aux bouchots d'aval et raclent sur leur surface avec cet outil des plaques de renouvelain qu'ils font tomber dans un large panier (fig. 77).

Fig. 77. — Panier à Moules

Ils ramènent ensuite cette première récolte vers une seconde ligne de bouchots, dits bouchots bâtards et procèdent à ce qu'ils nomment la bâtisse.

Ces bouchots bâtards plus rapprochés de la terre que les premiers, se découvrent lors des marées de vives eaux ordinaires, et sont tous palissadés avec un clayonnage dont les branches horizontales s'entrecroisent. Là, chaque paquet de renouvelain est enfermé dans un petit sac fait avec de la toile très grossière et déjà à demi pourrie, tels que des débris de voilure, de vieux filets hors d'usage, etc. On ferme le haut à l'aide d'une brindille, et on attache ces sacs les uns à côté des autres tout le long des branchages.

Que va-t-il se passer dans ces petites colonies emprisonnées ? Les jeunes Moules, fixées par leur byssus à leurs voisines, vont continuer à croître rapidement, tandis que celles qui n'ont plus de point d'appui vont bien vite s'en créer un nouveau sur les parois du sac en faisant fonctionner leur appareil byssigène. Bientôt le sac qui les contient sera trop étroit, et sa paroi déjà aux trois quarts pourrie se rompra pour donner un libre essor au développement des coquilles ; alors les Moules se fixeront petit à petit, d'elles-mêmes, aux clayonnages.

A mesure qu'elle croît, son poids augmente, et nécessairement la Moule, pour pouvoir se soutenir, se trouve dans la nécessité de multiplier les liens qui la retiennent aux corps environnants.

Au bout d'un certain temps, il ne reste pas trace des sacs qui enserraient les coquilles, et le renouvelain, dont on distinguait à peine les sujets groupés en masse, s'est transformé en un paquet de Moules, dont tous les individus se pressent les uns contre les autres. Dans ces conditions leur développement ne pourrait plus s'effectuer convenablement, si l'on n'avait pas soin d'éclaircir les rangs et de repiquer les sujets, absolument comme nos jardiniers repiquent, dans les potagers, les jeunes salades devenues trop touffues lorsque le semis est suffisamment levé.

La nouvelle rangée de bouchots, sur laquelle se fait ce repiquage, se nomme bouchots millouins ; ces bouchots restent à découvert pendant toutes les marées. Les

Moules à ce moment sont déjà beaucoup plus fortes et peuvent être impunément exposées durant un temps plus long aux ardeurs solaires ou aux froids qui ne sont du reste ni l'un ni l'autre jamais trop intenses dans l'enceinte de la baie. La coquille a déjà pris une teinte plus foncée; elle a acquis plus d'épaisseur et plus de volume, partant elle peut conserver une plus grande quantité d'eau dans son intérieur, tandis qu'elle est exposée à l'air.

Cette nouvelle cueillette se fait soit à la main, soit mieux encore à l'aide de ciseaux grossiers. On détache les Moules les unes après les autres, de façon à éclaircir suffisamment les palissades; on les reçoit dans un panier, et les bouchoteurs vont alors les déposer à la main, une à une, dans les interstices des clayonnages des bouchots millouins. La Moule, ainsi placée, sécrète bientôt un nouveau byssus qui lui permet de se fixer solidement sur son nouvel appui. Elle y séjournera jusqu'à ce qu'elle ait atteint toute sa taille, au point d'être dite marchande. Le plus souvent, c'est après dix ou douze mois que la Moule domestique a acquis son développement complet.

Mais avant de la livrer au commerce, on lui fait encore subir un dernier déplacement. Comme la croissance des jeunes est assez rapide, et que la place peut finir par manquer, on enlève une fois encore la Moule de ses points d'attache pour la placer sur les bouchots extrêmes dits *bouchots d'amont*. Là, suivant les alternatives de la marée elle est exposée à l'air plusieurs heures par jour; elle s'y fixera encore d'elle-même à l'aide d'un nouveau byssus en attendant les besoins du marché (fig. 78).

Dans ces conditions, et grâce à cette ingénieuse disposition, la reproduction, l'élevage, la récolte et la vente de la Moule se font simultanément, dans le même milieu, pour ainsi dire sans interruption. Cependant, suivant les saisons, la Moule est plus ou moins bonne et se vend plus ou moins facilement. Au premier printemps,

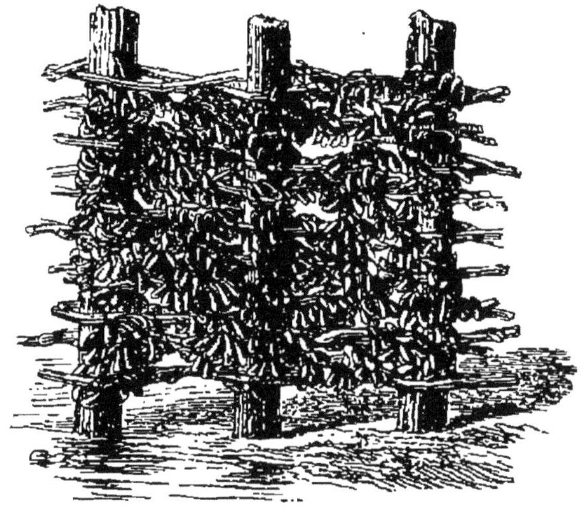

Fig. 78. — Bouchots d'amont.

c'est-à-dire depuis la fin de février jusqu'au commencement de mai, les Moules sont sous l'influence de la période d'incubation ; elles sont laiteuses. A ce moment, et surtout immédiatement après la ponte, elles sont nécessairement maigres, dures et coriaces. C'est surtout de juillet à janvier qu'elles sont particulièrement bonnes. C'est à cette période que correspond la grande activité commerciale de la Moule.

Dans un même élevage on distingue des Moules de plusieurs qualités différentes. Celles qui, dans le courant de leur domestication, sont continuellement maintenues dans le haut des clayonnages sont toujours plus fines et plus délicates à la dégustation que celles qui sont au-dessous. Les Moules qui ont séjourné dans le bas, et qui par conséquent sont restées plus ou moins longtemps dans le voisinage de la vase, sont incontestablement de moins bonne qualité. Mais quelle que soit la place qu'elles occupent dans l'échelle des bouchots, les Moules ainsi cultivées sont toujours bien meilleures et bien plus belles que celles qui vivent à l'état sauvage dans les milieux les plus voisins.

Un bouchot convenablement entretenu, suffisamment et régulièrement repeuplé, donne, suivant sa longueur, de quatre à cinq cents charges de Moules ; chaque charge représente 150 kilogrammes et se vend un prix moyen de 5 francs. Un seul bouchot rapporte donc de 2000 à 2050 francs. M. le Dr P. Fischer évalue la récolte de tous les bouchots réunis à un poids de 30 à 37.000.000 de kilogrammes, représentant une valeur de 1.000.000 à 1.200.000 francs.

Quelques chiffres de statistique empruntés à M. le Dr Brocchi nous permettront de faire ressortir toute l'importance qu'a prise cette exploitation mytilicole.

« En 1846, dit notre auteur, 340 bouchots étaient exploités par les trois communes d'Esnandes, de Charron et de Marsilly ; à l'époque où Coste publia son voyage sur le littoral de la France, le nombre des bouchots s'élevait à près de 500. Actuellement, dans le seul quartier de Marans, le nombre des bouchots s'élève à 1590. Ces appareils sont installés tant dans la baie de l'Aiguillon, depuis la rivière du Lay, jusqu'à la Sèvre-Niortaise, que sur la côte au-dessous, commune de Charron, où ils touchent à ceux d'Esnandes, qui est du ressort de La Rochelle.

« Dans le quartier maritime de La Rochelle, les bouchots sont devenus tellement nombreux, que l'administration n'accorde plus de nouvelles autorisations. On craint que, la vase retenue par les appareils, s'amoncelle de plus en plus et finisse par combler la baie. »

Parfois, la quantité de semence recueillie sur les bouchots d'aval ne suffit pas ; on va alors faire la cueillette plus loin. M. de Quatrefages a vu, à Chatelaillon, cinquante charrettes chargées de graines en destination de la baie de l'Aiguillon. On nous a affirmé qu'on allait même en chercher jusque sur les côtes de l'île de Ré.

La mytiliculture dans l'Océan. — D'aussi brillants résultats devaient nécessairement tenter plus d'un industriel. Coste ne manqua pas de faire ressortir tout le bénéfice que l'on pouvait retirer de ce genre de culture. Aussi de nombreux essais ont-ils été faits en vue de créer des installations analogues à celles de la baie de l'Aiguillon. Malheureusement, soit que le terrain ne s'y soit pas aussi bien prêté, soit que les dispositions n'aient pas été convenablement prises, sans donner complète déception, ils n'ont pas toujours été aussi brillants que dans la baie si célèbre.

La Moule existe en plus ou moins grande abondance sur presque toutes nos côtes, et comme nous l'avons vu, contrairement à l'Huître, elle ne craint pas les fonds vaseux ; mais, partout où elle vit à l'état sauvage, elle est de plus petite taille que lorsqu'elle est domestiquée. Il y aurait donc avantage à multiplier les installations mytilicoles, d'autant mieux que, une fois parquée, la Moule devient plus facile à pêcher, et que son entretien comme son élevage nécessitent en définitive des frais assez minimes, très largement compensés par une haute plus-value dans le prix de vente.

Dans le bassin d'Arcachon, il n'existe pas à proprement parler de bouchots ; cependant la Moule y est assez répandue pour pouvoir être utilement pêchée. Elle se fixe sur les pilotis et les fondations de pierres de l'ancien débarcadère d'Eyrac. D'après le D' P. Fischer, il existe un banc sur la plage du débarcadère du cap Ferret ; ce banc, d'une étendue médiocre, paraît naturel ; les Moules y sont de petite taille, pressées et plus ou moins enfoncées dans la boue. Mais comme l'a très judicieusement fait observer cet auteur, il ne conviendrait pas de recommander dans cette station la culture de la Moule sur une vaste échelle, puisque déjà on y pratique avantageusement celle de l'Huître, et que ces deux genres de culture sont absolument incompatibles simultanément.

Il y a quelques années, de nombreux bouchots semblables à ceux de la baie de l'Aiguillon ont été installés à Rochefort, à proximité de l'embouchure de la Charente, ils ont donné les meilleurs résultats.

Dans le Nord, les Moules d'Isigny, près de Bayeux, sont particulièrement estimées ; on en pêche également de grandes quantités sur la côte comprise entre Saint-Malo et Cancale, dans l'Ille-et-Vilaine. Les côtes de la Manche sont abondamment pourvues de cet utile Mollusque que l'on exporte au loin.

Le marché de Paris est approvisionné non seulement avec les Moules de la Charente, mais il en reçoit encore des quantités considérables de la Belgique, notamment des environs de l'embouchure de l'Escaut. Ces Moules étrangères viennent jusque sur les marchés du centre de la France. Nous avons vu bien souvent, à Lyon, des Moules provenant de Dunkerque et de différentes stations de la Belgique.

Mytiliculture dans la Méditerranée. — Plusieurs stations de nos côtes méditerranéennes semblent admirablement disposées pour l'élevage de la Moule. De nombreuses tentatives ont été faites et quelques-unes seulement ont été couronnées de succès. Naturellement, les éleveurs ont cherché à s'inspirer de ce qui se faisait avec tant de succès dans la baie de l'Aiguillon. Mais dans la Méditerranée, les conditions ne sont plus du tout les mêmes ; deux éléments surtout sont particulièrement différents : l'absence de marées sensibles et l'élévation plus grande de la température. On doit donc, dans les éducations, procéder tout différemment

Avant d'aborder ce qui se pratique chez nous, voyons un peu ce qu'ont fait nos voisins qui ont su nous précéder dans la voie du progrès. Dans le golfe de Tarente, on procède, en effet, d'une tout autre manière qu'en France. Nous laisserons la parole à M. Kobelt dont le récit est cité par Brehm.

« Parmi les 30.000 habitants qui demeurent aujourd'hui à Tarente, les deux tiers au moins vivent de la mer et de ses produits. Les principaux sont deux espèces de Moules appelées *Cozze nere* et *Cozze pelose* ; la première est la Moule bleue commune, la seconde est la Moule barbue, nommée *Modiola barbata*. On trouve les Cozze di Tarento, avec les Ostriche di Tarento, sur tous les marchés de l'Italie septentrionale, jusqu'à Rome.

« Dans le bassin antérieur de Mar pic (comme on dit dans le dialecte de Tarente, ou plutôt dans celui des quatre dialectes que parle mon matelot), la rive est bordée d'une zone assez large qui s'enfonce sous l'eau jusqu'à 8 ou 10 pieds de profondeur. C'est là que se trouvent rangées des séries de pilotis séparés par des intervalles de

18 à 20 pieds. Ils sont maintenus par des cordes tendues en tous sens sur lesquelles sont fixés d'innombrables chevalets ; c'est sur eux et non sur les pilotis que se fixent les Moules.

« Les amarres sont composées de fibres végétales qu'on m'a dit provenir d'une herbe marécageuse des environs de Naples ; je n'ai pu me procurer de renseignements plus précis à ce sujet, mais je ne crois guère me tromper en repoussant cette assertion et en reconnaissant dans cette matière l'esparto d'Espagne (*Macrochloa tenacissima*). Ces cordes, extrêmement solides, résistent très longtemps à la pourriture ; les pêcheurs les désignent sous le nom de corde de paille (fune di paglia).

« Pendant mon séjour à Tarente, en novembre, la plupart des établissements de ce genre étaient dégarnis, mais les pêcheurs s'occupaient de tous côtés de les réinstaller pour recueillir de nouveaux hôtes. Je mets en doute l'assertion de Salis, suivant laquelle on laisse les Moules un an et demi sur les cordes. Les spécimens nécessaires pour l'installation sont pêchés en pleine mer ; on choisit parmi les sujets, les plus jeunes qu'on a conservés séparément dans ces établissements. Les cordes sont fixées de manière à se trouver à sec au moment de la mer basse qui abaisse toujours l'eau de deux pieds, au moins, à Tarente. Pour certains établissements, on les soulève tout à fait en l'air de temps à autre, et on les laisse hors de l'eau pendant plusieurs jours.

« Dans la mare piccolo, j'ai compté près de trente groupes de pilotis, comprenant en moyenne deux cents pieux ; mais je n'ai pu me procurer de documents exacts sur le nombre et la valeur des Moules que l'on en retire, personne ne s'en étant occupé. Les sommes qu'on en obtient doivent être considérables, car on expédie vers les marchés italiens des wagons entiers chargés de Moules fraîches ou marinées. A Noël, notamment, ces envois prennent des proportions considérables, car on sert alors dans toutes les maisons italiennes un grand repas dans lequel, au milieu de plusieurs poissons, les anguilles *(capitone)* de Chioggia et les Cozze de Tarente jouent le rôle principal. Les Cozze nere fraîches coûtent, à Tarente, suivant l'offre ou la demande, de 40 à 50 centimes le kilogramme. »(Brehm, *Mollusques*, p. 305-306.)

F.g. 79. — Pergolaro de Tarente, d'après Giglioli et A. Issel.

Nous compléterons ces indications en donnant (fig. 79) là figuration de cette disposition si particulière. Comme le fait observer M. A. Issel, il n'est nullement nécessaire de déplacer les Moules ; leur développement complet se fait sur place ; les jeunes individus, produits par des Moules mères du voisinage, se déposent d'eux-mêmes sur le *pergolaro* et y restent toute leur vie. Dans ce mode d'éducation, il faut compter trois années pour que la Moule atteigne sa taille définitive.

On remarquera que les pêcheurs de Tarente ont bien

soin de suspendre de temps en temps la Moule sur le cordage de la traverse horizontale, de façon à ce qu'elle reste à l'air durant un certain temps. De cette manière, ils suppléent encore à l'insuffisance de la marée, et se rapprochent du mode d'élevage pratiqué dans l'Océan. C'est là un fait très particulier et qu'il importe de retenir toutes les fois que l'on veut se livrer à l'éducation de ce Mollusque, c'est une des conditions *sine qua non* de sa bonne réussite.

Fig. 80. — Radeau de Venise.

A Venise, on pêche des Moules très estimées et qui sont colportées fort loin. On les cultive d'une autre manière. Coste raconte que, dans les bassins de l'Arsenal, un gardien se livrait à la culture de la Moule à l'aide d'un appareil particulier (fig. 80) fort intelligemment combiné. Sur un radeau en bois sont disposées des planches verticales, mobiles autour d'un axe, de telle sorte qu'elles peuvent pivoter sur leur point d'attache et s'obliquer les unes par rapport aux autres, à la manière des voliges d'une jalousie.

Ce radeau flotte au voisinage d'un banc naturel et reçoit le jeune naissain ; dès qu'il a acquis une grosseur suffisante, ces planches sont démontées et fixées sur un autre radeau, de façon à permettre à la Moule de se développer. La surveillance de ce radeau est facile, et si dans la région il n'y a ni Tarets, ni aucun autre Mollusque phytophage, ils peuvent être employés avec succès.

M. Mallespine, dans la rade de Toulon, a proposé, pour l'élevage des Moules et des autres coquillages domestiques, un procédé fort simple qui donne les meilleurs résultats. Les collecteurs consistent en de simples cordages tendus sur des piquets plantés de distance en distance. Mais, comme ces cordages présentent une surface trop peu considérable, et qu'en outre ils seraient sujets à s'altérer très rapidement, M. Mallespine a imaginé de les revêtir d'un manchon formé par plusieurs planchettes de bois juxtaposées et reliées par un fil de fer galvanisé. Dans ces conditions, la surface d'adhérence aux jeunes Mollusques est beaucoup plus considérable et le détroquage s'opère avec la plus grande facilité.

Dans la rade de Toulon, MM. Gasquet ont installé, en 1879, des bouchots de la forme de ceux que l'on emploie dans l'anse de l'Aiguillon ; dès la première année, ils se sont couverts de naissain, et en trois mois, les Moules parquées ont pris un développement que l'on peut évaluer au triple de leur taille primitive. En somme, cordages ou bouchots semblent avoir donné, dans cette station, d'aussi bons résultats. Aujourd'hui, le parc de Bréguillon est régulièrement installé et en pleine prospérité. Il occupe une superficie de 3 hectares et peut donner de 20 à 25.000 francs de bénéfices par an. Les Moules de la rade de Toulon jouissent, en effet, d'une juste réputation.

Dans le canal de Lamolle, près Port-de-Bouc, dans les Bouches-du-Rhône, on a, pendant quelques années, fait usage d'un autre mode. M. Vidal se proposait de suppléer à un manque total de marée dans la région où il opérait. A cet effet, il installa dans le sol des pieux équidistants entre lesquels pouvaient se mouvoir, dans le sens de la hauteur, des cadres garnis d'un clayonnage. C'est sur

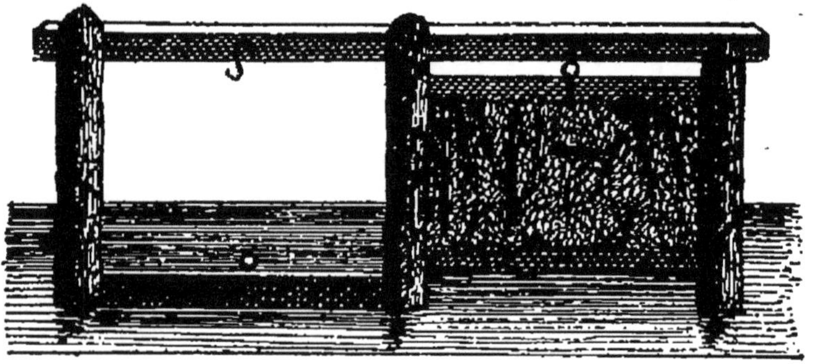

Fig. 81. — Porte-cadre Vidal, d'après Giglioli et A. Issel.

ces cadres que se déposait le renouvelain et que la Moule devenue plus grosse achevait de grossir. Aux époques voulues, on soulevait les cadres hors de l'eau et on les laissait suspendus en l'air par un simple crochet fixé sur une traverse se reliant aux pieux. On a renoncé à ce genre d'éducation (fig. 81).

De tels succès auraient certainement dû tenter les pêcheurs de Marseille. Il est, en effet, peu de milieux qui se prêtent mieux à la mytiliculture que ces fonds vaseux du

golfe. La Moule naturelle abonde dans toutes les anfractuosités de rochers ; mais à force de la pêcher elle commence déjà à se faire plus rare ; en outre, elle est certainement moins belle et moins bonne que la Moule
domestique. Il est donc assez surprenant de voir ainsi le
marché de Marseille tributaire des régions avoisinantes et
même de l'Océan, alors qu'il suffirait de quelques efforts
pour obtenir, presque sur place et en abondance, ce produit qu'il faut aller chercher si loin.

Dans tous les étangs qui bordent le littoral depuis le
port de Marseille jusqu'aux pieds de la grande chaîne
pyrénéenne, la Moule croît avec la plus grande facilité.
Ces eaux un peu douces et tranquilles, à fonds vaseux
et riches en principes nutritifs, se prêtent particulièrement au bon développement de ce Mollusque. Aussi,
la plupart du temps se contente-t-on de pêcher ce qui
vient spontanément sans chercher à améliorer ces produits, dont la nature semble si prodigue; à peine se
borne-t-on à les faire séjourner quelque temps dans des
réserves où ils s'abîment plus qu'ils ne s'améliorent.

Dans l'étang de Berre, la Moule est particulièrement
abondante ; vingt bateaux la pêchent toute l'année.
A Cette, on la pêche également en toute saison; il s'en
expédie annuellement pour une trentaine de mille francs
dans tout le Midi. L'étang de Thau, comme ceux de Berre
ou de Caronte, se prêterait admirablement pour la mytiliculture. Mais déjà, au moins dans les environs de Cette,
la Moule commence à devenir plus rare, et l'on entrevoit
le moment où elle finira par disparaître tout comme
l'Huître, si l'on ne prend pas des mesures sévères pour
sa conservation.

Plus à l'ouest, la Moule se développe encore davantage ; elle paraît plus commune aux environs d'Agde que de Cette ; peut-être aussi y a-t-elle été moins pêchée. A mesure que l'on s'éloigne du grand centre de consommation marseillais, la faune reste plus riche. A l'embouchure de l'Hérault et de l'Aude, on trouve de belles et bonnes Moules. Quant aux étangs de la Nouvelle, de la Palme, de Leucate, etc., ils sont beaucoup moins riches en coquillages de tous genres que les étangs de l'Hérault.

A l'est, la faune est plus pauvre encore ; les milieux se prêtent bien moins au développement des Mollusques testacés. Nous savons que des tentatives réitérées de mytiliculture ont été pratiquées à Saint-Agulf, près de Saint-Raphaël, dans le Var ; mais les indigènes se sont chargés de l'exploitation intempestive des produits de ces exploitations.

Élevage de la baie de Kiel. — Nous terminerons cette étude sur la mytiliculture par un aperçu des procédés mis en pratique dans le nord de l'Europe. La Moule abonde dans toutes ces mers. On la pêche communément sur les côtes des îles Britanniques, de la Suède, de la Norvège, du Danemark, de la Prusse et de la Russie. Elle paraît même plus développée encore dans le nord de l'Europe que dans le sud. Disons cependant que, en dehors des régions méditerranéennes que nous avons signalées, la Moule se trouve également sur un grand nombre d'autres points, qu'elle existe également dans la mer Noire et qu'elle commence à faire son apparition dans la mer Caspienne.

Dans bien des stations septentrionales, on pratique un élevage qui diffère singulièrement de notre système de bouchots. Sur la côte orientale du Holstein, nous écrit M. Agardh Westerlund, l'Huître fait défaut ; on cultive à sa place la Moule par un moyen aussi simple que pratique; on se contente de planter au fond de la mer des troncs d'arbres rameux sur lesquels les embryons des Moules viennent se fixer et se développer ensuite tout à leur guise. On nomme ces arbres *Musseltrad, Muschelbäume*. De là vient l'expression de *tra* (arbre), employée pour désigner le nombre de cent Huîtres ou Mollusques dans divers pays du Nord.

Dans la baie de Kiel on opère d'une manière analogue. Nous empruntons le récit qui va suivre à MM. Meyer et Möbius *(Fauna der Kieler Bucht)*:

« A la surface des pilotis et des planches du port, des lavoirs, des bateaux, et des embarcadères, dans tous les points mouillés par l'eau, viennent s'installer des Moules, dont les petits pullulent au-dessus de leurs parents, comme un gazon serré. Leurs résidences artificielles sont les *pilotis à Moules;* ce sont des arbres que les pêcheurs installent sous l'eau, dans la zone qui appartient à leur habitation, auprès de l'ancien village d'Ellerbeck. On emploie de préférence des aulnes, parce qu'ils sont moins chers que les chênes et les hêtres, dont on se sert aussi néanmoins.

« Les pêcheurs prennent les branches les plus étroites de ces arbres, ils les coupent chaque année près du tronc, et les appointissent à l'extrémité inférieure; puis, à l'aide d'une corde et d'une fourche, ils les fixent dans le sol au milieu des herbes marines mortes ou vivantes, à une profondeur de deux ou trois brasses. Ces arbres à Moules s'installent en toute saison ; mais on ne les retire qu'en hiver, le plus souvent sur la glace, parce que, à ce moment, les Moules sont plus savoureuses et inoffensives.

« Les pilotis, implantés des deux côtés de la baie, le long des rives de Düsternbrooker et d'Ellerbeck, ressemblent à des jardins sous-marins qu'on aperçoit sous l'eau transparente quand la mer reste calme. Lorsqu'un vent d'ouest persistant refoule une grande masse d'eau hors de la baie, les cimes les plus élevées de ces arbres apparaissent çà et là au-dessus des flots abaissés ; autrement, ils sont toujours couverts et invisibles. Nous avons souvent fait retirer de ces pilotis, pour y recueillir des Moules, et nous avons pris plaisir à étudier les manœuvres et les observations des pêcheurs d'Ellerbeck.

« Ils ont des canots d'une forme antique, à fond plat et à parois abruptes, et ils rament avec des palettes en forme de bêches. Ils savent reconnaître la place des pilotis en se guidant sur des points de repère terrestres qu'ils observent de loin. Une fois arrivés au-dessus d'un de ces arbres, ils enfoncent une perche dans le fond pour y assujettir le canot ; puis ils fixent une corde autour d'un crochet qu'ils plongent dans l'eau pour enlacer le tronc de l'arbre chargé de Moules et le soulever en l'entortillant. Dès qu'il est extrait du fond, il s'élève plus aisément, et bientôt il apparaît à la surface ; on le soulève alors suffisamment au-dessus de l'eau pour recueillir les Moules fixées à ses branchages, qui en sont ordinairement très chargés. On y voit pendre, en touffes ou en pelotes, de grands individus qui ont tissé leurs filaments de byssus soit sur le bois, soit sur les écailles des voisins ; entre eux et sur leurs écailles pullulent, en outre, des animaux divers.

« Dans la baie de Kiel, on installe chaque année un millier de pilotis à Moules, et on les retire au bout de trois ans ; c'est le temps qu'exigent ces animaux pour se développer ou point de fournir un mets convenable. Sur le marché de Kiel apparaissent chaque année environ huit cents tonnes de Moules dont chacune renferme en moyenne quarante-deux mille pièces. Ainsi on récolte en hiver près de trois millions trois cent soixante mille pièces. Les années sont plus ou moins bonnes, tant au point de vue de la quantité de Moules, qu'au point de vue de la qualité. » (Meyer et Möbius.)

Ce procédé d'élevage, fort simple comme matériel et comme manipulation, diffère, comme on peut le voir, par plus d'un point de nos éducations françaises. Le même arbre qui reçoit le naissain embryonnaire le garde tel quel jusqu'à complet développement. Pendant tout ce temps, on laisse la Moule abandonnée à elle-même. Or, dans ces conditions, pour peu que le renouvelain soit un peu abondant, les individus en croissant se nuisent incontestablement les uns aux autres. C'est précisément ce que nous observons sur les bouchots lorsqu'on ne prend pas soin d'éclaircir les rangs des Mollusques à mesure qu'ils se développent. On obtient finalement des produits de petite taille, car pour que la Moule soit belle, il ne faut pas qu'elle soit gênée dans sa croissance.

En outre, dans nos élevages français, il faut dix à douze mois pour que la Moule ait acquis un développement suffisant pour être marchande. Dans la baie de Kiel, comme dans le golfe de Tarente, trois années sont reconnues nécessaires pour arriver au même résultat. Nous n'osons croire qu'une pareille différence tient à la race éduquée ou à la différence de climat, puisque nous passons ainsi du nord au sud, et que les espèces domestiquées ne diffèrent pas sensiblement. Cette différence du simple au triple provient très vraisemblablement du mode même d'éducation. Entre le système du Nord qui consiste à tenir la Moule toujours sous l'eau, celui du Midi où on lui fait prendre l'air de temps en temps, et celui de l'Ouest où la Moule, à mesure qu'elle grandit, reste à l'air de plus en plus longtemps, il y a toute une échelle progressive. Enfin, si l'on compare la Moule du Nord avec celle de nos pays, on n'hésitera pas à donner, comme goût, la préférence à ces dernières.

Tenons-nous-en donc à nos procédés français, puisqu'en réalité ce sont ceux qui ont donné les meilleurs résultats, et cherchons à les appliquer partout où les conditions du milieu s'y prêteront. Dans la Méditerranée, lorsque la marée fait défaut, donnons la préférence aux procédés qui permettent de faire subir à la Moule cette gymnastique aérienne qui lui paraît si salutaire; éclaircissons les rangs dans les grappes où les Moules sont trop serrées, et on rachètera facilement par le temps gagné et la beauté des produits obtenus, le temps employé dans ce travail ou l'argent dépensé dans ces manipulations reconnues nécessaires.

Pêche de la Moule. — Cette pêche se fait au couteau, au râteau ou à la drague. Chaque année le préfet maritime de la circonscription indique les bancs naturels, ou moulières, qui peuvent être pêchés dans les conditions prescrites. On pratique cette pêche du 1er mars au 31 octobre dans le premier arrondissement maritime, et du 1er septembre au 30 avril dans les quatre autres. Elle est interdite avant le lever du soleil et après son coucher. Sur nos côtes, les quantités de Moules ainsi pêchées sont beaucoup moins grandes que celles prises dans les éducations mytilicoles.

IV

DOMESTICATION DES PRAIRES, CLOVISSES, ESCARGOTS, ETC.

En dehors de l'Huître et de la Moule, le nombre des espèces de Mollusques conservés est relativement très restreint. Si quelques essais ont été déjà tentés, c'est encore malheureusement sur une trop petite échelle. Est-ce à dire pour cela que l'on n'ait pas rencontré de coquillages qui valent la peine de pratiquer de pareilles expériences ? Non, certes : à côté de la Moule et de l'Huître, il existe un bon nombre de coquillages présentant à l'état sauvage à peu près les mêmes qualités, et qu'une intelligente domestication viendrait bien certainement encore améliorer.

Déjà les Praires et les Clovisses ont donné lieu à de très intéressants essais dans le bassin méditerranéen, tandis que, dans le bassin d'Arcachon, on a tenté d'acclimater des espèces d'Amérique. Mais bien d'autres coquillages, journellement consommés, mériteraient d'être parqués et engraissés.

Quant à l'Escargot, représenté par un grand nombre d'espèces, toutes comestibles, si jadis les Romains lui faisaient subir une domestication complète, aujourd'hui nous nous bornons à le parquer, non plus pour l'engraisser, mais au contraire pour lui faire subir un jeûne prolongé. Comme il joue un grand rôle dans l'alimentation de certains pays, nous en dirons également quelques mots.

Praires et Clovisses. — Qui l'emportera, aux yeux des gourmets, de la Praire ou de la Clovisse ? Pour le profane du Nord, c'est chose indifférente ; à peine connaît-il seulement ces noms-là, sans même bien savoir à quelle coquille ils s'appliquent ! Pour l'amateur provençal, le doute n'est pas possible : la Praire aura le pas sur la Clovisse et même sur l'Huître ; il n'hésitera pas un instant entre une bonne douzaine de Praires doubles de la Réserve et les plus belles Huîtres du monde, fussent-elles d'Ostende ou de n'importe où.

Pour l'homme du Midi, rien, en fait de coquillages, n'est supérieur à la Praire ; mais qu'il y prenne garde, cette Praire qui lui est si chère va bientôt disparaître ! Le *Venus verrucosa* n'est cependant pas une espèce rare, tant s'en faut : on la trouve sur toutes nos côtes, au nord comme au sud, dans l'Océan comme dans la Méditerranée. Mais, sous une influence de milieux que l'on ne saurait contester, la Praire de la Méditerranée n'est pas à comparer avec celle de l'Océan et encore moins avec celle de la Manche.

Dans le Nord et dans l'Est, c'est une coquille de taille assez petite, dont le diamètre ne dépasse pas trop 35 millimètres, renfermant un animal si non coriace, du moins peu délicat, que les pêcheurs n'apprécient pas plus que n'importe quel autre Mollusque. Sur les côtes de Pro-

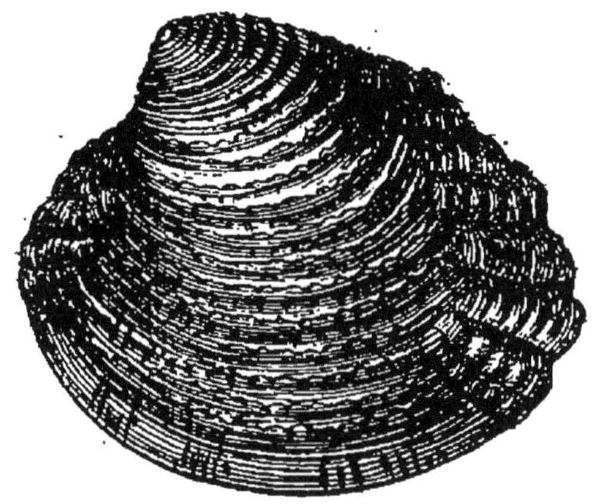

FIG. 82. — La Praire double.

vence, sa taille, au contraire, s'accroît dans de notables proportions ; les belles Praires atteignent alors 50 et 55 millimètres et la chair de l'animal est absolument fine et délicate. La comparaison entre ces coquillages de provenances diverses donne des résultats tellement distincts qu'un naturaliste qui n'aurait pas devant lui les valves d'où sont extraites des chairs d'un goût si différent n'hésiterait pas à déclarer qu'elles appartiennent à deux espèces absoluments étrangères l'une à l'autre ; et certes, plus d'une espèce a été instituée sur des caractères moins nettement tranchés.

Pourtant, de part et d'autre, la Praire vit à peu près dans les mêmes conditions, a les mêmes mœurs, mais elle grandit et se développe dans des eaux de nature différente et sous des climats suffisamment distincts pour qu'il en résulte cette modification si parfaitement sensible. Et encore, toutes les eaux de la Méditerranée ne lui conviendront-elles pas aussi bien, puisque l'on arrive à distinguer, à leur qualité, les plages où elles ont été pêchées.

C'est donc uniquement dans la Méditerranée qu'il faudra aller chercher les Praires bonnes à être immédiatement consommées ; et si l'on veut faire de l'élevage, c'est là surtout qu'il conviendra de concentrer les efforts. La Praire, en effet, s'améliore par la domestication, tout comme l'Huître et la Moule. C'est un fait aujourd'hui parfaitement constaté et à l'égard duquel il ne saurait y avoir le moindre doute. C'est, du reste, uniquement pour cette raison que, après avoir pêché la Praire, on la dépose, aux environs de Marseille, dans ces viviers d'eau de mer appelés réserves. De là le nom de « Praires de réserve », et par corruption, « Praires de la Réserve », nom que l'on donne, à Marseille, à ces coquillages, lorsqu'on veut essayer de les vendre plus cher.

La Praire simple, le *Cardita sulcata* (fig. 83), vit à peu près dans les mêmes milieux, mais alors uniquement dans la Méditerranée. Le plus ordinairement on la pêche dans des colonies absolument distinctes, quoique ces deux espèces puissent parfaitement vivre ensemble. Sa chair, rosée, est très délicate, mais malheureusement la taille de l'animal est assez petite, puisqu'elle ne dépasse pas trop de 25 à 30 millimètres. Peut-être, comme pour la Moule, arriverait-on à l'augmenter dans de notables proportions par la culture.

Nous ne pouvons pas séparer les Clovisses des Praires. La Clovisse, qu'on ne mangeait guère autrefois qu'en Provence· et sur côtes de l'Océan, nous arrive maintenant d'une façon régulière et courante, sur les principaux marchés des grandes villes du centre de la France. Elle tient sa place à côté de la Moule ; mais

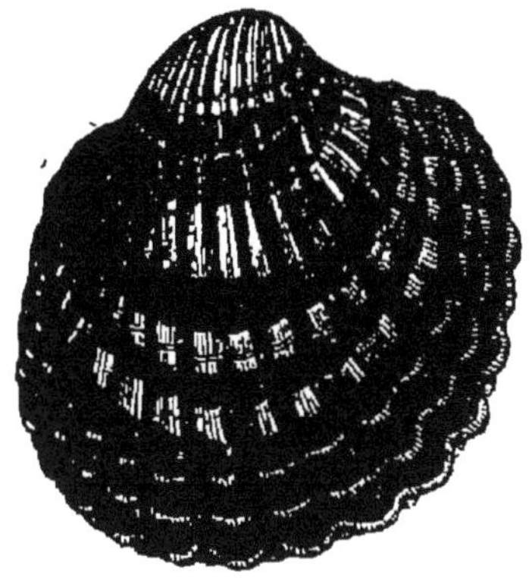

Fig. 83. — La Praire simple.

c'est encore une place trop modeste. Malgré cela, il en est résulté un surcroît de consommation qui a motivé des pêches plus abondantes donnant lieu à un appauvrissement sensible de nos côtes.

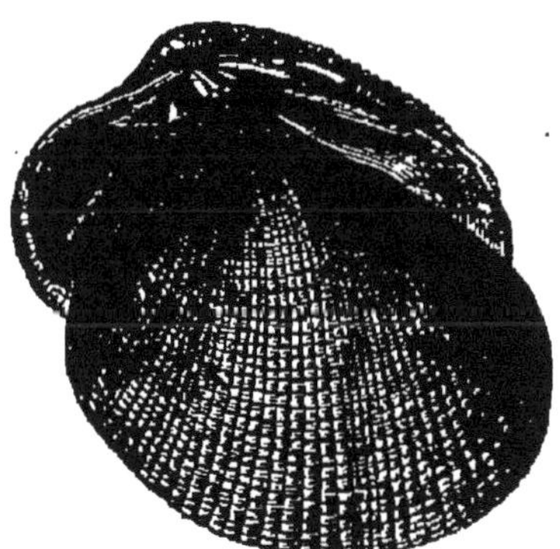

Fig. 84. — La Clovisse.

Jadis, chacune de nos poissonneries du Midi paraissait se suffire : aujourd'hui, il n'est pas rare de voir, sur les marchés de Cette et de Marseille, des *Tapes* ou Clovisses (fig. 84) qui viennent en droite ligne de l'Océan, pour suppléer au vide qui s'est fait dans les pêcheries de Provence. De telles anomalies marchandes importent peu, il est vrai, au consommateur, du moment qu'il est satisfait par la qualité de la marchandise, mais plaignons le pauvre naturaliste s'il veut se borner à une simple inspection du marché pour étudier la faune locale : il s'expose alors aux plus singuliers mécomptes; et lorsqu'il veut essayer de se débrouiller au sein de cette nouvelle tour de Babel malacologique, il éprouve les plus grandes difficultés, les marchands se doutant, bien à tort, qu'ils commettent un méfait scientifique, s'efforcent, du mieux qu'ils peuvent, de cacher la provenance originaire de leurs marchandises.

Par suite d'un fâcheux oubli qui ne saurait s'expliquer, aucune disposition concernant les Praires et les Clovisses n'a été prise dans le décret de 1862, visant la pêche et la production de l'Huître. Les dragages pratiqués dans les ports, les pêches incessantes et à toutes les époques de l'année, un notable accroissement dans la consommation locale et dans l'exportation, tout, en un mot, contribue à faciliter le dépeuplement de nos côtes, alors qu'au contraire tout devrait tendre à le favoriser.

Il importerait donc, pour la Praire et la Clovisse, de se préoccuper non seulement de l'élevage, mais encore de la reproduction. Malheureusement les données pratiques suffisantes font encore défaut sur cette dernière question. Tout au moins, il conviendrait d'ores et déjà d'en réglementer la pêche et de l'aménager de façon à éviter le dépeuplement des contrées autrefois riches et prospères.

La Clovisse, au moins pour certaines formes robustes

du groupe du *Tapes decussatus*, paraît se prêter assez facilement à l'acclimatation et, par suite, à la reproduction. Il paraîtrait que le *Tapes texturatus*, qui vit aujourd'hui en abondance à Cette et dans les étangs environnants, était inconnu, il y a une trentaine d'années, dans les eaux de Toulon. « Il y fut introduit, dit Bouchon-Brandely, d'une façon tout accidentelle. Un bateau portant du vin, venant de Cette, en jeta quelques sasses, et cela a suffi pour en peupler toute la partie de la rade comprenant le canal de la Seyne et ses approches, et le port marchand dit de Rode. »

MM. Gasquet et Malespine, le premier dans le golfe de Gien, le second dans la baie de la Seyne, ont tenté d'élever ces coquillages en même temps que l'Huître et la Moule. Dans la presqu'île de Gien, on obtint, quoique dans une proportion moindre que pour ces derniers Mollusques, de bons résultats avec les Praires et les Clovisses. De jeunes coquillages furent disposés sur un fond sablonneux : ils y grandirent et s'y multiplièrent; mais, contre toute attente, il se produisit un fait assez particulier.

Le frai de ces Mollusques ainsi domestiqués, au lieu de se déposer dans le voisinage, alla, au contraire, se fixer en grande partie sur des corps flottants et plus spécialement sur les lièges et les cordages d'une madrague voisine. C'est là une précieuse indication sur le *modus vivendi* des tout jeunes sujets appartenant à ces deux genres d'animaux et sur la manière dont on doit procéder pour recueillir leur naissain.

Dans l'établissement de Brégaillon dont nous avons déjà eu l'occasion de parler, M. Malespine a semé des Praires venant de Grèce; elles s'y sont parfaitement acclimatées, et leur propagation dans les eaux toulonnaises ne semble faire aujourd'hui aucun doute.

Aux environs de Marseille, la Clovisse vient très bien dans la partie du port dite la Réserve. Comme l'a fait observer M. Bouchon-Brandely, il faut croire que cet emplacement est favorable à sa propagation, car, malgré la guerre acharnée dont elle est journellement l'objet, les pêcheurs ne sont pas encore parvenus à la faire entièrement disparaître. Mais, bien entendu, cette unique station ne suffit pas pour servir de pavillon à la prodigieuse quantité de marchandises vendues sous ce nom!

Cependant une année, paraît-il, au dire de M. Charles Bretagne, les Clovisses disparurent de leur parc ordinaire, et la désolation fut grande au camp des amateurs. Les échevins marseillais prirent alors une généreuse initiative. Ils firent pêcher au loin des quantités considérables de ces précieux coquillages et les répandirent au même endroit que l'on qualifia de ce nom de Réserve qu'il porte encore aujourd'hui; depuis lors les bancs n'ont jamais été complètement épuisés.

Ces eaux sont donc particulièrement bonnes pour le développement des Mollusques; elles sont, par leur situation, extraordinairement riches en principes nutritifs. Quelques praticiens marseillais ont obtenu les meilleurs résultats en faisant séjourner artificiellement des Mollusques dans ces mêmes eaux.

Des Clovisses enfermées dans des caisses à claire-voie, analogues aux caisses ostréophiles, ont été déposées pendant un an et plus dans les eaux quelque peu mélangées qui se trouvent à l'entrée du port. Après un séjour dans ces eaux grasses et vaseuses, les Clovisses avaient non seulement beaucoup grossi, mais elles avaient encore acquis d'excellentes qualités au point de vue culinaire.

Pour suppléer à la pauvreté de la Réserve, on fait journellement venir, par bateau et même par chemin de fer, des Clovisses de l'étang de Thau et de Toulon. L'étang de Thau à lui seul fournit pour plus de 150.000 francs de Clovisses par année. Mais les vrais amateurs préfèrent à la Clovisse un peu vaseuse des étangs celle qui, comme à Toulon vit au contraire sur des fonds sablonneux ou rocheux, et dont la chair a une saveur bien plus délicate.

Les étangs de Berre et de Caronte donnent également des Praires et des Clovisses ; mais celles-ci ne sont pas de meilleure qualité que celles de l'étang de Thau, et en outre, elles semblent y être notablement moins abondantes. Dans l'étang de Berre, il existe quelques plages dont le sol, constitué par un sable coquillier très riche en calcaire paraît plus particulièrement convenable pour l'élevage des Mollusques. Puisque, d'après les exemples que nous venons de raconter, on a pu voir avec quelle facilité les Praires et les Clovisses pouvaient s'acclimater et se reproduire dans les eaux de la Méditerranée, de tels milieux semblent tout indiqués pour qu'on y tente des essais de conchylioculture.

Pouvons-nous trouver un meilleur exemple de la source de bénéfices que l'on peut retirer de l'élevage de ces Mollusques, que celui qui fut pratiqué en 1863, par M. Garreau dans l'étang de Thau? M. Garreau associé avec quelques personnes acheta, au mois de novembre 1863, quelques centaines de kilogrammes de petites Clovisses qu'il paya à raison de 6 à 7 francs le quintal. Ces jeunes Clovisses furent déposées dans le parc réservé de Rouqueyrol; on les y laissa grandir et s'améliorer. Six mois après, au printemps de l'année suivante, ces mêmes sujets furent repêchés et purent être vendus sur place au prix de 24 francs le quintal. Voilà donc un produit qui en six mois a plus que triplé les bénéfices de l'opérateur. Existe-t-il, par le temps qui court, beaucoup d'opérations industrielles ou commerciales susceptibles de donner de pareils résultats? Mais malheureusement il faut compter avec l'apathie des gens du Midi, qui, vivant toujours au sein de cette riche nature si prodigue pour eux, n'éprouvent que bien difficilement le besoin de mettre en pratique le vieux proverbe : « Aide-toi, le ciel t'aidera ! »

Pour terminer ce que nous avons à dire sur ce sujet, nous ne saurions mieux faire que de citer ici les sages paroles de M. Bouchon-Brandely :

« La Clovisse est un coquillage qui, à l'égal de l'Huître, s'améliore et profite dans des parcs spéciaux. Les expériences de M. Garreau l'ont démontré surabondamment.

« Quelques personnes avisées ont souvent insisté auprès des marins pour les déterminer à se faire parqueurs de Clovisses. Ceux-ci ont toujours refusé de suivre le conseil, prétextant que le parquage de ce coquillage est une besogne inutile, et que, de plus, il ne manquera jamais dans l'étang de Thau. La vérité est que les pêcheurs de l'endroit craignent que des industriels, en venant s'établir sur leur domaine, ne leur fassent une concurrence susceptible de déterminer l'abaissement du prix des produits qu'ils livrent à la consommation, sans préparation d'aucune sorte.

« Ce sont là des craintes exagérées. Si la Clovisse était soumise à une éducation rationnelle, sa réputation n'aurait qu'à y gagner ; les pêcheurs auraient, d'ailleurs, eux aussi, la faculté de lui faire subir les manipulations qui sont de nature à la rendre meilleure, et ils tireraient de leur marchandise un prix infiniment supérieur à celui d'aujourd'hui. Il me semble que les questions agricoles, questions d'ordre économique, ne sauraient être envisagées au seul point de vue de la convenance des marins inscrits. L'art de cultiver les coquillages pouvant être élevé à la hauteur d'une industrie, devenir pour la contrée une source de travail et de richesse, rien ne doit être négligé pour aboutir à ce résultat. »

Or, tout ce que nous venons de dire pour la Clovisse s'applique aussi bien à la Praire et même aux autres coquillages comestibles. Tous sont susceptibles de s'améliorer par la culture. Du moment que l'on trouve sur un point donné une colonie appartenant à telle ou telle espèce et que cette colonie présente des sujets de plus belle taille que dans la colonie voisine, il faut nécessairement en conclure que l'espèce est susceptible d'atteindre plus de développement sous l'influence d'une culture rationnelle. Une fois cette constatation faite, ce n'est plus qu'une question d'observation et d'application.

Sur les côtes de l'Italie ou de la Corse, on rencontre certaines variétés de Tapès dont les dimensions sont considérables. Ne serait-ce point le cas d'essayer d'introduire sur nos côtes ces belles races pour les y acclimater ? Et puisque dans les étangs de la partie orientale de la Corse, par exemple, les Mollusques atteignent des dimensions si remarqubles, pourquoi n'utiliserait-on pas ces eaux à l'éducation des Praires et des Clovisses ?

Enfin, si la Clovisse et surtout la Praire sont de meilleure qualité lorsqu'elles sont pêchées dans la Méditerranée plutôt que dans l'Océan, rien ne nous dit que le Mollusque océanique ne serait point également susceptible de s'améliorer sur place, s'il était convenablement domestiqué. Il en adviendrait certainement pour lui ce qu'il en est advenu avec les Moules de la baie de l'Aiguillon; ce n'est en somme qu'une question de choix convenable de nourriture et partant de milieu.

Pourquoi ne ferait-on pas, pour la Praire et la Clovisse, ce que l'on a fait pour la Moule ? Il ne faut pas oublier que la Praire se vend bien plus cher que la Moule, puisqu'on paye la douzaine de ce Mollusque, à Toulon, à Marseille, à Cette, jusqu'à 2 et 3 francs la douzaine. Le bénéfice à réaliser est donc assez considérable pour que l'on tente de semblables essais.

Et que faut-il pour réussir? une mise de fonds bien modeste, surtout si l'on veut commencer simplement par faire de l'élevage. Choisir des milieux un peu saumâtres, dans lesquels les principes nutritifs soient aussi abondants que possible; donner toujours la préférence aux milieux sablonneux, à fonds calcaires, recouverts par une épaisseur d'eau suffisante et constante. Puis, après avoir choisi de jeunes Mollusques d'une bonne race, les abandonner au printemps dans ce nouveau milieu, pour les y recueillir au bout de quelques mois.

La culture complète, c'est-à-dire la reproduction présente plus d'alea. Mais puisqu'elle a déjà réussi aux environs de Toulon, il n'y a pas de raison pour qu'elle ne réussisse pas encore dans d'autres stations. On devra donc s'inspirer de ce qui a été fait précédemment, et puisque le jeune naissain aime à se fixer sur des corps installés dans le voisinage, plutôt en hauteur qu'en profondeur, on devra lui présenter des collecteurs flottants, des fascines, des cordages, des bouées, etc. Les jeunes coquilles seront ensuite recueillies et déposées sur un fond sablonneux. Nous aurons du reste occasion de revenir dans un autre chapitre sur ce sujet.

Sourdon et Coque. — Sous ces différents noms populaires, le *Cardium edule* et ses formes affines, les *Cardium obtritum* et *C. Lamarckii*, ont également leurs amateurs. Jadis, les marins et les gens qui vivent au bord de la mer, savaient seuls les apprécier. Aujourd'hui, en face de la rareté des autres coquilles comestibles, on les expédie fréquemment dans l'intérieur de la France. Il n'est pas rare de les voir non seulement sur les marchés des grands centres maritimes, mais même encore à Paris, à Lyon, à Toulouse, etc. Il nous souvient d'en avoir vu vendre, il y a deux ou trois ans, par un de ces marchands ambulants qui sillonnent tout Paris, sous le beau nom de *Clovis, coquillage de mer*, à la porte même du Muséum !

Ce petit *Cardium* abonde sur toutes nos côtes, et sa chair est vraiment bonne. On le pêche en quantité dans les étangs de Berre et de Caronte, où il se plaît dans les eaux peu profondes, à fond limoneux ou boueux. Mais avant de le vendre, on a soin, en Provence, de le tenir durant quelque temps enserré dans des nasses, déposées dans des réserves à eaux plus claires et plus pures, non seulement pour débarrasser sa coquille de la vase qui la souille, mais encore pour améliorer sa chair et lui faire perdre tout mauvais goût.

Cette sorte de parquage se pratique surtout dans le Midi ; les animaux qui ne se sont pas ainsi dégorgés en eau claire durant un certain temps sont de très mauvaise qualité. Dans l'Océan, le Sourdon paraît rechercher des fonds moins vaseux ; sa chair est nécessairement moins fade, mais souvent aussi il est de taille plus petite.

Il serait évidemment facile de concilier ces différentes données ; en élevant le Sourdon dans ces eaux vaseuses qu'il affectionne, on obtiendrait des animaux de grande taille ; il suffirait ensuite de les parquer quelque temps en eau claire, pour leur faire perdre tout mauvais goût ; on aurait ainsi, en pratiquant d'une manière régulière ce que quelques pêcheurs seulement mettent en œuvre, un produit à la fois gros et bon.

Mollusques marins divers. — Pour en finir avec nos Mollusques marins des côtes de France, nous dirons qu'en dehors de ceux que nous venons de citer, il en est encore bien d'autres qui mériteraient d'être cultivés, en vue d'en améliorer la chair. Parmi ceux-ci, nous citerons plus particulièrement : les *Buccins* de l'Océan ; les *Murex* de la Méditerranée ; les *Haliotis*, les *Pholades*, les *Myes*, les *Mactres*, les *Donaces*, les *Modioles*, les *Lithodomes*, les *Avicules*, etc.

Tous ces Mollusques ont une chair sans doute moins fine et moins délicate que celle de l'Huître ou de la Praire, mais bien certainement par la domestication, on arriverait à l'améliorer. Espérons donc que de sérieux essais seront bientôt tentés dans cet ordre d'idées.

Les Clams d'Amérique. — Comme nous l'avons expliqué dans un autre chapitre, on désigne en Amérique, sous le nom de *Clam*, plusieurs Mollusques acéphales et plus particulièrement une espèce de même genre que la Praire, et que les naturalistes qualifient de *Venus mercenaria*. Connaissant l'immense succès gastronomique de ce coquillage à l'étranger, voyant avec quelle facilité il semble se reproduire, on a tenté de l'acclimater en

France. Voici ce que rapporte à ce sujet M. le Dr P. Fischer :

« Non content de repeupler les parcs d'Arcachon, en y introduisant des Huîtres de diverses parties de l'Europe, M. Coste a songé à doter nos rivages de quelques Mollusques exotiques, remarquables par leur volume et leur saveur.

« En 1864, nous avons visité, en compagnie du commandant du stationnaire, les fonds émergents situés au nord-est de l'île des Oiseaux. Là, sont déposés dans une excellente situation, les Mollusques d'Amérique expédiés par M. Coste.

« Citons en première ligne le *Venus mercenaria L.*, grande et belle espèce, qui abonde sur tous les rivages est de l'Amérique du Nord, et dont le nom vulgaire est *Round Clam, Hard Clam*, ou tout simplement *Clam*.

« Un premier envoi de *Clams* a été expédié à Arcachon, en 1861 ; en 1863, nouvel envoi. Ces Mollusques, reçus en bon état, sont placés dans un parc spécial entouré de fascines. Ils y vivent, enfoncés dans le sable, à une profondeur variable qui atteint 1 décimètre et davantage. Les animaux sont robustes et bien portants ; ceux du premier envoi ont accru leur coquille de 2 centimètres environ ; ceux du deuxième envoi de quelques millimètres seulement. Malgré nos recherches, il nous a été impossible de trouver de jeunes individus. La ponte n'a donc pas eu lieu en France, ou bien les embryons ont été dispersés par les courants. »

Ainsi, les Mollusques amenés à grands frais d'aussi lointaines régions, grâce à la puissance vitale qu'ils possèdent, ont pu continuer à croître dans leur nouvelle patrie d'adoption ; mais ils se sont refusés à faire souche.

L'expérience, il faut bien en convenir, ne manquait pas d'une certaine hardiesse. Mais a-t-elle bien été faite dans toutes les conditions voulues pour s'assurer complète réussite ? Il est à craindre que non.

Il est bien certain qu'un pareil voyage a pu singulièrement éprouver ces pauvres Mollusques ; des organes aussi délicats que ceux de la génération ont pu en souffrir. Ce qu'il y a de bien certain, c'est que l'acclimatation n'a été que partielle ; les jeunes sujets ont continué à croître, mais ils n'ont pas donné naissance à de nouveaux produits. N'est-ce point, sans aller aussi loin, ce que nous avons vu déjà dans les autres tentatives similaires ? L'accroissement continue, sans qu'il y ait ensuite de produits nouveaux. Il y a là sans doute une question d'âge, peut-être plus qu'une influence de milieu. Dans tous les cas, c'est un problème qui reste encore à l'étude.

L'Huître d'Amérique. — « L'*Ostrea Virginica*, dit le même auteur, a été également l'objet de deux envois, en 1861 et 1863. Les Huîtres ont été déposées dans un petit parc du bassin d'Arcachon qui ne diffère en rien des parcs du gouvernement où l'on élève l'*Ostrea edulis.* Les Huîtres d'Amérique nous ont paru de taille médiocre, elles ont à peine augmenté leurs dimensions. L'examen des valves ne montre pas de naissain appartenant à leurs espèces. Les jeunes Huîtres qui y sont fixées offrent les caractères distinctifs de l'*Ostrea edulis.*

« L'Huître d'Amérique a été expédiée aussi dans la Manche, à Saint-Waast-la-Hougue ; mais elle ne s'y est pas encore multipliée. »

Voilà donc encore d'infructueux essais à ajouter à la liste des déceptions en conchylioculture. Mais, y avait-il un réel avantage à les tenter ; pourquoi chercher à introduire en France cette espèce d'Amérique ? Certes, elle a de précieuses qualités ; les Américains du Nord savent parfaitement l'apprécier, à en juger par l'énorme consommation qu'ils en font, soit fraîche, soit conservée. Mais, n'avons-nous pas autour de nous, sans aller si loin, des espèces tout aussi bonnes, qui se reproduisent tout aussi bien, sans que nous nous exposions encore une fois à voir nos bancs et nos parcs envahis par une espèce plus robuste, susceptible de les étouffer et de nous les faire perdre ?

Portons donc nos efforts sur les espèces européennes, surtout lorsqu'il s'agit de l'Huître et de la Moule ; dans cet ordre d'idées, du moins, nous n'avons absolument rien à envier à l'étranger.

La conchylioculture à l'étranger. — Les espèces domestiques, à l'étranger, sont bien peu nombreuses. En général, les populations maritimes se contentent des produits de la mer, tels qu'elle les leur donne, se bornant tout au plus à les faire parquer dans des réserves, comme cela se pratique dans le midi de la France. Nous citerons cependant quelques exemples de véritable domestication.

En Chine, l'*Anodonta edulis* est une des espèces comestibles ; on le vend dans des paniers sur les marchés, et on le cultive, à cet effet, dans les fossés d'eau vive de Song-Kiang-Fou.

Dans son intéressant ouvrage intitulé *Pelagos*, M. A. Issel nous donne quelques détails sur deux autres Acéphales également cultivés en Chine : ce sont les *Novaculina constricta* et probablement *Arca granosa* du port de Ning-Po, dans la province de Tche-Kiang.

Le *Novaculina constricta* qui se plaît, comme ses con-

génères, dans les fonds vaseux, abonde dans la baie de
Nimrod et donne naissance à une quantité considérable
de jeunes individus. Malheureusement, ils ont à craindre
de nombreux ennemis, particulièrement des oiseaux
aquatiques qui leur font la chasse. Dès que les coquilles
ont atteint quelques millimètres de longueur seulement,
les Chinois recueillent avec soin ce jeune naissain et
le répandent dans des parcs à fonds vaseux, mis à découvert à marée basse et facilement surveillés.

Au bout de trois années, la coquille a atteint ses
dimensions; on la recueille à nouveau pour la mettre
dans la commerce. Le Mollusque est ensuite cuit ou
desséché au soleil. Pour pouvoir circuler sur ces fonds
vaseux, les indigènes font usage de sortes de patins en
bois qui jouent dans ces éducations le même rôle que
les acons dans la baie de l'Aiguillon. Ainsi chaussés,
ils peuvent circuler sur la vase, à marée basse, sans
craindre de trop enfoncer.

Pour l'*Arca granosa*, les Chinois se contentent d'un
simple élevage. Dans le courant du mois de mars, on
se procure de jeunes individus ayant à peu près la dimension d'un petit pois et on les dépose dans des réservoirs
installés dans la baie de Nimrod. Ces réservoirs, construits
sur de l'argile, mesurent environ 15 mètres de long sur
7 de large; ils sont munis d'une ouverture qui les met
en communication avec la mer; à marée haute, la porte
de cette baie est ouverte, tandis qu'on la referme à
marée basse, mais en ayant soin qu'il reste toujours, sur
les coquillages, un demi-pied d'eau. Au bout de deux
années, ces Arches ont atteint tout leur développement
et sont mises dans le commerce au prix de 50 sapèques
la livre environ.

Enfin, nous citerons un intéressant exemple d'acclimatation d'espèce exotique qui a parfaitement réussi. Le *Lucina Pensylvanica*, espèce comestible assez estimée, ne se rencontrait jadis que sur un seul point de la Martinique, dans la baie de Robert où il en existe un banc considérable au dire de Beau. Vers 1837 ou 1838, un officier de la marine française, à la sollicitation d'un indigène, fit draguer un certain nombre d'individus de cette Lucine et les transporta dans la baie du Français où elle s'est promptement multipliée.

Domestication des Escargots. — Les Escargots semblent avoir occupé sur la table des Romains à peu près le même rang que l'Huître. Ils furent en grand renom à Rome au commencement de notre ère et même dès la fin du siècle précédent. De même qu'aujourd'hui, dans nos écoles spéciales ou dans les traités d'agriculture on enseigne l'élevage et l'entretien du bétail, les soins qu'il convient d'apporter à la ferme et à sa basse-cour, de même voyons-nous, chez les Latins, les plus savants agronomes s'occuper, dans leurs écrits, avec des détails tout particuliers, de l'élevage et de l'éducation des Mollusques et tout spécialement des Escargots. Varron, Columelle, Palladius, nous ont laissé de bien curieuses instructions à ce sujet.

L'Escargot, à cette époque, était cultivé tout comme nous cultivons l'Huître aujourd'hui ; on se préoccupait peu de sa reproduction, la nature prévoyante se chargeant suffisamment de ce soin. On allait donc au loin, chercher précieusement telle ou telle espèce, puis on la parquait dans des enclos convenablement disposés, afin de l'y élever et de l'engraisser, pour parfumer et améliorer sa chair.

Varron nous apprend que l'Escargot vit de peu et que

l'on est presque dispensé de pourvoir à sa nourriture dans les parcs où on l'enserre ; du son et quelques feuilles de laurier suffisent pour le conserver dans les *cochlearia*. Voici, d'après le même auteur, comment ces parcs étaient disposés : « Il le faut en plein air et entouré d'eau de toutes parts ; sinon vous risquez de courir après les petits et même après les gros que vous aurez mis là pour y multiplier. L'eau vous tiendra lieu de *fugitivarius*, si le soleil n'y donne pas trop et si la rosée y abonde ; c'est ce qu'on peut trouver de mieux à défaut de rosée naturelle, inconvénient propre aux lieux trop exposés ; ou si le même lieu couvert est dépourvu de ces rochers ou terre dont l'eau baigne le pied, alors il faut produire artificiellement la rosée et voici par quel procédé : au moyen d'un tuyau qui se termine par un certain nombre de petits mamelons, on lance avec force de l'eau qui, retombant sur une pierre, rejaillit en gouttes de tous côtés. »

Mais, comme en somme tous ces Escargots, quelle qu'en soit la provenance, ont une chair assez coriace, on imagina de leur faire prendre une alimentation particulière destinée à les améliorer. « Fulvius Hirpinus, dit Pline, établit des parcs d'Escargots *(cochlearum vivaria)* dans le territoire de Tarquinies, peu de temps avant la guerre civile entre César et Pompée ; il en sépara même les espèces, mettant à part les blancs, qui proviennent de Réate ; ceux d'Illyrie, qui sont les plus gros ; ceux d'Afrique, qui sont les plus féconds, et les Solitans qui sont les plus renommés. Il imagina aussi le moyen de les engraisser avec du vin cuit, de la farine et autres substances ; de la sorte, les Escargots engraissés devinrent un objet de gastronomie. »

L'Escargot se mangeait cuit. Pétrone nous apprend que Trimalcion se faisait servir ses Escargots sur un gril d'argent.

Après les avoir lavés, on les faisait séjourner, au dire d'Apicius, durant vingt-quatre ou quarante-huit heures, dans de l'eau claire ou mieux dans du lait, pour en attendrir les chairs. Aujourd'hui encore, quelques raffinés du Midi font usage de ce procédé, mais, à vrai dire, nous ne pensons pas qu'il produise grand effet sur cette viande coriace.

Par suite de quelles singulières circonstances ce mets, si prisé des Romains, véritable objet de grand luxe pour l'époque, a-t-il, suivant la décadence romaine, peu à peu descendu les échelons de la gastronomie aristocratique, pour arriver à se cantonner uniquement sur des tables beaucoup plus modestes ? Singulier retour des choses d'ici-bas! Pourtant ce même Escargot fut, à son tour, appelé à jouer un rôle symbolique et religieux.

Après les funérailles, avant de se séparer, les invités allaient toujours manger quelques copieux plats d'Escargots, dans une de ces *popina* ou *caupona* installées au voisinage des tombes. Plus tard, lors des premiers progrès de la chrétienté en Occident, ce même Escargot devint un symbole de la résurrection, et servit d'emblème pour distinguer les tombes chrétiennes. Nouveau Lazare, ne sortait-il pas lui-même de sa tombe, en brisant les portes de sa demeure, au retour du printemps, après un long hivernage durant lequel on le croyait mort ?

Malgré de tels titres, la valeur gastronomique de l'Escargot passa de mode et tomba même en désuétude. Pourtant, avec le moyen âge, il semble revenir en faveur.

La difficulté, parfois assez grande, de se procurer en toutes saisons des aliments maigres va le faire rechercher, et on créera, dans le voisinage des couvents, des parcs de dépôts où on l'emmagasinera dans la saison propice. Aujourd'hui encore, dans certains pays, non plus du midi comme autrefois, mais du nord et de l'est, nous retrouvons cette coutume d'enserrer les Limaçons.

Durant les temps de disette et de famine, les Escargots ont encore joué un grand rôle dans l'alimentation et rendu de réels services. Lors de la triste famine de 1816 et 1817, l'Escargot fut d'un grand secours pour les populations du midi de la France. Même encore de nos jours, bien des pauvres gens de ces pays sont heureux lorsqu'ils peuvent se nourrir de quelques maigres Escargots grillés sous la cendre.

Plusieurs pays de l'étranger ont conservé l'habitude, sinon de parquer les Coquillages, du moins de les garder un certain temps dans des escargotières. En Danemark, nous savons qu'il existait des parcs à Escargots dès le XVIII° siècle, et que ce Mollusque, fort recherché, était servi sur la table des riches danois. Dans le pays de Brunswick, il existe encore aujourd'hui des fosses en maçonnerie, recouvertes de tuiles ou d'un grillage en toile métallique, dans lequel on parque les Escargots durant plusieurs mois. Ces fosses sont, paraît-il, d'un usage assez ancien, car nous savons qu'il en existait déjà au siècle dernier.

En Silésie on parque également les Mollusques, et pendant tout le temps qu'ils restent ainsi enfermés, on les nourrit d'origan, de serpolet, de pouliot et de plantes aromatiques qui donnent à la chair de l'animal une agréable saveur.

Aujourd'hui, la ville d'Ulm, dans le Wurtemberg, est encore renommée pour ses escargotières. Selon Martens, on expédiait, il y a quelques années, annuellement, de cette ville, par le Danube, plus de dix millions d'*Helix pomatia* ou Hélice vigneronne, que l'on parquait et engraissait dans les jardins et dans les escargotières. On les envoyait, une fois engraissées, par tonneaux de dix mille, pour être consommées pendant le carême, dans les couvents de l'Autriche.

Aujourd'hui encore, il se fait en Autriche une consommation considérable d'Escargots, principalement pendant le carême. La Suisse, et surtout le canton d'Appenzell, en expédie chaque année des quantités considérables que l'on parque dans des enclos frais et humides, en attendant le moment de la vente.

En France, la consommation des Escargots paraît avoir suivi d'assez singulières vicissitudes. Nos pères, dit-on, les prisaient peu ; dans quelques contrées seulement on savait les apprécier, sans que ce fût jamais un aliment bien estimé. Au commencement de ce siècle, les Escargots ne se voyaient guère qu'à la porte de l'officine des herboristes et des pharmaciens auxquels ils servaient souvent d'enseigne, enfilés sous forme de chapelets.

Aujourd'hui, l'Escargot est revenu en pleine faveur, et pour plus d'un amateur, c'est un vrai régal que d'absorber une belle douzaine d'Escargots fraîchement accommodés et servis bien chauds. Mais nous doutons fort que les gourmets lettrés et intelligents, les Brillat-Savarin ou les Monselet, recommandent jamais aux personnes délicates cet aliment lourd, indigeste et trop agréablement parfumé de l'odeur des condiments qu'on se plaît à y rajouter.

Ces chers Escargots, on en trouve presque partout, mais c'est surtout dans les pays à sol calcaire qu'ils vivent en plus grande abondance et où ils atteignent une plus belle taille. Sur les bords de la mer, là pourtant où il semble qu'ils aient à redouter la concurrence des Mollusques marins, ils sont encore fort appréciés. C'est cependant plus particulièrement dans le Centre et dans l'Est qu'ils sont l'objet d'une chasse suivie, et d'où on les expédie sur les différents marchés après leur avoir fait subir un temps de parquage plus ou moins long; mais partout ces installations sont assez sommaires.

Dans le Barrois, les escargotières sont nombreuses et d'une extrême simplicité. « En ces pays, dit le D' Ébrard, une escargotière consiste ordinairement en un tonneau défoncé recouvert d'un filet, ou bien en une fosse carrée dont les côtés sont boisés, et qui est fermée en dessus par un treillis de fer, ou encore par une simple claie en baguettes d'osier. Les cultivateurs y entreposent les Limaçons a mesure qu'ils les trouvent, jusqu'à ce qu'ils soient assez nombreux pour suffire à un repas ou pour être vendus.

« Les escargotières ont encore un autre but : les cultivateurs y placent les Limaçons pour les engraisser ou pour attendre que la venue du froid leur fasse fermer leur coquille et permette ainsi de les transporter plus facilement.

« En Lorraine, on consacre aux Limaçons un coin de jardin entouré de treillages à mailles serrées où l'on a soin de rassembler et de mettre tous les végétaux qui leur plaisent le plus. Au milieu de ces retraites où plusieurs milliers d'Escargots vivent en paix, sans autre souci que celui de manger, croître et multiplier, on a une espèce de garenne toujours prête à fournir pour les survenants un plat très délicat, susceptible de divers apprêts et dont la dépense est presque nulle. »

Dans le Jura, l'Ain, le Rhône, Saône-et-Loire et la Côte-d'Or, nos cultivateurs et nos vignerons parcourent les vignes, les vergers et les jardins, après les grosses pluies orageuses de la belle saison ; ils font ainsi parfois d'abondantes récoltes d'Hélices de toutes sortes. La plupart du temps, d'un coup de sabot, ils écrasent à terre les *Helix nemoralis*, *H. hortensis* et même *H. aspersa*, qu'ils dédaignent, même pour leur consommation particulière, mais ils récoltent précieusement les *Helix pomatia*, *H. pyrgia* et autres formes du même groupe.

Jamais ils ne les consomment de suite. Si c'est pour eux qu'ils les recueillent, ils feront subir à ces Mollusques un jeûne de trente à quarante jours, en les enfermant dans un vieux pot, au fond d'un tonneau défoncé ou sous une caisse couverte d'un clayonnage. Si, au contraire, ils comptent les vendre au marché voisin, ils les parqueront dans un enclos plus grand, le plus souvent sans leur rien donner à manger, de telle sorte que ces malheureux Escargots, en pleine saison d'activité, resteront trois ou quatre mois dans quelque coin obscur, privés de toute nourriture.

Ainsi condamné au repos et à l'inactivité, exposé parfois à une sécheresse qui lui est absolument nuisible, le pauvre Mollusque finit par s'y méprendre ; il ne connaît plus les saisons ; aussi n'est-il pas rare de constater, que même en plein été, ainsi abandonné dans un tas, il se retire au fond de sa coquille, sécrète son opercule et s'endort du sommeil du juste, tout comme s'il s'agissait pour lui de passer un long hiver.

C'est en automne surtout que se font les ventes des Limaçons. Des marchands spéciaux, véritables commissionnaires en Escargots, parcourent les campagnes, ramassant de droite et de gauche tout ce qui a pu être mis de côté durant la belle saison, et transportent à la station voisine des cargaisons de plusieurs centaines de mille d'Escargots. Dans ces conditions, ils se vendent plutôt au poids qu'au nombre; et pourtant ce poids présente les plus grandes variations suivant la taille et surtout l'épaisseur de la coquille. Aussi, est-ce un prix à débattre entre vendeurs et acheteurs, d'après la belle allure de son enveloppe.

Les chargements emballés dans des caisses à claire-voie, sont ensuite expédiés dans les grandes villes à d'autres marchands qui déversent ces caisses dans des caves ou enclos voûtés, divisés en compartiments par des cloisons en brique ou en pierre, et recouvertes par des grillages ou plus simplement par des planches. Dans ces enclos toujours sombres, mais très secs, entretenus à une température constante, bien à l'abri des gelées, les Escargots continuent leur hivernation en tas de 40 à 60 centimètres de hauteur, jusqu'à ce que l'instant de la cuisson soit venu.

Il faut avoir bien soin de visiter de temps en temps les tas ; on les retourne à la main, en ayant la précaution de rechercher les animaux morts pour les enlever bien vite. Il suffit de quelques Mollusques crevés dans un tas, pour compromettre le tas tout entier. Il y a de ce chef un déchet parfois assez considérable. Enfin, si la consommation n'a pas été suffisante, lorsqu'arrive le printemps, nos Mollusques se réveillent, et il faut aussitôt leur donner à manger, sans quoi on s'exposerait encore à en voir périr un grand nombre. C'est là souvent un mauvais moment pour le marchand; avec les tièdes journées d'avril ou de mai, la mortalité s'accroît, dans les escargotières, dans d'assez fâcheuses proportions.

C'est donc surtout pendant l'hiver que le Mollusque est préparé pour être livré aux personnes qui le débitent en détail. Nous n'avons pas à revenir sur la préparation qu'on leur fait subir dans ces officines. Nous nous sommes déjà suffisamment expliqué sur ce sujet.

On se demandera avec juste raison, si ce jeûne ainsi prolongé est une bonne chose, non pas certes pour le Limaçon, puisque nous n'avons pas à plaider sa cause, mais pour le consommateur qui nous intéresse davantage. Il est peu d'êtres, dans la nature, qui se prêtent aussi volontiers à l'abstinence et au jeûne que les Escargots. De nombreux exemples ont été cités à ce sujet. A l'automne de l'année 1871, nous avions acheté au marché de Perpignan, des *Helix apalolena*, pour en distribuer à quelques-uns de nos amis. Un an et demi après, un lot de ces Hélices, abandonné dans une armoire du Muséum de Lyon, fut retrouvé tel qu'il y avait été placé. Les Mollusques furent mis dans l'eau, et quelques instants après tous étaient revenus à la vie, aussi dispos que s'ils venaient d'être pris dans les champs.

Le baron Henri Aucapitaine a cité un exemple de longévité des Hélices encore plus frappant. En 1858, il recueillit sur la route de Touggourt à Ell-Oued en Algérie, des *Helix lactea*, dans un site, où il n'était pas tombé une seule goutte d'eau depuis cinq années. En 1862, de retour à Alger, il retrouva ses Hélices oubliées au fond d'une caisse, enfermées dans un sac en papier, ayant contenu du tabac, et enfoncées sous des papiers et des livres. Il les jeta dans de l'eau afin de les nettoyer. Quel ne fut pas son étonnement lorsque, le lendemain matin, il s'aperçut que toutes ses coquilles se promenaient pleines de vie aux alentours du vase où il les avaient déposées. Après trois ans et demi, ces Mollusques privés d'air, de lumière et de toute nourriture, étaient revenus à la vie.

A l'état normal, l'Escargot dans nos pays, passe comme on le sait tout l'hiver enfermé dans le fond de sa coquille, sans prendre la moindre nourriture, vivant en quelque sorte de lui-même. Dans ces conditions, tout se passe d'une façon régulière, car c'est pour le Mollusque, sa manière de vivre durant la mauvaise saison. Comme la Marmotte, il hiberne à sa manière. Pendant ce temps-là sa coquille pas plus que lui-même, ne subissent la moindre modification. Le jeûne hivernal ne lui est donc pas préjudiciable.

Mais en été, il n'en est plus de même. Durant la belle saison, jusqu'au moment où il va sécréter son épiphragme, il croît et se développe constamment ; à ce moment-là, il a besoin d'absorber une grande quantité de nourriture pour parer à la dépense qu'il fait. Si donc on le prive de toute alimentation à cette époque, non seulement il en souffrira, mais encore on arrêtera son développement. Faire jeûner en été les Escargots, c'est s'exposer à les voir rester petits, et c'est en même temps la meilleure manière de les rendre malades. Or, jamais la chair d'un animal malade n'est chose bien hygiénique.

A quel instant de sa vie sera-t-il préférable de manger l'Escargot ? Pendant la première année, il est tendre, mais bien petit ; sa coquille, non formée à son extrémité, se prête mal aux préparations culinaires. Après son premier hiver, alors qu'il s'est pour ainsi dire vidé lui-même, il sera plus particulièrement dur et coriace. Il conviendra donc d'attendre la seconde année, alors qu'il aura acquis tout son développement, et donner la préférence à la saison d'automne ou mieux au commencement de l'hiver, c'est-à-dire tant qu'il n'aura pas souffert de son jeûne.

Parqués en toutes saisons, les Escargots sont donc une bonne chose, mais à la condition toutefois que le Mollusque n'ait pas à en souffrir. Qu'on le laisse abandonné à lui-même tout l'hiver, rien de mieux, mais tant que la saison est belle, il convient au contraire de lui procurer une nourriture abondante et variée, il lui faut si peu de chose ! de mauvaises feuilles de salade, un peu de son mouillé, des plantes d'orties, des débris de pommes de terre, de raves et de carottes, des fruits gâtés ou trop mûrs, tout lui est bon. Sa chair bien entretenue s'améliorera, et si, à sa nourriture journalière, on ajoute quelques plantes aromatiques : serpolet, pouliot, laurier, etc., elle ne saura en devenir que meilleure.

L'escargotière pourra être des plus simples. En été, le moindre réduit en planches, en terre ou mieux en pierre, bien abrité, plutôt un peu humide, entièrement clos, mais toujours aéré ; en hiver, il conviendra de tenir les Mollusques dans une cave sèche, non chauffée, mais à l'abri de toute gelée ; les coquilles pourront être entassées sur une épaisseur ne dépassant pas 30 à 40 centimètres de hauteur. Il faudra souvent les visiter pour retirer les animaux morts ; ceux qui, dès le retour du printemps, commenceront à sortir de leur coquille, devront être mis à part et recevoir de la nourriture.

En Bourgogne et dans le Jura, on fait parfois hiberner

dehors les gros Escargots. A cet effet, on creuse dans un sol bien sec, et assez profondément, une fosse dans le fond de laquelle on dispose un lit de feuilles sèches ou de mousse. On y entasse les Mollusques en couches régulières, et on recouvre le tout avec de la terre. Dans ces conditions, les Limaçons se conservent parfaitement. Mais dès le retour de la belle saison, il faut à nouveau les parquer à l'air pour éviter une trop grande mortalité. Quelquefois même, si la couche de terre qui les recouvre n'est ni suffisante comme épaisseur, ni assez battue, ils sortent d'eux-mêmes la nuit et vont retrouver leur liberté.

Il est toujours convenable, nous dirons même prudent, de faire jeûner quelques jours les Escargots qui vivent en liberté, avant de les consommer. Il importe de les laisser se débarrasser de toutes les impuretés qu'ils peuvent renfermer. On voit souvent les Escargots se promener sur des champignons absolument vénéneux, s'en repaître avidement et ne pas paraître pour cela le moins du monde incommodés. Mais il n'en serait pas de même des personnes qui s'aviseraient de les manger à leur tour avant qu'ils aient achevé leur digestion. Plusieurs cas d'empoisonnements par les Escargots ont été constatés, et toujours ils avaient lieu à la suite d'ingestion de Mollusques qui n'avaient pas subi le moindre jeûne.

Il faut donc laisser à l'Escargot tout le temps nécessaire pour éliminer la totalité des principes nocifs qu'il a pu absorber. En trois ou quatre jours, sept au plus, son tube digestif est complètement débarrassé. Telle est la période de jeûne qu'il conviendra de lui faire subir dans la saison où il n'hiberne pas, si l'on veut éviter tout danger.

A la fin de l'hiver, après son long jeûne, lorsque

l'animal vient à sortir de sa coquille, on remarque qu'il expulse quelques excréments noirs auxquels les gens de la campagne attribuent toutes sortes de propriétés bonnes ou mauvaises. Cependant son tube digestif s'est vidé depuis longtemps ; ces matières proviennent uniquement de l'épiphragme corné ou membraneux qu'il a absorbé avant de reparaître à la lumière. Hâtons-nous d'ajouter qu'il n'y a absolument rien de malsain dans ces matières.

Ainsi donc, faire jeûner plus de quinze jours, dans la belle saison des Escargots, c'est les faire inutilement souffrir ; c'est en outre s'exposer à rendre leur chair encore plus dure et plus coriace ; mais d'autre part, les manger immédiatement après qu'ils ont été ramassés dans la campagne, c'est s'exposer soi-même à un réel danger. Prescrivons donc un jeûne complet, absolument rigoureux, mais à la condition qu'il ne dépasse jamais la quinzaine.

Acclimatation des Escargots étrangers. — La France est cependant bien riche en Escargots de tous genres ! Du nord au sud, de l'est à l'ouest, sa faune malacologique est absolument variée ; et si l'*Helix pomatia*, le gros Escargot de Bourgogne, ne vit pas partout, du moins il se laisse transporter avec la plus grande facilité ; enfin, d'autres espèces, à peu près aussi bonnes, peuvent, comme nous l'avons vu, y suppléer dans bien des circonstances.

Malgré cela, de nombreuses tentatives d'acclimatation d'espèces étrangères ont été faites en France à différentes époques. Nous ne parlerons pas ici, bien entendu, des migrations naturelles que les Mollusques peuvent effectuer ; nous avons déjà traité longuement cette question dans un autre ouvrage. Nous nous bornerons à parler des tentatives d'acclimatation faites par la main de l'homme. Dans le nombre, quelques-uns de ces essais n'avaient d'autre but qu'une simple question de curiosité physiologique; mais les autres ont eu un résultat absolument pratique et ont rendu de véritables services au point de vue économique.

Voici par exemple l'*Helix aspersa*, bonne espèce comestible, fort appréciée en certains pays. On la trouve aujourd'hui aux environs de Lausanne en Suisse, mais répandue dans un faible rayon. Elle aurait été introduite dans le pays il y a quelques siècles seulement; les uns estiment que c'est un évêque qui l'aurait rapportée du midi de la France, tandis que d'autres croient que ce sont les moines de Trabandan qui l'auraient introduite dans leurs vignes sous Lausanne, en vue d'avoir à leur disposition un aliment maigre. Cette espèce paraît s'être complètement acclimatée dans le pays, mais sans s'étendre beaucoup au delà de ses anciennes limites.

Puton rapporte que c'est par l'escargotière des Chartreux de Metz que ce même *Helix aspersa*, que l'on avait fait venir du Dauphiné pour les besoins du couvent, s'est répandu d'abord dans le jardin botanique de cette ville, pour se propager ensuite dans tout le pays. Comme l'a fait observer M. de Mortillet, dans la région des Alpes, il arrive souvent que cette espèce se rencontre plus particulièrement localisée au voisinage des anciens couvents, alors qu'elle est beaucoup plus rare, ou même qu'elle fait défaut dans le reste de la contrée.

L'*Helix pomatia* et ses formes affines ont été l'objet de plusieurs tentatives d'acclimatation en France. Ainsi, on sait qu'il ne s'avance pas vers l'ouest, au delà du département de Maine-et-Loire; M. J. Desmars, en 1871, a tenté avec succès de le répandre dans le département de l'Ille-et-Vilaine, dans les vignes de Beaumont à Redon. De son côté, M. J. B. Gassies l'a dispersé dans l'Agenais, notamment à l'Ermitage et à Saint-Vincent.

Depuis une huitaine d'années, un de nos zélés malacologistes lyonnais, M. Roy, a introduit dans son jardin aux environs de Lyon le bel *Helix lucorum* d'Italie, et depuis cette époque il s'y développe et s'y reproduit régulièrement. On trouve aujourd'hui des individus de tous les âges et pourtant plusieurs hivers rigoureux n'ont pu faire disparaître ces Mollusques. Ils ne sont du reste pas encore bien habitués aux mœurs des Escargots de nos pays. Ainsi, ceux-ci, aux approches de l'hiver, ont bien soin de s'enterrer profondément, tandis que nos *Helix lucorum*, se croyant encore dans le pays où fleurit l'oranger, creusent à peine le sol pour s'y cacher ou se contentent parfois de s'abriter sous une simple touffe de fraisier.

Plusieurs essais analogues ont été faits à l'étranger. Benson rapporte que l'*Achatina fulica* aurait été importé de Madagascar à l'île Bourbon sur l'indication d'un médecin qui aurait recommandé l'usage du bouillon de Limaçon à un indigène dont la femme était atteinte d'une affection de la poitrine. Aujourd'hui cette espèce est complètement acclimatée dans le pays.

Parfois aussi ces acclimatations se font naturellement, par la main de l'homme, il est vrai, mais en dehors de sa volonté. Voici par exemple tout un groupe d'Hélices xérophiliennes, qualifiées par les naturalistes du nom d'*Helix variabilis*, et qui vivent plus particulièrement dans le Midi. Actuellement ces formes se trouvent en abondance et à tous les âges aux environs de Paris et de

Lyon. Pourtant, nous savons bien qu'elles n'y vivaient point à la fin du siècle dernier, puisque ni Geoffroy, ni Poiret, ni Brard, ni Sionnest qui cependant connaissaient bien la faune de ces pays, n'en font mention dans leurs catalogues.

Aux environs de Quimper, on trouve, sous le nom d'*Helix Quimperiana,* une forme toute particulière dont le facies planorbique est absolument méridional. Cette espèce en effet, aurait été importée accidentellement des Pyrénées, et elle ne s'est développée en Bretagne que dans un cercle des plus restreints. Aux environs de Lyon, nous avons eu à signaler l'existence de toute une faunule méridionale introduite accidentellement et dont nous avons raconté l'histoire.

Avec l'innombrable facilité de communications qui s'accroît encore chaque jour davantage, une foule de produits, jadis absolument stationnaires, sont aujourd'hui déplacés et transportés au loin. Les légumes, les fruits, les fourrages, que le Midi nous expédie journellement sont d'excellents véhicules pour de jeunes Mollusques qui franchissent ainsi en quelques heures des espaces considérables. Si les débris de ces légumes ou les tas de ces fourrages sont installés dans un milieu convenable, nos Escargots voyageurs s'y développeront et y feront souche. Leur coquille, sans doute sous l'influence de ces milieux nouveaux, se modifiera peut-être pour donner naissance à quelques variétés nouvelles, mais on n'en aura pas moins une acclimatation définitive ou momentanée d'espèces étrangères au pays.

On peut donc, comme on le voit, tenter d'acclimater certaines des espèces reconnues bonnes pour l'alimentation. Toutefois, comme les Escargots vivant en liberté détruisent les plantes qui les environnent, il faudrait bien prendre garde de tomber, sous prétexte de faire du bien, dans un excès contraire. Tel fut le cas d'un philanthrope anglais, Charles Howard : voulant doter son pays de ces Escargots fameux, si recherchés des Romains, il fit venir à grands frais du pays de Bagnes, une certaine quantité d'Hélices et les répandit dans ses domaines. Le milieu, paraît-il, leur convint admirablement ; si bien que, en peu de temps, leur multiplication prit de telles proportions, que sir Charles Howard vit ses récoltes compromises. Il fallut faire la chasse et détruire au plus vite ces malheureux Escargots qui faisaient en somme plus de mal que de bien.

V

INFLUENCES PHYSIOLOGIQUES
DE LA DOMESTICATION SUR LES MOLLUSQUES

Importance de ces influences au point de vue de la culture. — Choix des sujets d'expérimentation. — Comparaison entre la domestication des Mollusques et celle des animaux supérieurs et des plantes. — Rapidité de l'évolution. — Accroissement du volume. — Régularité du test. — Modification de l'épiderme. — Affadissement et amélioration de la chair. — Atténuation de la fécondité. — Exaltation des caractères spécifiques. — Origine et prédominance des races. — De la sélection malacologique.

Lorsque l'on compare les formes naturelles avec les formes domestiquées chez les Mollusques, on est surpris de constater des différences extrêmement notables dans l'ensemble de la coquille, dans l'allure du test et jusque dans le goût de la chair de l'animal. Ces différences sont telles que parfois un naturaliste peu exercé serait tenté de créer des dénominations nouvelles pour ces formes produites par la main de l'homme. Il importe donc de chercher à se rendre un compte aussi exact que possible de la cause et de la nature de ces modifications, et de voir si elles constituent un bien ou un mal au point de vue de l'amélioration de la race.

On remarquera que, chez les autres animaux, et particulièrement chez les animaux supérieurs, les études zootechniques nous démontrent de la manière la plus péremptoire que la domestication, l'élevage en un mot, même au bout d'un petit nombre de générations, conduit à une modification très sensible de certaines particularités plus spécialement recherchées au point de vue de la consommation.

Chez les plantes également, par les soins intéressants de l'horticulture ou de l'arboriculture pratiques, on arrive à modifier les formes primitives des arbres ou des plantes, de manière à obtenir non seulement un changement presque complet dans le port ou l'allure du végétal, mais encore de facon à obtenir un développement particulier de la fleur ou du fruit.

Il est donc intéressant, après avoir constaté quelles sont les modifications que l'élevage fait subir aux Mollusques, de voir si ces modifications concordent toujours bien avec celles que l'on observe, soit chez les animaux supérieurs, soit chez des organismes encore bien moins doués, comme les plantes. De tels rapprochements n'ont jamais été faits, et pourtant, ainsi que nous allons le constater, ils présentent un double intérêt au point de vue de la philosophie naturelle des êtres et de la pratique industrielle.

Comme nous l'avons précédemment expliqué, les Mollusques qui sont le plus souvent soumis à la domestication sont les Huîtres et les Moules. Les Huîtres, nous en avons la preuve, subissent souvent dans leur élevage des modifications artificielles qui ont nécessairement pour effet d'en dénaturer l'allure et le galbe ; cette sorte d'ablation périphérique du test, lorsqu'elle est pratiquée, ne nous permet pas de suivre exactement les conditions normales de la coquille dans tout son développement.

D'autre part, les Huîtres sauvages, il faut bien l'avouer, sont souvent fort difficiles à caractériser au point de vue spécifique ; leur enveloppe testacée présente en somme peu de variations parmi les différentes espèces ou races du système européen ; leur contour varie peu, leur galbe général, chez les formes affines de l'*Ostrea edulis*, reste sensiblement le même, et leur mode d'ornementation offre peu de caractères bien précis.

Les Huîtres domestiquées ne nous donneront donc qu'un petit nombre d'observations physiologiques suffisamment concluantes.

Chez les Moules, au contraire, l'élevage se fait toujours d'une manière absolument régulière, sans qu'aucun élément anormal vienne influencer la coquille ou son animal dans leur développement. En outre, si le nombre des espèces est plus considérable que chez les Huîtres, les caractères spécifiques de nos Mytiles sont aujourd'hui parfaitement connus et exactement définis. C'est donc plus particulièrement sur les espèces appartenant au genre *Mytilus* que porteront nos observations.

Quant aux élevages pratiqués dans nos laboratoires, ils sont toujours faits sur une trop petite échelle et ne peuvent embrasser qu'un trop petit nombre d'individus. En outre, ces sujets sont en général élevés dans des milieux tellement différents de leur milieu naturel, que leur développement s'accomplit presque toujours dans des conditions pour ainsi dire anormales.

Malgré tous les soins apportés dans l'aménagement de ces véritables prisonniers, qu'il s'agisse de Mollusques terrestres ou d'eau douce, malgré le choix d'une nourriture aussi abondante que variée, ils ne tardent pas à péricliter ; s'ils se reproduisent, les formes auxquelles ils donneront naissance finiront par présenter de véritables anomalies au bout d'un petit nombre de générations.

Les Mollusques d'eau douce se prêtent cependant un peu mieux que les Mollusques terrestres à ces sortes d'élevages. Nous n'avons jamais vu d'Hélix donnant plus de deux générations, ainsi cultivés dans les caisses de nos laboratoires, tandis que nous avons pu suivre les développements des Limnées durant quatre générations consécutives ; mais combien ces jeunes êtres différaient déjà de leurs grands-parents !

Rapidité d'évolution. — Les naturalistes ne sont pas absolument d'accord sur le degré de longévité des Mollusques, précisément parce que l'élevage en modifie singulièrement les conditions normales.

La plupart des Pulmonés terrestres, au moins dans nos pays, mettent environ deux années pour atteindre leur maximum de développement, depuis l'éclosion de l'œuf jusqu'à ce que le bourrelet du péristome, comme chez les Hélix, ait atteint sa forme définitive. Tant que l'animal vit, on peut dire que la coquille continue à s'accroître, sauf, bien entendu, durant la période d'hibernation. Mais, dans les derniers mois de la vie, cet accroissement est très peu considérable. Parfois même, le Mollusque sécrète une seconde ouverture en dedans de la première, et munie d'un nouveau péristome aussi complet que le premier. Mais ce sont là d'assez rares anomalies.

Dans les élevages, les conditions de viabilité sont tout autres. Le Mollusque, à l'abri des intempéries, du froid, de l'excès de chaleur, de la sécheresse, se développe plus rapidement, et en même temps sa longévité peut être prolongée de plus du double ; on a vu des Hélix vivre en captivité jusqu'à six ou huit ans, sans que leur enveloppe subisse de modifications bien apparentes. Mais dans ces milieux, ils ne se reproduisent plus au delà de la seconde année.

Très souvent, chez les Helix élevés dans ces conditions, avec une abondante nourriture à leur disposition, on observe, non pas une augmentation de la taille, mais au contraire une augmentation du poids de la coquille ; la coquille reste petite, constituant presque une variété *minor*, mais elle est solide, épaisse, plus pesante même que les individus de même race vivant en liberté et dont la taille est plus grande.

Chez les coquilles marines, la durée de longévité varie suivant les espèces et suivant les climats. Quelques espèces semblent douées d'un degré de longévité particulier. Chez l'Huître, par exemple, durant quatre ou cinq ans au plus, on observe un accroissement périphérique facile à constater ; puis ensuite, cet accroissement se produit en épaisseur, la valve inférieure surtout finit par prendre des dimensions et un poids parfois considérables. C'est ce que nous voyons chez l'Huître pied-de-cheval draguée dans des fonds rarement explorés.

M. le Dr P. Fischer a cité, comme exemple de longévité probable, une Huître fossile actuellement dans les collections du Muséum de Paris. Cette Huître, l'*Ostrea crassissima* des environs de Tarsons en Cilicie, mesure 46 centimètres de longueur, et 24 centimètres de hauteur ; son poids est de 26^{kg},550 ! En comparant cette gigantesque forme à d'autres plus jeunes et beaucoup plus petites appartenant à la même espèce, on comprendra sans peine qu'elle a dû vivre un nombre considérable d'années.

En dehors des influences de milieu qui doivent nécessairement contribuer pour une très grande part au développement des Mollusques, il semble que le mouvement de l'eau, ou, ce qui revient au même, le déplacement artificiel du Mollusque au sein de son élément, accroît dans de notables proportions la rapidité de son développement. On a observé, en effet, que les coquillages qui se fixent avec une si grande facilité sur la carène des navires croissaient plus rapidement sous l'action du mouvement qui les entraînait au loin, que ceux de leurs congénères condamnés à l'inaction.

Petit de la Saussaye a cité à ce sujet un fait bien curieux : un navire caréné et doublé à neuf avec du zinc part de Marseille pour la côte ouest de l'Afrique, et met quarante-huit jours pour faire la traversée. Il séjourne soixante-huit jours dans la rivière de Gambie, et passe quatre-vingt-six autres jours pour effectuer son voyage de retour ; soit donc en totalité deux cent deux jours d'absence. En rentrant au port, sa carène est nettoyée et l'on en détache notamment un *Mytilus Afer* et un *Avicula Atlantica* qui mesurent déjà 78 millimètres de longueur, et un *Ostrea denticulata* de 95 millimètres de longueur. Or comme ces trois espèces appartiennent à la faune du sud-ouest de l'Afrique, elles ont donc mis au plus cent cinquante-quatre jours, soit cinq mois pour atteindre un pareil développement.

Un autre fait du même genre a été observé par M. le Dr P. Fischer. En 1862, il recueillit sur une énorme balise située dans le bassin d'Arcachon, dans la Gironde, une grande quantité de *Mytilus edulis* d'une taille exceptionnelle (100 millimètres de long, pour 48 de large). La balise nettoyée, goudronnée et remise en place, fut retirée un an après, et elle était chargée de Moules ayant les mêmes dimensions. Moins d'une année avait donc suffi à cette espèce dont la taille, sur nos côtes, ne dépasse guère 5 ou 6 centimètres, pour acquérir une taille double.

On remarquera que, dans ces deux exemples, les mêmes êtres à l'état normal vivent fixés sur les rochers et qu'ils ne sont soumis à aucun mouvement, puisque, comme nous l'avons déjà dit, les Huîtres, aussi bien que les Moules sauvages, se tiennent en dehors du niveau du balancement des marées. Le navire comme la balise, continuellement en mouvement, ont donc favorisé, dans des proportions inattendues, le développement de nos Mollusques.

Meyer et Möbius estiment que, dans la baie de Kiel, dans la Baltique, les Moules acquièrent leur taille complète en quatre ou cinq années. Dans les élevages de l'Océan comme dans ceux de la Méditerranée, la coquille, au bout d'un an seulement, a atteint tout son développement. On remarquera qu'ici encore la Moule parquée vit dans un milieu sans cesse agité, puisque non seulement dans l'Océan elle subit l'action des marées, et qu'elle est tantôt immergée, tantôt émergée suivant sa position sur les bouchots, mais que, même dans la Méditerranée les éleveurs suppléent à cette action particulière par une gymnastique spéciale.

Nous allons également constater chez l'Huître une plus grande rapidité dans l'accroissement des races domestiquées que chez les espèces ou variétés sauvages. Au bout de la première année, les jeunes Huîtres sauvages draguées sur les bancs sont toujours beaucoup plus petites que celles prises dans les élevages ; celles-ci sont déjà presque marchandes, tandis que les autres ne pourraient certainement pas être utilisées pour une vente immédiate. C'est à peine si au bout de la seconde année, elles sont réellement comestibles, alors que l'on vend couramment pour les marchés des Huîtres parquées de deux ans.

Ainsi donc, sous l'influence de la domestication, nous constatons un notable accroissement dans la rapidité de l'évolution biologique des Mollusques, accroissement qui semble en outre singulièrement favorisé, au moins pour quelques espèces, toutes les fois qu'elles sont soumises à une sorte d'entraînement mécanique au sein de leur élément normal.

C'est également ce même fait qui a été observé aussi bien chez les plantes que chez les animaux supérieurs, lorsque l'un et l'autre sont soumis aux conditions d'un élevage rationnel. A propos des Mammifères et des Oiseaux, cet accroissement de rapidité dans l'évolution est sans doute moins accusé et moins complet, mais il n'en est pas moins manifeste. Il porte, comme on le sait, non seulement sur le développement des êtres dans la vie extra-utérine, mais aussi sur la durée de gestation. Celle-ci, chez certaines grandes races, peut être diminuée de douze à quinze jours.

La dentition elle-même, ce criterium certain de l'âge des vertébrés est également modifiée par l'élevage ; la durée de son évolution peut être parfois ramenée de cinq à trois années. Enfin on sait très bien que tous les animaux domestiques croissent bien plus vite que les animaux sauvages de même espèce.

Les plantes de nos serres et de nos jardins, toujours soigneusement préservées des intempéries, abondamment pourvues d'air et de principes nutritifs, entretenues dans un milieu convenablement amodié, croissent également avec une beaucoup plus grande rapidité que lorsqu'elles sont à l'état sauvage. Ne sait-on pas dans nos serres obtenir, dans les saisons les plus anormales, des fleurs ou des fruits qui ne le cèdent en rien à ceux qui viennent en pleine liberté ?

Cet accroissement dans la rapidité de l'évolution des Mollusques domestiques, nous semble du reste chose assez facile à expliquer. Dans les parcs où on les élève, ils ont constamment à leur portée une nourriture beaucoup plus abondante et sans cesse renouvelée; ces parcs sont en effet installés non loin des fonds vaseux, lorsqu'il s'agit des Moules, ou des apports des cours d'eau si au contraire ce sont des Huîtres, des Praires ou des Clovisses.

Au large, ces mêmes Mollusques, lorsqu'ils naissent, vont se déposer là où le flot les porte, sans qu'ils puissent choisir à leur guise le domicile où ils passeront toute leur vie. Dans ces conditions, la question de la nutrition du Mollusque est nécessairement beaucoup plus difficile à résoudre pour lui. Ne pouvant se déplacer, il ne prend que ce qui est à sa portée, et c'est souvent bien maigre chère, en comparaison des abondantes victuailles dont se regorge son congénère domestiqué.

Mais si, au lieu d'une stabulation perpétuelle, on permet au Mollusque, même sauvage, de se déplacer, son milieu sera nécessairement renouvelé, et il y puisera bien plus de principes nutritifs que lorsqu'il était rivé à son rocher. C'est ce qui nous explique pourquoi ces coquillages, mis en mouvement par une balise ou un navire, ont pu croître avec une telle rapidité.

Enfin, on a observé que, dans les claires comme au voisinage des bouchots, la température était toujours plus élevée qu'au large. La hauteur de l'eau étant nécessairement moins grande dans ces milieux factices, le liquide peut s'échauffer plus facilement sous l'action des rayons solaires. D'autre part, ces installations sont toujours plus abritées contre les vents froids. Enfin, le sol, au moins dans les parcs à Moules de l'Océan, étant mis à sec lors du retrait de la mer, peut s'échauffer et communiquer aux eaux un peu de sa chaleur absorbée lorsqu'elles reviennent à nouveau le couvrir.

Cette abondance de nourriture comme cette élévation de température du milieu doivent donc certainement contribuer pour une très large part à la rapidité de l'évolution des Mollusques.

Il serait très intéressant de savoir si cette modification qui porte, comme nous venons de l'expliquer, sur la vie extérieure seulement, n'a pas également une influence sur la durée de la gestation, et de voir si, comme pour les grands Vertébrés, cette durée n'est pas diminuée dans de notables proportions. Malheureusement nous n'avons encore aucune donnée positive sur cette question.

Accroissement du volume. — En même temps que l'évolution s'accomplit avec plus de rapidité chez les Mollusques domestiqués, le volume de leurs coquilles et celui de l'animal qu'elles renferment s'accroît dans de très notables proportions. Au bout d'un temps égal, les Mollusques élevés dans les parcs sont toujours beaucoup plus gros que ceux qui vivent en liberté. Une fois arrivés à la fin de leur vie, lorsque tous les deux auront acquis leur maximum de développement, la taille des formes domestiquées sera toujours beaucoup plus grande que celle des mêmes espèces vivant en liberté.

Tous les *Mytilus edulis, Galloprovincialis, trigonus, pelecinus, retusus*, etc., qui ont été convenablement éduqués, sont toujours beaucoup plus gros, même au bout de la première année, que les espèces sauvages correspondantes, quel que soit leur âge. En général, les *Mytilus edulis* normaux des côtes de l'Océan ou de la Manche dépassent difficilement 50 à 60 millimètres de longueur, tandis que, dans les bouchots voisins, on en voit qui atteignent facilement 100 à 110 millimètres.

On observe la même loi chez les Huîtres. Nous avons vu, dans les élevages de l'Océan, des Huîtres qui, au bout de la troisième année, atteignaient des dimensions qui les rendaient invendables, elles constituaient de véritables variétés *major* par rapport au type des bancs voisins, mesurant de 160 à 180 millimètres de longueur, tout en conservant une parfaite régularité dans leur développement. Dans la nature, les Huîtres n'atteignent ces dimensions qu'au bout d'un temps très long, et ce développement est toujours accompagné d'irrégularités dans le galbe.

Dans nos laboratoires, l'élevage des Mollusques terrestres ou des eaux douces ne donne pas des produits plus gros que ceux qui vivent en liberté, mais c'est que, bien certainement, nous ne savons pas les élever convenablement, et que le milieu dans lequel nous les condamnons à vivre leur est plus nuisible que propice.

Mais dans les élevages en grand des Huîtres et des Moules, là où la génération est complète, on obtient toujours un accroissement très notable du volume de l'animal et de sa coquille, à moins que l'éducation soit mal menée ou que le milieu soit défectueux. Dans ce cas, on ne tarde pas à voir, au bout de peu de temps, la colonie s'appauvrir et dépérir rapidement. C'est malheureusement ce que l'on a trop souvent constaté dans les élevages défectueux. S'il n'y a pas accroissement rapide de la taille du Mollusque, c'est que le milieu ne lui convient pas.

Cette loi de l'accroissement du volume pour les espèces marines ne paraît pas avoir été observée dans les escargotières. On sait que c'est surtout au voisinage des tombes romaines que l'on rencontre le plus souvent des coquilles d'Hélices provenant des repas funéraires pratiqués non loin de ces tombes. Or, à cette époque, la plupart des Escargots consommés, au moins au voisinage des grandes villes, étaient élevés dans des *cochlearia*. Nous avons bien souvent examiné des coquilles d'Escargots provenant de ces anciens repas funéraires, et jamais nous n'avons observé qu'ils eussent une taille plus forte que ceux de même espèce vivant encore aujourd'hui dans le même pays.

Lors de la découverte de la nécropole de Trion, à Lyon, nous avons examiné plus de cinq cents *Helix pomatia* ou *pyrgia*, récoltés au voisinage de ces riches tombeaux qui bordaient les voies romaines aboutissant à Lugdunum, et pas un ne nous a semblé dépasser la taille très ordinaire des mêmes espèces vivant actuellement dans le voisinage. Et pourtant, à quelques kilomètres de là, dans l'Ain, dans le Jura et dans Saône-et-Loire, on trouve journellement de bien plus beaux sujets.

« En 1859, nous écrit notre savant ami, M. J.-R. Bourguignat, je me trouvais à Baïa, près de Naples, où je faisais exécuter quelques fouilles dans une ruine, au-dessus des bois de Néron, lorsque je vins à découvrir un vieux couloir rempli de débris de cuisine. Le couloir renfermait, mélangés avec des fragments de poterie, des arêtes de poissons et quelques ossements, peut-être plus de dix mille Hélices. J'ai bien examiné ces Hélices, toutes étaient des *Gussoneana*, et toutes étaient de même taille que celles qui vivent de nos jours aux environs de Naples. »

Ce fait, très curieux, ne vient nullement contredire ce que nous avons signalé à propos des espèces marines. Car, en effet, si les Romains faisaient parquer les Escargots dans des *cochlearia*, il ne faut point perdre de vue que cette éducation ne portait que sur une courte période de la vie de ces Mollusques. Les Romains, pour la plupart, n'avaient pas la prétention de faire un élevage complet, ils se bornaient à faire séjourner durant un certain temps des Hélices recueillies, dans un parc convenablement agencé. Ils faisaient donc du demi-élevage, se bornant à engraisser et à améliorer la chair des animaux. Dans ces conditions, la coquille n'avait pas le temps de se modifier.

Cette loi de l'accroissement du volume de la chair et de la substance testacée s'observe également dans la domestication des animaux supérieurs. On sait, en effet, que tous nos animaux domestiques ont un poids et un volume plus considérables que ceux de leurs congénères laissés en liberté. Sans faire intervenir ici le principe de la sélection qui joue un si grand rôle dans toutes les questions d'élevage, on voit par exemple, que le lapin domestique est toujours beaucoup plus gros et plus charnu que le lapin de garenne ; au bout de deux générations seulement, le canard sauvage, une fois domestiqué, a déjà gagné près d'un tiers de son poids.

De même aussi, les plantes cultivées sont de taille plus grande que les mêmes plantes sauvages; leurs fleurs sont plus belles, leurs fruits sont plus gros et plus savoureux. Il y a donc, encore ici, un parallélisme complet entre tous les êtres de la nature.

Régularité du test. — Chez les Mytiles qui vivent à l'état sauvage, le test, à l'extérieur, est presque toujours assez irrégulier dans son allure; on y remarque, surtout avec l'âge, de grandes inégalités dans le mode d'accroissement, qui se traduisent au dehors par des séries successives de saillies concentriques plus ou moins prononcées. En outre, les formes pyxoïdes ne sont point rares. Chez les Huîtres également, le développement du test présente une certaine irrégularité. Il semble que, chez ces différents Mollusques, l'animal n'a crû que par périodes successives plus ou moins inégales, en un mot, qu'il s'est développé non pas progressivement et régulièrement, mais avec des alternatives d'accroissement et de temps d'arrêt.

Au contraire, chez les formes cultivées, cet accroissement s'opère non seulement avec plus de rapidité, mais encore avec une parfaite régularité, sans le moindre temps d'arrêt, sans saillies sensibles dans le développement superficiel du test. Ce test est toujours d'une parfaite régularité. Et pourtant, si nous comparons le *modus vivendi* de ces deux êtres, on pourrait croire que c'est précisément le contraire qui doit se produire.

En effet, à l'état libre, la Moule reste toujours dans son même élément, et il semble que rien d'anormal ne doit venir l'y troubler. A l'état domestique, deux ou trois fois au moins, on vient interrompre son développement en l'arrachant du milieu où elle s'était fixée pour la transporter dans un milieu nouveau et différent; une première fois et lorsqu'elle est toute jeune, on la déplace des bouchots d'amont, s'il s'agit de l'Océan, pour la suspendre dans un sac aux bouchots de second rang; plus tard, on l'arrachera de ces seconds bouchots pour la porter sur d'autres où elle sera plus souvent exposée à l'air, et cela précisément au moment où elle est en train de se développer; et ainsi de suite.

A chaque changement d'habitat, il lui faudra sécréter un nouveau byssus et, partant, concentrer spécialement sur ce point sa force vitale. Malgré ces conditions qui semblent particulièrement propices à l'inégalité de son accroissement, on constate au contraire, une excessive régularité dans le mode de développement de sa coquille.

Chez l'Huître, c'est encore cette même régularité que nous remarquerons dans la disposition des lamelles qui constituent, par leur superposition, le test des deux valves. Toutes ces lamelles se succèdent avec une égale régularité, et l'on n'observe jamais sur les coquilles qui ont été parquées toute leur vie, ces inégalités qui se manifestent si fréquemment chez les formes sauvages fossiles ou vivantes. Enfin, tous les animaux d'un même élevage sont aussi semblables à eux-mêmes que possible, tandis que, dans un banc naturel, on rencontre très fréquemment des sujets de même âge affectant un galbe absolument différent.

Ce dernier fait est des plus frappants; non seulement les coquilles de nos animaux domestiqués sont plus régulières et plus élégantes dans leurs formes, mais toutes celles qui proviendront d'un même parc présenteront entre elles un air de famille, une similitude d'allure beaucoup plus grande que celle des bancs naturels voisins. Nous éprouverons la plus grande difficulté à distinguer l'un de l'autre des *Ostrea edulis* de la Gironde ou de la Bretagne, tandis que les éleveurs reconnaîtront toujours les coquilles provenant de tel ou tel élevage, quoiqu'elles appartiennent à cette même espèce, l'*Ostrea edulis*.

Il en est de même pour les Moules; jamais on ne confondra un panier de Moules cueillies sur les bouchots, avec un autre panier d'autres Moules prises sur les rochers voisins. Dans le premier surtout, les coquilles seront également grosses, toutes seront de même taille, de même couleur, tandis que, dans le second, les coquilles non seulement seront toujours de taille plus petite, mais elles présenteront entre elles beaucoup moins de régularité.

Pour expliquer ce fait, nous nous voyons dans la nécessité de conclure que l'influence nourricière l'emporte de beaucoup sur l'influence du milieu, lorsqu'il s'agit du développement de la substance testacée, en admettant bien entendu que, de part et d'autre, les coquilles ne soient en rien gênées dans leur libre développement. Cette continuelle abondance de nourriture qui caractérise les élevages, devra nécessairement permettre au Mollusque de réparer sans cesse ce qu'il est appelé à dépenser par suite des perturbations que l'on apporte volontairement à ses habitudes.

Nous remarquerons à cette occasion que la plupart des Mollusques vivant librement et qui, par conséquent, peuvent aller quand ils le veulent à la recherche de leur nourriture, sont toujours plus réguliers dans leurs allures, et présentent entre eux moins de variations individuelles que ceux qui restent fixés toute leur existence au point qu'ils ont choisi dans leur jeune âge.

Pouvons-nous citer un meilleur exemple que celui du *Pecten distortus* ? Dans son jeune âge, comme tous les autres *Pecten*, il est plus ou moins libre ; il peut se déplacer et aller en quête de sa nourriture, si celle du milieu où il se trouve ne lui suffit plus ; jusque-là, sa coquille, comme celle de tous ses congénères, est parfaitement régulière ; mais à un moment donné, il se fixe complètement par sa valve inférieure, comme les Huîtres ; sa fente byssigène s'atrophie, et sa coquille devient tellement irrégulière que l'on ne trouve plus deux individus pareils, et qu'on a fait pour ce *Pecten* le genre *Hinites*.

Cette tendance si nettement marquée à la régularité dans l'accroissement du test chez les Mollusques, nous allons la retrouver sous une autre forme chez les végétaux et chez les animaux supérieurs également domestiqués. Nos jardiniers, nos arboriculteurs savent parfaitement qu'un sol choisi et abrité, convenablement préparé, renfermant en abondance tous les principes nutritifs nécessaires, entretenu avec une quantité d'humidité suffisante, favorisera un développement d'ensemble du végétal infiniment plus régulier que celui que l'on observe chez les mêmes plantes à l'état sauvage, condamnées à vivre dans un sol pauvre et aride.

Le tronc est plus droit, les branches plus également réparties, l'ensemble du port mieux proportionné chez une plante convenablement cultivée que chez la même plante à l'état sauvage, toute question de taille à part. Nos arbres cultivés ont également l'écorce plus lisse et moins rugueuse ; les feuilles perdent de leur villosité ; mais ces modifications concordent plutôt avec les modifications épidermiques des coquilles que nous allons bientôt examiner.

On sait également que chez les animaux domestiques, la corne est toujours plus lisse, plus régulière, moins rugueuse que celledes animaux sauvages de même espèce. En même temps, la surface de tout le système osseux est plus polie et plus éburnée, comme exempte de saillies raboteuses. Là encore, nous avons donc une parfaite concordance entre tous les êtres de la nature.

Est-il nécessaire de faire ressortir l'importance pratique de cette observation? Il n'est pas un acheteur qui ne donne la préférence aux Mollusques dont les formes seront les plus régulières et les plus élégantes. Si l'on apprécie aussi peu l'Huître du Portugal lorsqu'elle est. jeune et grasse, est-ce bien réellement parce qu'elle ne vaut pas telle ou telle autre variété de l'*Ostrea edulis* de la Manche et de l'Océan? On n'oserait l'affirmer; car, au goût, bien des races dérivées de l'*Ostrea edulis* ne valent ni plus ni moins que l'*Ostrea angulata* couvenablement éduquée ; mais sur le plateau qui les porte, elles sont toujours mieux rangées, mieux dressées, plus appétissantes à l'œil du gourmet que ces Huîtres si disgracieuses et si malheureusement difformes que l'on aurait bien tort de dédaigner.

Modifications épidermiques. — De même que le test est toujours plus régulier chez les Mollusques domestiqués que chez les Mollusques qui vivent à l'état sauvage, de même aussi l'épiderme qui le recouvre est en même temps plus lisse, plus brillant, plus épais et plus adhérent.

Pour l'aspect, la constatation est facile à faire ; cet épiderme, dans le premier cas, est toujours régulier depuis le bord des valves des Moules, par exemple, jusqu'à leur sommet ; en outre, tous les sujets d'un même élevage auront la même teinte, la même coloration. Dans le second cas, au contraire, cet épiderme est parfois incomplet; souvent il fait défaut dans le voisinage des sommets, et sa coloration est bien plus variée.

Si l'on expose aux alternatives de la pluie et du soleil des valves de Mytiles sauvages et domestiques, on remarquera que ces derniers conservent bien plus longtemps leur épiderme, et que, quand à la longue il finit par s'exfolier, il est toujours plus épais et plus adhérent au test qu'il recouvre.

Cette régularité et cette élégance de l'épiderme contribueront également, dans une large part, à faciliter l'écoulement de la marchandise, toujours en vertu de ce principe que l'acheteur donne la préférence à des coquilles bien régulières, au test lisse et brillant, toutes semblablement colorées. Cette question de la coloration de l'épiderme joue un grand rôle, car on obtient, par la domestication, des variétés dites *blondes* que l'on ne retrouve pas à l'état naturel et qui, dans certains pays, jouissent d'une plus grande réputation.

Nous retrouvons cette modification épidermique chez les animaux vertébrés soumis à une domestication prolongée. Chez ces êtres, le poil, qui correspond évidemment à l'épiderme de nos coquilles, devient plus lisse et plus brillant, par suite d'une plus grande imprégnation de la matière sébacée. Sur les arbres de nos jardins, l'écorce est plus lisse et moins rugueuse que celle des mêmes essences vivant à l'état sauvage.

Pour tous ces êtres, la question de nourriture doit certainement avoir la plus grande influence sur l'état épidermique. Mais il est probable également que, chez les Mollusques domestiqués vivant à une moins grande profondeur que les Mollusques sauvages, la matière pigmenteuse sera plus chargée de principes colorants, comme cela s'observe chez les animaux qui habitent dans des milieux moins éloignés de l'action de la lumière.

Affadissement de la chair. — Quoi qu'en disent quelques personnes, tous les Mollusques n'ont point le même goût. Les amateurs, même ceux dont le palais est le plus blasé, savent parfaitement distinguer la provenance d'une Huître, à son goût tout aussi bien qu'à son aspect; ils ne s'y trompent point. Les anciens eux-mêmes ne s'y méprenaient pas, témoin ce célèbre Montanus, intendant des festins de l'empereur Néron, dont Juvénal disait dans sa quatrième satire :

> Nulli major fuit usus edendi
> Tempestate mea: Circæis nata forent, an
> Lucrinum ad saxum, Rutupinove edita fundo,
> Ostrea, callebat primo deprendere morsu.

« Nul, de notre temps, n'eut le goût plus exercé; si nos Huîtres étaient de Circé, du rocher de Lucrin ou du bassin de Rutupe, il les distinguait à merveille du premier coup de dent ». Les Huîtres ou les Moules qui vivent à l'état sauvage ont toujours un goût plus âcre, leur chair est plus dure, plus coriace, moins facilement digestive que celle des animaux élevés dans nos parcs.

Il sera assez difficile de distinguer au goût, comme à la vue, une Huître sauvage de l'île de Ré, d'une autre Huître également sauvage des côtes de la Bretagne. Mais une fois domestiquées, marchands ou amateurs sauront parfaitement désigner leur provenance. En d'autres termes, par la domestication on crée des races, dont le goût tout aussi bien que la forme sont très suffisamment appréciables.

Plusieurs raisons militent en faveur de cette modification dans la chair des Mollusques. Le degré de salure des eaux de la mer est loin d'être partout le même ; il varie dans d'assez notables proportions suivant les points d'observations. Or, nous avons vu que, en général, les coquillages étaient élevés de préférence dans des stations situées au voisinage des affluents des cours d'eau ; dans ces conditions le degré de salure sera certainement amoindri. Le gourmet, en dégustant une Huître élevée dans ces milieux, absorbera nécessairement avec le Mollusque une eau mère moins âcre que si l'animal avait été pêché loin du rivage, c'est-à-dire loin de toute source d'eau douce.

Déjà de ce fait, le Mollusque, dans son ensemble, paraîtra plus agréable au goût, puisqu'il est avéré qu'avec l'Huître on doit toujours avaler au moins l'eau qui la baignait au sein de sa coquille. Mais en outre, il est bien certain que la chair elle-même est plus ou moins imprégnée d'une certaine quantité de cette eau ; d'autre part, puisqu'il est admis que la somme de nourriture est plus que suffisante pour subvenir au développement normal du Mollusque parqué, cet excédent servira à l'engraisser ; par conséquent sa chair, de dure et âcre, deviendra plus tendre, plus délicate et perdra son excès de sapidité.

L'Exposition de 1889 nous a réservé, entre autres surprises, de bien remarquables résultats obtenus par l'élevage de l'Huître. M. Gestalin est arrivé, par des procédés de sélection et d'engraissement, à obtenir des Huîtres de luxe merveilleuses, qui ne se vendent pas moins de 5 à 6 francs la douzaine ; elles possèdent, paraît-il, un goût de noisette unique dans son genre ; les gourmets anglais s'arrachent littéralement ce curieux produit de l'ostréiculture française, au point que la production ne peut suffire à répondre aux demandes qui lui sont faites.

Ainsi donc, avec l'élevage, la chair s'améliorera ; elle acquerra plus de volume, elle deviendra plus légère et plus digestible, tout en perdant un peu de son âcreté. Ce sont précisément ces conditions particulières que recherchaient si bien les Romains de la décadence, alors qu'ils allaient pêcher au loin des Mollusques marins pour les faire parquer dans les eaux plus douces des lacs Lucrin et Fusaro, avant de les produire à leur table. C'est encore pour cette même raison qu'ils engraissaient et faisaient séjourner dans leurs *cochlearia* des Escargots de Réate ou d'Illyrie. C'était uniquement dans le but d'engraisser l'animal sauvage et d'améliorer dans une certaine mesure les qualités de sa chair.

N'est-ce pas également ce que nous observons journellement chez les autres animaux domestiqués. Les animaux libres ont toujours un goût fort, particulier, *sui generis ;* c'est ce que bien des personnes traduisent par ces mots : un goût sauvage. Ce goût particulier, qui correspond à l'âcreté de nos Mollusques, se modifie singulièrement et disparaît même presque complètement par la domestication. Le lièvre de montagne ou le lièvre de plaine, le lapin de garenne ou le lapin domestique, le canard sauvage ou le canard de nos fermes, ont chacun des goûts différents ; et lorsque l'on compare le goût un peu fort de la chair sauvage à celui de la chair domestiquée, on constate toujours un notable affadissement de cette dernière chair.

Quelles sont les causes qui donnent naissance à de telles modifications ? Elles sont en général assez complexes. M. le professeur Cornevin dans son *Traité de*

Zootechnie a exposé très savamment différentes considérations basées sur la présence de certains sels dans l'organisme, qui se développent en plus grande abondance chez les animaux sauvages, toujours en mouvement, que chez les animaux domestiques aux allures beaucoup plus lentes [1]. Disons également qu'ici encore la nourriture, en tant que qualité, doit exercer une grande influence sur le goût de la chair.

Il est bien certain, en effet, que les animaux en liberté se nourrissent de plantes sauvages infiniment plus parfumées et plus aromatisées que le foin desséché, le son, les tourteaux et autres débris de la ferme que nous faisons journellement ingurgiter à nos animaux d'étable ou de basse-cour. Les lapins, gorgés de choux, finissent par avoir un goût particulier. Nos moutons de prés salés seraient-ils d'aussi bonne qualité si on ne les nourrissait qu'avec des plantes sèches ?

Les végétaux cultivés donnent des fruits d'une tout autre qualité que lorsqu'ils sont à l'état sauvage. Tels fruits qui ne sont pas mangeables lorsqu'ils sont cueillis sur des sauvageons, deviennent exquis par la culture. Ici la question de nourriture de la plante peut seule intervenir; par la taille, on peut augmenter la production du fruit ou sa grosseur, mais la délicatesse de sa chair ne peut s'expliquer que par la qualité et l'abondance de la nourriture qu'il puise dans le sol.

Doit-on donner la préférence à la chair des animaux de petite taille ? Ceux-ci ont-ils nécessairement, parce qu'ils sont petits, la chair plus fine et plus délicate que lorsqu'ils sont gros ? C'est bien le cas de dire *tot capita*,

---

[1] Voy. Cornevin, *Traité de Zootechnie générale*, 1891, J.-B. Baillière.

tot sensus; autant de palais, autant d'avis différents. Les uns préfèrent toujours la petite Moule bretonne à la grosse Moule de la Charente; ceux-là ne verront rien au-dessus de l'Huître d'Ostende, alors que d'autres préfèreront la *Royal-Whistable*. Longtemps encore on discutera sur un pareil sujet.

Mais, d'après ce que nous avons vu, l'élevage a précisément pour effet non seulement de développer et de grossir l'animal, mais en même temps d'améliorer les qualités de sa chair. Il s'ensuit donc qu'il faut toujours établir une distinction entre les Mollusques sauvages et ceux qui auront été domestiqués. Les races sauvages qui seront restées petites pourront être bonnes, leur chair pourra être fine et agréable, tandis que celle des Mollusques qui seront devenus trop gros sera toujours plus dure et plus coriace. Mais si cette grosse taille est obtenue par les soins d'un élevage intelligent, ces coquillages, tout en étant gros, n'en seront pas moins excellents.

Et en effet, de ce que l'Huître préparée d'Ostende est petite et délicate, que sa chair est finement savoureuse et éminemment digestive par rapport à la grosse Huître sauvage que l'on qualifie de *Pied-de-Cheval*, il ne faut pas nécessairement en conclure qu'il n'y aura de bonnes que les petites Huîtres. Il existe au contraire des Huîtres domestiques, de grande taille, qui sont tout aussi bonnes, tout aussi agréables et qui se digèrent avec la même facilité que l'Huître d'Ostende; si l'on préfère cette dernière, c'est une simple question de mode ou de capacité stomacale.

Quant aux Moules, aux Praires, aux Clovisses, etc., comme on ne les mutile pas dans leur élevage, les plus grosses vaudront toujours au moins les plus petites, à la condition, bien entendu, que la coquille qui les renferme présente extérieurement ces caractères de régularité qui différencient comme on vient de le voir, les formes domestiques des formes sauvages.

Atténuation de la fécondité. — Les animaux domestiques ou les plantes cultivées finissent toujours au bout d'un certain nombre de générations par voir leur fécondité s'atténuer plus ou moins. Il en est de même chez les Mollusques. On a constaté par expérience que les Huîtres élevées dans les parcs ou dans les claires donnaient beaucoup moins de naissain que celles qui vivaient en pleine liberté.

Il existe une pratique mise en œuvre par certains éleveurs qui aurait précisément pour effet d'agir directement sur les organes reproducteurs. Se basant sur ce qui se faisait en mytiliculture, quelques éleveurs d'Huîtres ont préconisé de tenir leurs Mollusques un certain temps hors de l'eau. « Une pratique suivie dans les parcs aux Huîtres, dit Davaine, rend ce fait évident. L'Huître laiteuse étant moins bonne et souvent tout à fait mauvaise, les propriétaires des parcs s'attachent à empêcher leurs Huîtres de frayer ; ils y parviennent par les moyens suivants : chaque jour après le coucher du soleil, on retire les Huîtres sur les bords des bassins, et on les laisse exposées hors de l'eau pendant toute la nuit ; le matin, on les y repousse. Les parcs ainsi gouvernés, donnent une proportion d'Huîtres laiteuses infiniment moindre que ceux où elles ne reçoivent pas ces soins. »

D'autre part, on a observé que, si l'on parquait des Huîtres de manière à vouloir essayer d'en recueillir tout le naissain, on obtenait d'excellents résultats la première année, mais que, dès la seconde, la quantité de naissain produit était déjà beaucoup moins considérable et les jeunes sujets qui en résultaient moins robustes et moins résistants que ceux de la précédente année. C'est précisément pour cette raison que les producteurs s'attachent surtout à recueillir le naissain sauvage, provenant des bancs naturels, plutôt que celui qui peut prendre naissance dans les parcs.

Quoique nous ne possédions pas de données aussi complètes sur la génération des Moules que sur celle des Huîtres, il est probable qu'une action similaire à celle signalée par Davaine doit avoir lieu chez les Mytiles, puisque ces Mollusques restent encore bien plus longtemps exposés à l'air que les Huîtres. Dans ces conditions il est fort probable que cette sorte de castration artificielle des Mollusques doit contribuer pour une certaine part à leur engraissement, et par conséquent à l'amélioration de leur chair. Il est en effet bien certain que chez tous les Mollusques, après la ponte, la chair devient toujours plus maigre et plus coriace.

Le séjour à l'air des coquillages aurait encore un autre effet physiologique assez curieux. Tout Acéphale sauvage, lorsqu'on le sort de son élément, s'empresse bien vite de refermer ses valves et de les tenir aussi vigoureusement que possible pressées l'une contre l'autre. Mais s'il reste longtemps à l'air, ce muscle contracteur, qui retient ses valves, se relâchera, les valves bâilleront, et l'eau qu'elles contenaient s'échappera, laissant le pauvre animal à sec, c'est-à-dire exposé à une mort prompte.

Mais, si l'on soumet dès son jeune âge le Mollusque à cette alternative d'air et d'eau par une gymnastique progressive, le muscle des valves sollicité par cet exercice incessant se développera dans des conditions nouvelles et finira par tenir les valves fermées bien longtemps, sans qu'il en résulte trop de fatigue pour lui. Dans ces conditions, la conservation du Mollusque, hors de son élément, sera assurée pendant un temps plus considérable; il suffira de la pression d'un poids peu pesant pour aider au muscle à tenir les valves bien closes. C'est là un fait que l'expérience a consacré : les Moules et les Huîtres domestiques élevées dans ces conditions se conservent plus longtemps fraîches que les animaux vivant à l'état sauvage.

Exaltation des caractères spécifiques. — Un des effets physiologiques des plus inattendus, causés par la domestication des Mollusques, consiste dans une exaltation bien marquée des caractères spécifiques. Chez les formes domestiques, certains caractères inhérents à l'espèce sauvage se trouvent modifiés dans le sens d'une accentuation encore plus prononcée. Quelques exemples démontreront clairement ce fait nouveau.

On sait que l'un des caractères dominants du *Limnæa clophila* Brgt., qui vit dans nos étangs, consiste dans l'existence d'une sorte de fausse carène, située sur le haut des derniers tours, de telle sorte que, à la suite de la suture, il existe un premier plan hélicoïdal, à direction presque horizontale, se raccordant par un faible contour avec l'ensemble de la spire dont la génératrice est au contraire sensiblement verticale. En outre, chez cette espèce, la spire est courte, tandis que le dernier tour est au contraire très développé.

Chez le *Limnæa stagnalis* Linné, forme voisine, se plaisant dans les mêmes milieux, la spire est toujours beaucoup plus développée, et, sur le dernier tour, cette fausse carène, très rapprochée de la suture, est pour ainsi dire nulle.

Lorsqu'on élève dans un aquarium des *Limnœa elophila*, on observe dès la première génération, que ces caractères sont encore plus marqués que dans le type ; la spire devient proportionnellement plus courte, le dernier tour encore plus renflé, et sa fausse carène encore plus accusée. Cette expérience, nous l'avons renouvelée plusieurs fois, et toujours nous avons obtenu les mêmes résultats : il n'y a pas de retour à la forme ancestrale, comme on pourrait s'y attendre, mais toujours exagération des caractères spécifiques du type.

Avec les Mytiles, cette exaltation des formes primitives par la domestication est des mieux caractérisées. Les particularités distinctives propres à chaque espèce sauvage, parfois souvent assez confuses, s'accentuent toujours davantage après un élevage comme ceux que l'on pratique dans la mytiliculture : non seulement il se forme des races ou variétés *major*, mais ces caractères particuliers du galbe, sur lesquels se base la distinction spécifique des espèces naturelles, sont bien mieux accusés, et semblent toujours constants après la domestication.

Le *Mytilus edulis*, type, a un galbe cylindroïde, tandis que le *M. Galloprovincialis* affecte au contraire un galbe subrectangulaire plus ou moins déprimé. Après élevage, les nouveaux *M. edulis* seront plus gros et plus cylindriques, tandis que les *M. Galloprovincialis* affecteront un galbe encore plus rectangulaire. Chez le *M. retusus,* un des caractères dominants réside dans la forme arquée et renflée de l'arête apico-rostrale, c'est-à-dire de la ligne qui part des sommets pour aller au rostre. Après domestication, on voit cette arcuature s'accentuer encore davantage, de telle sorte que, si parfois on est un peu exposé à confondre certaines variétés sauvages de cette espèce avec le vrai *M. edulis,* cette confusion devient absolument impossible après la domestication du *M. retusus* et même du *M. edulis.*

Nous pourrions ainsi multiplier nos exemples, et tous tendraient à cette même conclusion, à savoir que les caractères spécifiques sont toujours beaucoup plus nets, beaucoup plus précis, beaucoup plus accentués chez les Mytiles domestiqués que chez les Mytiles sauvages. En présence de ces faits inattendus, nous nous sommes demandé s'ils ne faisaient pas exception avec ce qui se passe à propos des autres êtres.

En zootechnie on démontre que, par la domestication, les races rustiques perdent leurs caractères primitifs; une alimentation abondante a pour effet d'uniformiser les races. Mais d'autre part, chez les animaux, la stabulation amène au contraire une sorte de convergence des caractères. Prenons pour exemple le porc. Le porc rustique a le groin très allongé, son crâne est également effilé et comme tiré en arrière. Le porc domestique provenant de la même race possède au contraire un groin court, et sur son crâne le front s'élève en saillie proéminente, formant un angle prononcé avec le reste du crâne.

Si l'on recherche la cause de ces modifications on la trouvera sans doute dans la différence du *modus vivendi* de ces deux races. Chez la première, l'animal, toujours en quête de sa nourriture, travaille le sol avec son groin pour y chercher de quoi se substanter ; son groin, son crâne s'allongent sous cet effort. Une fois domestiqué, ce même animal trouve toujours devant lui une abon-

dante nourriture, ce groin n'ayant plus à travailler s'atté-
nuera dans de certaines limites ; le crâne n'étant plus
sollicité par ses mouvements qui tendent tous à l'allonger
se modifiera à son tour, et les caractères frontaux repren-
dront toute leur importance.

Dans le règne végétal, nous allons voir également
certains organes se modifier et s'exalter par la domestication. Chez la carotte, le panais, le radis cultivés,
c'est la racine qui s'amplifie d'une façon considérable et
qui, de rudimentaire ou de l'état presque filiforme, prend
bientôt des dimensions considérables. Avec la chicorée,
la laitue, la vigne, le houblon, ce sont la tige, les
rameaux ou les feuilles qui se développent plus particulièrement sous l'influence de la culture. Le pommier,
le poirier, le prunier, le cerisier, le cognassier, le
figuier, l'olivier vont au contraire nous donner des
fruits dont le volume s'accroît dans d'heureuses proportions.

En même temps, la culture a encore pour effet d'atténuer ou de faire disparaître certains organes des végétaux, dits défensifs, tels que les poils, les aiguillons ou
les épines. Les pommiers, poiriers, pruniers, néfliers
ont des rameaux inermes dans les jardins, tandis qu'ils
sont épineux à l'état sauvage ; enfin, chez les fleurs cultivées, on remarque une tendance des filets stamineux
à s'élargir et à prendre, sous l'influence d'une exubérance
de végétation, la forme pétaloïde.

A quelle cause faut-il attribuer ces modifications aussi
bien chez les animaux que chez les plantes ? Certes, la
stabulation prolongée joue un très grand rôle chez les
êtres domestiqués supérieurs ; il est bien certain que dans
ces conditions l'animal prend beaucoup moins d'exercice

soit pour aller en chasse, soit pour fuir ses ennemis. Mais pour les Mollusques comme pour les plantes, nous ne saurions évidemment faire intervenir pareille considération. C'est donc presque uniquement dans une extrême abondance de nourriture, associée à une bienfaisante influence, due à l'état des milieux, que de telles modifications peuvent se produire.

Ainsi donc, chez les Mollusques comme chez les autres êtres, la domestication a pour effet de modifier les caractères spécifiques. On peut se demander, en présence de ces faits, ce que deviendraient ces caractères, si, par une intelligente sélection, on avait soin de recueillir uniquement les produits modifiés dans le même sens en vue de les propager. Il y aurait là une intéressante observation à relever pour l'étude des lois du transformisme.

Si l'on choisissait pour l'élevage, pendant plusieurs générations, uniquement les formes les plus exaltées, obtiendrait-on des produits nouveaux? Malheureusement nous retombons ici dans le pur domaine des hypothèses, car nous n'avons, sur pareille question, aucune donnée positive.

Il ne faut pas perdre de vue que, dans l'élevage des Mollusques, contrairement à ce qui se passe dans nos fermes et dans nos basses-cours, au lieu de procéder par sélection, au lieu de choisir de préférence l'être reproducteur le plus perfectionné au point de vue de sa taille, de son galbe, des qualités de sa chair, etc., on retourne chaque fois aux formes sauvages, estimant que les formes déjà domestiquées donnent un naissain de moins bonne qualité.

Tout ce que nous pouvons affirmer, c'est qu'au dire des éleveurs, on peut faire de nouvelles races en créant des milieux différents, mais que, une fois cette race obtenue, il ne semble pas qu'elle puisse se modifier à nouveau, tant que les conditions du milieu ne seront pas elles-mêmes modifiées. D'autre part, il n'y a pas eu, jusqu'à présent du moins, de retour à l'atavisme; et l'écart qui s'est produit entre la forme primitive et la race nouvelle semble devoir être constant.

Mais ces formes nouvelles, quel rôle vont-elles jouer dans la taxonomie? vont-elles constituer des espèces ou des variétés, puisqu'elles semblent acquérir un degré de fixité? Pour nous, ce sont de simples races, comme tout ce qu'il a été donné à l'homme d'obtenir par la domestication. Par une sélection intelligente et persévérante, entretenue par une adaptation aux' influences des milieux, il obtient des races qui s'éloignent parfois beaucoup de la forme ancestrale; mais ce ne sont en somme que des races, puisqu'on y retrouve toujours, sous une forme plus ou moins marquée, les caractères primitifs de l'espèce d'où elles dérivent.

D'autre part, tant que les conditions d'origine et du milieu d'éducation ne seront pas modifiées, les individus appartenant à ces races resteront semblables à eux-mêmes et semblables à leurs seconds parents. Ces races ne seront donc pas susceptibles de s'améliorer elles-mêmes. C'est précisément ce qui se passera pour nos Mollusques, puisque, à chaque génération nouvelle, on a bien soin de toujours retourner à la même source ancestrale.

Mais une race malacologique étant obtenue par la domestication des formes primitives sauvages, cette race sera aussi bien susceptible de s'améliorer que telle ou telle autre race zoologique ou végétale, uniquement par une heureuse modification des milieux. Alors interviendront les questions de nourriture, de degré de salure des eaux, d'exposition, de nature des fonds, etc., toutes causes qui peuvent faire varier dans de certaines proportions le développement et la qualité du produit.

Il importera donc, comme nous allons l'exposer dans le chapitre suivant, non seulement de procéder par un éclectisme sévère au choix de l'espèce que l'on se propose d'élever et d'améliorer, mais encore de choisir avec tout le discernement possible le milieu dans lequel devront se pratiquer la reproduction et l'élevage.

Il nous reste pour terminer ce chapitre une dernière question à examiner. Ces races ou ces espèces, souvent développées en colonies plus ou moins populeuses, au voisinage les unes des autres, peuvent-elles s'influencer? Y aura-t-il une race dominante susceptible de combattre les autres? Les élevages installés à proximité n'auront-ils pas, eux aussi, à subir cette influence? Ce sont là encore de grands problèmes de la plus haute importance pour la conchylioculture, et que l'expérience a déjà malheureusement plus d'une fois résolus dans le sens le plus défavorable.

Voici par exemple les Moules de l'Océan. C'est sur les bouchots d'amont que l'on ira, dans la saison voulue, à l'aide de l'acon, recueillir le précieux naissain apporté avec les flots. Mais ce naissain d'où vient-il? Sont-ce des Moules sauvages du voisinage qui lui ont donné naissance? Vient-il au contraire des sujets déjà parqués et partant modifiés par la culture? Nul ne saurait le dire, et peut-être y a-t-il là un singulier mélange de la race sauvage avec la race domestiquée.

C'est là un des côtés faibles de la mytiliculture, car

on ne s'assure pas aussi exactement que pour les Huîtres de la provenance de cette semence mère. Ce qu'il y a de certain, c'est que, malgré tout, les animaux sauvages qui vivent au voisinage des bouchots ne semblent pas s'améliorer à moins qu'ils ne soient déplacés.

Mais ce qui serait intéressant à savoir, c'est ce qu'il en adviendra le jour où l'on mettra en présence deux espèces aussi distinctes que le *Mytilus edulis* et le *M. Galloprovincialis*, par exemple. Les deux formes vivront-elles en bonne harmonie ou bien l'une des deux finira-t-elle par l'emporter sur sa voisine ? Nous avons reçu bien des envois provenant d'élevages différents, et jamais nous n'avons constaté, dans des éducations bien menées, des mélanges d'espèces.

Pour les Huîtres, les faits acquis sont absolument positifs. Lorsque deux espèces sont en présence, la plus forte, la plus robuste l'emportera toujours sur l'autre ; mais, en outre, entre la Moule et l'Huître il semble régner une antipathie prononcée ; et comme ces Mollusques, une fois fixés, ne peuvent plus s'enfuir, l'Huître, quoique la plus grosse, est vaincue par le nombre, et la Moule triomphe.

La Moule est absolument envahissante. C'est à cet envahissement intempestif que l'on doit en partie l'insuccès des tentatives d'acclimatation de l'Huître de l'Océan et des côtes de l'Angleterre, portée dans la baie de la Seyne, aux environs de Toulon, en 1859. Certains bancs d'Huîtres de la Charente-Inférieure, jadis des plus prospères, sont aujourd'hui sérieusement menacés par l'envahissent des Moules. O. Schmidt a observé que, dans les mers du nord, là où les *Mytilus edulis, Balanus cretatus* et *Sabellaria Anglica* vivaient au voisinage des bancs d'Huîtres, ceux-ci ne tardaient pas à perdre de leur importance et même à disparaître. (Brehm, p. 264.)

La Moule, en effet, sans doute plus prolifique que l'Huître, envoie plus loin son jeune naissain; celui-ci, en se fixant sur les valves des Huîtres, les enserre et les étouffe sous les liens de son byssus. Enfin, avec les Moules, il se produit toujours des envasements, et l'on sait combien une telle nature de sol convient peu au développement de la jeune Huître.

La Moule s'attaque, paraît-il, même aux espèces libres, c'est-à-dire à celles qui peuvent se déplacer et ne sont pas exclusivement fixées invariablement à leur milieu d'adoption. Il y a quelques années, on s'aperçut que la production de la Clovisse baissait sensiblement dans l'étang d'Agde, sur les bords de la Méditerranée. Cela tenait uniquement à ce que de jeunes Moules avaient subitement envahi ces fonds où les Clovisses se plaisaient. Des quantités considérables de Moules ayant été pêchées dans cette partie de l'étang, la Clovisse reprit le dessus et continua à s'y montrer aussi abondamment que par le passé.

La Praire, la Clovisse et l'Huître semblent faire bon ménage entre elles : nous les avons vu pêcher dans les même eaux; l'Huître sur ses bancs, tandis que les Praires et les Clovisses s'enfoncent dans les sables du voisinage. Dans la Méditerranée, de tels rapprochements sont fréquents

Dans un même genre, la prédominance de l'espèce robuste est un fait aujourd'hui bien connu. L'*Ostrea angulata*, ou Huître du Portugal, tend de jour en jour à envahir nos côtes et à prendre le lieu et place de l'*Ostrea edulis*. La première de ces deux espèces est en effet beaucoup plus robuste, beaucoup plus rustique et surtout beaucoup plus prolifique que la seconde. Il en résulte que, chaque fois que ces deux espèces sont en présence, il s'établit entre elles une véritable lutte pour l'existence, dans laquelle l'issue est malheusement fatale à notre Huître indigène.

« Lorsque nous nous sommes occupé de l'ostréiculture, à Marenne, dit M. le Dr Brocchi, j'ai parlé d'un banc naturel fort riche, le banc de Mouillelande, situé dans les eaux de la Seudre. J'ai eu récemment l'occasion de visiter ce banc, autrefois si florissant et qui, à l'heure actuelle, est en voie de disparition. Les Huîtres portugaises, déposées dans un certain nombre de claires en communication avec la Seudre, se sont reproduites avec une déplorable facilité. Elles sont venues se fixer sur les Huîtres françaises qui ont été pour elles autant de collecteurs, de sorte que chaque Huître supporte un *bouquet* de portugaises qui la presssent, l'étouffent et finalement la font périr.

« De plus, les espèces de rochers artificiels, formés par les nombreux et énormes exemplaires de l'Huître étrangère, amènent des accumulations de vase qui achèvent la destruction du banc, destruction qui sera complète d'ici à peu de temps. D'ailleurs, tous les collecteurs posés dans les parages de l'île d'Oléron se couvrent maintenant, et cela d'une façon presque exclusive, de naissain portugais. »

Or, si l'on compare le prix de vente de l'Huître portugaise au prix de vente de l'Huître française, on comprendra quelle est l'importance du danger qui menace nos bancs indigènes en face d'une pareille invasion. Quelques personnes ont pu croire que ces deux espèces, malgré leur extrême différence, pouvaient donner naissance à des hybrides. Cette accusation trouva même son écho dans un rapport du major anglais Hayes, chargé de l'inspection des pêches de la Grande-Bretagne, qui déclarait que les éleveurs anglais devaient s'abstenir d'acheter en France de jeunes Huîtres pour les parquer sur leurs côtes. Pareille assertion est absolument erronée : on ne saurait contester l'envahissement de l'Huître du Portugal, mais quant à admettre une hybridation entre ces deux espèces, c'est chose impossible.

Le mode d'introduction de cette espèce en France est, du reste, fort curieux et montre bien toute la vitalité qui réside chez ce Mollusque. Nous l'empruntons encore au même auteur : « En 1857, les ministres de la marine et de l'agriculture permirent l'introduction, avec une prime d'encouragement, des Huîtres de provenance étrangère dans le bassin d'Arcachon. Un des bateaux qui transportaient ces Mollusques, le *Morlaisien*, fut, par suite du mauvais temps, obligé de remonter jusqu'à Bordeaux. Lorsqu'il put regagner la mer, le capitaine du *Morlaisien*, pensant que sa cargaison était perdue, la jeta dans la Gironde, aux environs de Richard et de Talais. Les Huîtres ainsi abandonnées furent l'origine d'un vaste gisement huîtrier qui s'étend actuellement sur la rive gauche de la Gironde, dans la direction du sud, jusqu'à By et Saint-Christoly, et dans le nord, jusqu'à la pointe du Grâve dont les rochers sont couverts de ces Mollusques. »

Lorsque l'Huître portugaise arriva pour la première fois à Paris, elle donna naissance à une singulière discussion municipale. Les importateurs déclaraient que des Mollusques d'une telle forme n'étaient pas des

Huîtres, mais bien des Gryphées, et qu'en conséquence ils devaient entrer en franchise, puisque les règlements de l'octroi, si sévères pour l'Huître, étaient absolument muets à l'égard des Gryphées. Les portes de l'octroi s'ouvrirent donc devant ladite Gryphée, qui put entrer sans bourse délier. Mais, hélas! pareille privauté fut de courte durée, car l'octroi, revenant sur ses connaissances malacologiques, fit observer que, si la coquille de la Gryphée était de forme différente de celle de l'Huître, il n'en était pas de même de l'animal qu'elle renfermait; et comme, en somme, c'était lui qui était destiné à la consommation, il méritait de payer des droits tout comme ses autres congénères.

Mais à côté du mal il y a, sinon le remède, du moins le palliatif. L'Huître portugaise ne s'acclimate pas partout et, bien mieux, elle semble rechercher des milieux différents de ceux de l'Huître ordinaire. Longtemps on a pu craindre que l'Huître portugaise envahisse le bassin d'Arcachon; en présence de sa facilité de propagation, pareille chose était en effet fort à redouter, mais voici ce que M. le Dr Brocchi signalait dès 1881, dans un rapport au ministère de l'agriculture, sur l'état de l'ostréiculture:

« Avant la question d'hybridation, cette question de l'envahissement des collecteurs par les Huîtres portugaises avait ému la population maritime du bassin d'Arcachon. Quelques parqueurs avaient même demandé que l'introduction de cette Huître dans nos eaux fût sévèrement prohibée, et, au commencement de 1878, le ministre a fait procéder à une enquête sur ce sujet.

« On a reconnu que le danger signalé n'était pas sérieux; il y a plus de vingt ans que l'on introduit dans le bassin d'Arcachon d'énormes quantités d'Huîtres portugaises, provenant soit de l'embouchure du Tage, soit de la Corogne, soit de l'Angleterre, soit de l'embouchure de la Gironde. Eh bien, sauf peut-être une année ou deux, on a remarqué que la reproduction des Huîtres portugaises dans le bassin était très faible.

« Les collecteurs que l'on a détroqués cette année n'en présentaient pour ainsi dire pas, et j'ai eu beaucoup de peine à trouver quelques échantillons d'Huîtres portugaises dans le banc réservé. »

Si l'on compare la nature des eaux et des fonds dans lesquels les Huîtres portugaises se développent avec une telle facilité, on remarque qu'il existe toujours une certaine quantité de vase tenue en suspension dans ces eaux. Le parc d'Arcachon ayant des eaux très pures, exemptes de ces vases, l'Huître de Portugal ne peut s'y développer convenablement. C'est à cette conclusion que se sont arrêtés MM. Lhôpital et Brocchi, et avec eux plusieurs autres ostréiculteurs.

Il ne faut donc pas proscrire, sans discernement, l'Huître du Portugal de nos côtes, pas plus qu'on ne doit en proscrire la Moule, sous le prétexte que ces deux Mollusques peuvent compromettre l'industrie ostréicole. Chacune de ces différentes espèces réclame un milieu particulier; il conviendra de leur réserver à chacune leur part dans la répartition de nos côtes. Seuls, les ostréiculteurs bretons, dont les fonds ont une tendance à l'envasement, auront des précautions à prendre pour lutter contre l'introduction de la Moule et de l'Huître portugaise.

Mais, par contre, partout où les eaux seront claires et pures, sur la côte océanique, on n'aura pas à redouter l'envahissement de ces deux Mollusques, puisqu'il est démontré qu'ils ne sauraient se plaire dans de semblables milieux. Et puisque l'Huître portugaise rend d'éminents services dans certaines régions où elle se développe bien, où elle donne naissance à des produits appréciés aussi bien des éleveurs que des consommateurs, on devra faire tendre les efforts pour favoriser cette industrie locale, sans craindre qu'elle devienne préjudiciable à l'industrie voisine, puisqu'il ne s'agit, en somme, que d'une question de choix des milieux de culture.

On voit par ces exemples toute l'influence qu'une espèce ou même qu'une race peut arriver à exercer sur ses congénères. Il importera donc, dans tout élevage, maintenant que l'on est bien fixé sur les conséquences physiologiques de la domestication, de choisir avec discernement les formes que l'on se propose d'élever, et d'éviter autant que possible l'introduction des races étrangères ou des espèces envahissantes qui peuvent compromettre des tentatives d'éducation souvent dispendieuses.

Une bonne étude préliminaire des espèces et des races, une parfaite connaissance de leurs mœurs et des milieux dans lesquels elles se plaisent, sera toujours chose indispensable pour assurer toutes chances de succès. Enfin, puisqu'il est démontré que les Mollusques se comportent, au point de vue de la domestication, de la même manière que les autres êtres de la création, on n'aura plus qu'à leur appliquer, dans de justes limites, les mêmes principes zootechniques dictés déjà par une longue expérience.

VI

REPEUPLEMENT MALACOLOGIQUE
DE NOS COTES

Conditions générales pour la culture industrielle des Mollusques. — Nature de l'élevage. — Choix des sujets. — Adaptation des sujets à la nature des milieux. — Production des espèces locales. — Elevage des espèces étrangères. — Conditions de reproduction. — Influence des milieux. — Profondeur, température et degré de salure des eaux. — Nature des fonds. — Action des végétaux. — Rôle des laboratoires maritimes. — Législation huîtrière.

L'élevage et la domestication des Mollusques comportent, comme on a pu le voir par ce qui précède, un certain nombre de conditions qui varient suivant la nature du produit que l'on se propose d'obtenir et suivant aussi les milieux dans lequels il convient d'opérer. Mais à côté des conditions de détail qu'aucune loi ne peut régir et qui ne reposent que sur des données particulières, il existe un certain nombre de conditions générales dont tous les bons éleveurs ne sauraient se départir.

On a vu, en effet, que tantôt les tentatives de conchylioculture étaient couronnées de plein succès et donnaient les résultats les plus encourageants, tantôt, au contraire, cette réussite n'était absolument que momentanée et bien faite pour décourager de nouveaux efforts. Pour motiver, d'une part, ces réussites et éviter autant que possible de nouveaux insuccès, il convient de se baser sur l'ensemble des données fournies aujourd'hui par l'expérience acquise, et d'essayer de formuler quelques conclusions pratiques. C'est ce que nous allons faire dans ce chapitre.

Nous n'avons pas à insister sur la nécessité du repeuplement conchyliologique ou malacologique de nos côtes ; c'est chose suffisamment démontrée. La France est encore tributaire de l'étranger de trop lourdes sommes, et les bénéfices qui peuvent être réalisés dans des élevages bien menés sur nos côtes, doivent encourager les conchylioculteurs à tenter ce genre d'industrie.

Il n'est du reste pas nécessaire d'avoir, pour exercer cette industrie, des capitaux bien considérables. On peut toujours commencer dans des conditions modestes, sauf à développer ensuite davantage les installations avec les bénéfices réalisés sur les premiers essais. Enfin, on a toujours la ressource des syndicats qui peuvent ici, comme dans toutes les branches de l'industrie, rendre les plus grands services.

D'autre part, pour être un bon ostréiculteur, ou pour bien réussir dans n'importe quelle branche de la conchyliculture, il n'est nullement nécessaire d'être un savant naturaliste. Ce qu'il importe simplement, c'est d'être bien au courant des mœurs et des habitudes des Mollusques que l'on veut élever ; c'est de connaître absolument toutes les conditions des milieux dans lesquels on veut opérer ; c'est enfin, de bien s'inspirer des réussites ou des insuccès qui ont pu avoir lieu dans la contrée. Avec ces données, on arrivera tout aussi bien que Walton et ses successeurs à réussir dans son entreprise.

Choix des sujets. — De même qu'un éleveur de bestiaux, suivant le genre d'industrie agricole auquel il entend se livrer, que ce soit production ou simplement élevage, a bien soin de choisir en conséquence ses sujets, de même le conchylioculteur devra également procéder suivant les données d'une sélection intelligente. Les rapprochements que nous avons établis entre les Mollusques et les animaux supérieurs sont désormais trop manifestes et trop concluants pour qu'il ne soit pas reconnu nécessaire de procéder de part et d'autre de la même façon.

Un agronome veut-il, dans sa ferme, produire des bœufs, des moutons ou des porcs, il aura soin de se procurer des animaux convenables, spécialement choisis en vue de la reproduction, des mâles forts et puissants, des femelles robustes et fécondes. Si ses premiers efforts ne sont point couronnés de succès, il changera celui de ces animaux qui ne se prêtera point, dans des conditions convenables, au but qu'il se propose. Veut-il, au contraire, faire uniquement de l'élevage, il s'assurera dans sa ferme des milieux de culture convenablement aménagés, pour y faire paître son troupeau durant la belle saison ; il installera des écuries et des étables où son bétail trouvera toujours une nourriture abondante et variée. Mais tout cela ne suffit point encore ; il aura à se prémunir contre les ennemis naturels de ses élèves, les parasites de toutes sortes, les maladies ou les épizooties qui peuvent, s'il n'y prend pas garde, décimer son bétail alors qu'il le croit en pleine prospérité.

Les mêmes précautions, les mêmes soins incessants,

le conchylioculteur devra les appliquer à ses élevages s'il veut réussir dans son entreprise. Il prendra, pour le choix des espèces à domestiquer, les mêmes dispositions ; il aura à pourvoir à leur nourriture en choisissant des milieux dûment appropriés ; en un mot, il conduira ses élevages, depuis le commencement jusqu'à la fin, exactement comme s'il s'agissait d'autres animaux d'un rang zoologique plus élevé.

Le choix des espèces et des races aura une importance considérable pour l'avenir de la colonie. On a vu que la première idée de Coste, alors qu'il voulait tenter de repeupler nos côtes méditerranéennes, était de faire venir des Huîtres de l'Océan et de les déverser simplement sur certains points de la Méditerranée. De même, dans le bassin d'Arcachon, il avait tenté d'y faire venir des Huîtres d'Amérique. Comme nous l'avons expliqué, au bout de peu de temps, il ne restait plus aucune trace de ces tentatives onéreuses. Il n'y avait pas eu, à proprement parler, d'acclimatation, puisqu'aucune des espèces ensemencées ne s'était reproduite dans ce nouveau milieu.

Il y avait dans ces essais, par trop de hardiesse, et de ce que l'on trouve dans ces différentes eaux des Mollusques appartenant au genre Huître, il ne fallait certainement pas en conclure que toutes les Huîtres pouvaient vivre et se reproduire indifféremment dans tous ces milieux. Analysons un peu ces faits.

La Méditerranée et l'Océan communiquent aujourd'hui directement par un canal de 64 kilomètres de long et de 13 kilomètres de large dans sa partie la plus étroite. Des courants en sens contraire mettent en communication constante les eaux des deux mers. Mais dans des temps géologiques relativement récents, la communication entre ces deux océans se faisait encore à travers l'Espagne sur une bien plus vaste échelle. Malgré cela, si l'on compare la faune malacologique de ces deux mers, même dans leurs parties les plus voisines, on est frappé des différences qu'elles présentent.

La faune du golfe de Gascogne et celle du golfe du Lion sont absolument distinctes. Bon nombre de genres qui figurent dans la Méditerranée ne se trouvent plus dans l'Océan, ou tout au moins n'y sont représentés que par de rares sujets. Citons notamment les genres *Umbrella, Pedicularia, Marginella, Voluta, Cyclope, Dolium, Euthria, Pisania, Fasciolaria, Cancellaria, Sigaretus, Pyramidella, Siliquaria, Rissoina, Craspedotus, Clanculus*, etc., plus ou moins richement représentés par un certain nombre d'espèces dans la Méditerranée et que nous ne retrouvons plus dans l'Océan.

La nature des eaux est également toute différente, le degré de salure se modifie dans de notables proportions, il passe de 34 pour 1000 à 38, et atteint même jusqu'à 43 dans la mer Rouge. Les milieux eux-mêmes ne sont plus comparables, puisque, dans l'Océan, les plages côtières sont alternativement immergées ou mises à sec par le jeu des marées, tandis que, sur nos côtes méditerranéennes, ces mêmes marées se font à peine sentir. La faune côtière sera donc nécessairement soumise à de pareilles différences.

Mais au-dessous de ce niveau du balancement des marées, il existe dans ces mêmes mers et jusqu'à une profondeur de 27 à 28 mètres environ de vastes prairies dont la flore est toute différente suivant qu'on l'étudie dans une mer ou dans l'autre. Dans l'Océan, ce sont surtout des Laminaires, le *Laminaria digitata*, dont les ramules abritent une foule de Mollusques herbivores, tandis que dans la Méditerranée, ce sont des Zostères et des Posidonies, *Zostora marina* et *Posidonia Caulini*. C'est précisément dans cette zone, que nous avons désignée sous le nom de zone herbacée, que l'Huître croît et se développe.

Étant donné des milieux si dissemblables, il n'y aura donc absolument rien de surprenant lorsque nous dirons que tous les Mollusques ne peuvent pas passer impunément d'un milieu dans un autre. Souvent, même les plus robustes n'y résistent pas. Or, la Méditerranée comme l'Océan ont leurs espèces et leurs races propres. Il est tout au moins prudent de les y laisser, plutôt que de s'exposer à les voir dépérir par un changement d'habitat aussi radical.

Lorsque l'on voudra faire de l'acclimatation en vue de la reproduction, comme cela se pratique avec succès sur les côtes de l'Océan par exemple, il sera toujours très prudent de commencer par opérer sur une toute petite échelle, si l'on veut essayer de faire passer d'un milieu dans un autre telle ou telle forme de Mollusques. Prétendre qu'en opérant sur un grand nombre de sujets on peut avoir la chance d'en voir au moins quelques-uns faire souche dans le nombre, c'est faire un faux raisonnement ; les trop nombreux essais tentés par Coste l'ont bien suffisamment démontré ; sur des milliers d'Huîtres ainsi semées, il n'en restait plus trace deux ou trois années après.

Il conviendra toujours beaucoup mieux de tenter ces acclimatations locales avec des races ou des espèces que l'on sait vivre et se reproduire dans les mêmes milieux. Nous ne prétendons pas affirmer d'une façon positive que jamais l'Huître de l'Océan puisse s'acclimater définitivement dans la Méditerranée ; loin de là, nous espérons au contraire qu'avec l'aide de certaines précautions on finira par y arriver. Mais on aura certainement bien plus de chance de succès en opérant sur des sujets déjà habitués dans des milieux similaires. L'Huître de Tarente ou de Venise aura certainement bien plus de chance de s'acclimater sur nos côtes de Provence, que n'importe quelle autre espèce ou race des côtes de Bretagne ou même de la Gironde, puisqu'il est bien démontré que ces milieux sont absolument différents.

Quant à la Moule, moins délicate que l'Huître, elle se prête beaucoup mieux à ces déplacements. En effet, nous savons qu'à l'état sauvage les deux formes *edulis* et *Galloprovincialis* vivent dans la Méditerranée comme dans l'Océan. Mais, si nous avions à tenter des essais de mytiliculture dans la Méditerranée nous n'hésiterions pas à donner la préférence au *Mytilus Galloprovincialis* et à ses formes dérivées qui sont normalement méditerranéennes. Remontons, en effet, non pas au déluge, mais bien au-delà, et nous verrons que, à l'époque où la mer Méditerranée déposait ses fossiles au Monte-Mario, près de Rome, le *Mytilus Galloprovincialis* vivait seul dans ces eaux, tandis qu'à la même époque, au moment de la formation du crag rouge d'Angleterre, c'était au contraire le *Mytilus edulis* qui dominait dans ces dépôts.

Lorsqu'il s'agira simplement d'élevage, ces importations étrangères n'auront plus les mêmes inconvénients. Il semble au contraire que la plupart du temps, surtout lorsqu'on a transporté dans les eaux plus chaudes de la Méditerranée les formes de l'Océan, il s'est produit un développement plus rapide et plus considérable des Mollusques.

Si l'on passe en revue les tentatives de Coste et celles de ses successeurs, on voit toujours que les jeunes individus ainsi implantés dans des milieux nouveaux se sont accrus avec rapidité et se sont même développés plus rapidement qu'ils ne l'eussent fait si on les avait maintenus dans leur milieu primitif. Mais en revanche, ils n'ont pas fait souche. Il semble que l'on serait presque en droit d'affirmer que cet accroissement spécial s'est produit au détriment des fonctions de la génération. Quoi qu'il en soit, c'est là un fait important à retenir. Les jeunes individus de nos côtes, peuvent presque impunément être déplacés d'une mer dans l'autre, mais alors en vue d'un élevage simple.

Nous n'hésiterons donc pas à engager les éleveurs à entrer dans une tout autre voie que les producteurs. L'Huître jeune de Bretagne ou d'Arcachon pourra être parquée dans certains milieux convenablement choisis de la Méditerranée, et s'y développer au moins aussi bien et aussi rapidement que si on se bornait à la laisser se développer sur place. Nous en dirons tout autant de la Moule qui se plaît partout, mais à la condition qu'on la soumette aux mêmes exercices que dans l'Océan.

Quant aux Praires et aux Clovisses, il est très probable qu'elles suivraient les mêmes lois que l'Huître; et comme il est avéré que ces coquillages sont bien meilleurs dans la Méditerranée que dans l'Océan, on aurait tout avantage à poursuivre sur les côtes de la Provence le développement des jeunes individus pêchés sur les rives océaniques. Comme nous l'avons déjà dit, cette branche de la conchylioculture nous paraît appelée à un grand avenir dans la Méditerranée.

Faudra-t-il écarter systématiquement les races ou espèces envahissantes? En un mot, devra-t-on empêcher l'Huître de Portugal de s'acclimater ou mieux de continuer à s'acclimater sur nos côtes? Tel n'est pas notre avis. Sauvegardons de notre mieux les anciens bancs, mais gardons-nous bien de répudier ce que la nature nous donne si généreusement. L'Huître de Portugal ne vaut certes pas autant que beaucoup d'autres espèces réputées plus fines et plus délicates, cependant elle a du bon; peut-être même serait-elle encore susceptible d'amélioration par une culture intelligente. Dans tous les cas elle rend d'immenses services en venant suppléer une espèce qui tend à disparaître.

Mais il conviendrait de réglementer convenablement pareille question. Là où l'Huître ordinaire donne encore des produits suffisamment rémunérateurs, on devrait, pour cause d'intérêt général, proscrire sévèrement l'introduction de toute espèce étrangère; de cette façon la réputation si justement acquise de nos produits serait pleinement sauvegardée, et l'étranger qui vient sur nos marchés acheter nos jeunes Huîtres pour les élever chez lui, serait certain que la nature de la marchandise n'aurait subi aucune altération du fait des mélanges d'espèces.

En résumé, toutes les fois qu'il sera question d'ensemencer des régions nouvelles en vue de la création de bancs et de colonies malacologiques, il faudra toujours, autant que possible, donner la préférence aux espèces ou aux races vivant dans les mêmes eaux. Pour l'élevage, au contraire, on pourra, dans la plupart des cas, faire passer les Mollusques par des milieux différents, à la condition que les milieux nouveaux présentent toutes les conditions requises pour faciliter un bon élevage.

Conditions de reproduction. — Une fois la race convenablement choisie, une des principales difficultés qui se présente consiste dans le choix de l'appareil qui permette de recueillir la plus grande quantité de naissain. C'est qu'en effet, en raison de son extrême petitesse, à cause de son mode de déplacement, du peu de temps qui lui est accordé pour vivre dans ces conditions si particulières, sans compter les nombreux ennemis qui lui font la chasse, on comprend combien de dangers le producteur aura à vaincre, avant d'arriver à un résultat satisfaisant.

L'expérience de ce maçon de l'île de Ré, que nous avons précédemment citée, nous donne en quelque sorte l'idée théorique du problème à résoudre. La race étant choisie, la parquer dans un champ clos de toutes parts et de dimensions suffisantes, de façon à complètement abriter les Mollusques. Au moment de la ponte, tout le naissain valide ira se déposer sur la paroi voisine, sans que rien ou presque rien ne s'en perde. On n'aura plus, au moment voulu, qu'à démolir l'enclos et à procéder au détroquage. Malheureusement, un tel procédé n'est pas précisément ni bien pratique, ni surtout bien économique ; mais il montre combien il importe de multiplier, au voisinage des animaux reproducteurs, les surfaces d'adhérence pour recevoir les jeunes Mollusques.

A défaut de ce procédé, les caisses ostréophiles semblent le procédé le plus avantageux et celui qui donnera les résultats les plus satisfaisants lorsque l'on disposera d'un petit nombre d'animaux reproducteurs. Avec des caisses convenablement aménagées, il se perd peu de naissain. Mais il faut avoir bien soin de les tenir dans des milieux tels qu'il ne puisse se produire, entre les trous dont les flancs de la caisse sont percés, des courants qui pourraient entraîner au dehors les petits Mollusques qui viennent de naître.

Les tuiles et les planchers, quel que soit leur mode de disposition, ne seront bons que si l'on a une grande quantité d'animaux producteurs. Installés au voisinage des bancs naturels, ils peuvent donner d'excellents résultats; mais il ne faut point oublier qu'à côté d'eux, surtout pour les tuiles en ruches, il passe d'innombrables quantités de semence à jamais perdue.

Tant qu'on a dans son voisinage des bancs naturels, il n'y a pas à s'inquiéter des sources de production, à la condition, bien entendu, que ces bancs soient soigneusement entretenus et que la pêche n'en soit autorisée que dans les plus strictes limites. Dans ce cas, tous les collecteurs seront bons, et les plus simples, les plus économiques, ceux qui se prêteront le mieux au détroquage seront les meilleurs.

Il conviendra seulement de préparer convenablement les tuiles, puisque cet emploi tend de plus en plus à se généraliser en France, en vue d'un facile détroquage, et d'installer les appareils en temps utile, c'est-à-dire aux époques que nous avons indiquées.

Cette question d'un facile détroquage est toujours très importante. On ne doit pas oublier que l'Huître, une fois fixée sur un milieu donné, ne peut s'en déplacer; elle gardera toujours l'empreinte de son point d'attache. Si ce point d'attache est mauvais, s'il s'est effectué dans des conditions défavorables, le développement de la coquille s'en ressentira, l'animal même pourra en souffrir, et dans tous les cas, la forme de l'enveloppe testacée sera bien moins régulière.

La domestication ayant pour effet d'atrophier plus ou moins les organes de la génération chez les Mollusques, il conviendra, dans toute bonne culture pratiquée loin des bancs naturels, de renouveler toutes les années, ou au moins tous les deux ans. les animaux mères, aussi bien pour les Moules que pour les Huîtres. C'est grâce à ce manque de précautions qu'un certain nombre de tentatives d'acclimatation ont échoué. Non seulement on veut forcer les Mollusques à vivre dans un milieu nouveau et différent, ce qui parfois leur est assez difficile, mais encore on exige d'eux que, dès la première année, ils soient en état de se reproduire. C'est évidemment trop leur demander à la fois.

Que l'on commence donc par implanter d'abord, dans le milieu choisi, de jeunes Mollusques étrangers, pour voir comment ils s'y comportent ; puis, au bout d'un an ou deux, si l'on voit qu'il existe autour d'eux de jeunes individus provenant de pontes faites sur place, on pourra alors prendre cette nouvelle génération comme source productrice. On sera sûr d'agir sur des Mollusques suffisamment acclimatés.

On s'est souvent préoccupé de l'époque à laquelle il convenait de procéder à un ensemencement, et quel âge devaient avoir les Mollusques destinés à faire souche dans un pays nouveau. Si les Mollusques sont encore trop jeunes, ce changement brusque de milieu peut leur être très préjudiciable ; en outre, il est bien certain qu'ils subiront plus difficilement les fatigues d'un voyage parfois un peu long. Transportés au moment de la ponte, ils peuvent souffrir encore davantage, et, dans tous les cas, il y a fort peu de chance pour que cette ponte réussisse bien.

Nous estimons que, pour les Huîtres, le meilleur moment pour l'ensemencement est celui où l'on procède au détroquage. A cette époque, les valves sont suffisamment résistantes, et le Mollusque, plein de vitalité, supportera bien mieux les inconvénients inhérents à son nouveau genre de vie.

En outre, il ne faudrait pas se contenter d'un ensemencement unique de jeunes individus ; souvent il faut y revenir à deux et trois fois avant de pouvoir arriver à un résultat définitif. Ce n'est qu'à partir de la troisième année que l'on pourra se rendre un compte exact de l'avenir réservé à l'entreprise. Quant à attendre une récolte de Mollusques ensemencés à l'état de complet développement, c'est une pure chance à courir ; nous pourrions citer bien des exemples à ce sujet. Nombre de tentatives pratiquées dans ces conditions ont complètement échoué. Il ne sufit pas de jeter n'importe où une cargaison d'Huîtres pour assurer la création définitive d'un banc nouveau, surtout lorsque ces Huîtres viennent de milieux différents ; et c'est pourtant ce que trop de personnes ont cru devoir faire.

Il faut, au contraire, procéder méthodiquement, bien choisir sa race et n'introduire dans le milieu à ensemencer que de jeunes individus, par deux ou trois fois, si l'on veut espérer une complète réussite ; plus l'espèce sur laquelle on opérera sera délicate, plus il y aura de précautions à prendre. Les espèces robustes, au contraire, si toutefois le milieu leur convient, se reproduiront toujours avec une bien plus grande facilité.

Nature des milieux. — On sait parfaitement que chaque Mollusque, dans la nature, se plaît plus particulièrement dans tel ou tel milieu. Pour les Mollusques terrestres, il en est que l'on ne rencontre qu'à de certaines altitudes; les uns vivent sur les terrains calcaires, d'autres, plus rares, préfèrent le granit; ceux-ci seront herbivores, ceux-là carnivores. Parmi les Mollusques aquatiques, les uns recherchent les fonds vaseux ou sablonneux, les autres s'enfoncent profondément dans le sable ou vivent à la surface des rochers; d'autres exigent une certaine profondeur d'eau, alors qu'il en est qui se plaisent au niveau du balancement des marées. Si nous disons de l'espèce humaine : *tot capita, tot sensus*, nous dirons plus volontiers encore des Mollusques : autant d'espèces, autant d'habitats différents. C'est une des questions les plus intéressantes de l'histoire naturelle que celle qui consiste à examiner quelle influence la nature des milieux peut exercer sur les êtres. Par l'observation comme par l'expérimentation directe, on arrive parfois à de bien singuliers résultats. Telle espèce qui se plaît à de grandes altitudes, au voisinage immédiat des neiges éternelles, comme la variété *alpicola* de l'*Helix arbustorum*, changera de taille, de galbe et de couleur à mesure qu'elle descendra de ces hauteurs, jusque dans la région des plaines basses et des vallées.

Dans les Mollusques aquatiques, ces influences des milieux sont encore plus sensibles, puisque les conditions dans lesquelles ils se trouvent varient encore davantage. Il est bien certain, par exemple, que les Unios et les Anodontes de nos cours d'eau et de nos lacs, proviennent d'un nombre beaucoup plus restreint de formes ancestrales qui se sont successivement modifiées à mesure qu'elles ont passé d'un milieu donné dans un autre. Les Mollusques marins subiront également cette même influence, puisqu'il est bien certain que les conditions biologiques de la Manche, de l'Océan ou de la Méditerranée sont loin d'être les mêmes.

Enfin, nous avons constaté que la plupart des modifications physiologiques observées dans la domestication pouvaient être attribuées à la nourriture. Or, cette nourriture, au moins pour les coquilles marines, fait partie intégrante du milieu dans lequel on parque les animaux que l'on veut élever. Il y a donc de ce chef une très importante donnée dont il faudra tenir compte lorsqu'il s'agira de choisir un milieu propice pour une éducation de Mollusques.

Ici encore, nous distinguerons les deux cas de la reproduction et de l'élevage ; suivant que l'on voudra se livrer à l'une ou l'autre de ces industries, il conviendra de choisir son milieu en conséquence. En principe, surtout lorsqu'il s'agit de la reproduction, les milieux adoptés devront être aussi semblables que possible aux milieux naturels, dans lesquels vivent les Mollusques sauvages que l'on se propose de reproduire. Il conviendra donc, pour la production, de s'inspirer de la nature des milieux naturels, pour que les milieux artificiels soient aussi conformes que possible. Qualité des eaux, nature des fonds, hauteur de l'eau, tout en un mot doit se retrouver dans le milieu où l'on prétend reproduire, par la domestication, des animaux sauvages.

Il y a un principe biologique que le producteur ne doit point ignorer ; c'est que, si l'éleveur peut faire mieux que la nature, le producteur ne doit pas espérer pouvoir même l'égaler. Jamais dans un élevage, on n'obtiendra une plus grande quantité de produits fécondés que dans la nature, et cela par la double raison que, d'une part, la domestication ralentit plus ou moins les facultés reproductrices, et que, d'autre part, dans la nature lorsque le milieu n'est pas propice à la reproduction d'une colonie, elle émigre ou disparaît. Le seul avantage du producteur c'est qu'il est mieux à même de recueillir et de protéger le naissain contre ses innombrables ennemis et de favoriser son développement dans le jeune âge.

M. le Dr Brocchi a donné pour les ostréiculteurs de sages recommandations relativement au *choix du terrain*.

« La condition essentielle, dit-il, c'est que le terrain destiné à la reproduction, se trouve dans le voisinage d'un banc naturel d'Huîtres ou plus généralement d'un endroit où vivent de grandes quantités d'Huîtres. Il semblerait qu'une semblable recommandation soit inutile. et c'est presque une naïveté que d'en faire mention. Mais nous avons vu, à diverses reprises, des personnes placer des tuiles sur un point quelconque de nos côtes, et s'étonner fort de n'y pas recueillir d'Huîtres.

« L'emplacement choisi, doit être autant que possible, placé dans un endroit où le courant amènera naturellement le naissain. Lorsque, comme c'est le cas pour la plupart des grandes exploitations bretonnes, la concession se trouve située le long d'une rivière, ou en communication directe avec la mer, il n'y a pas à se préoccuper de cette question ; mais il n'en est pas toujours ainsi, et on a vu essayer la reproduction en bassins clos. Il n'est pas impossible de récolter du naissain dans ces conditions ; les exemples en sont assez nombreux. Mais *jamais* on ne pourra alors compter sur une récolte abondante, la plupart des naissains tomberont sur les fonds et y périront. Bien qu'il ne soit nullement démontré que l'Huître ne lance les embryons qu'au moment du flot, il n'en est pas moins vrai que, lorsque ces Mollusques vivent en bassins clos, ils se trouvent dans des conditions extra-naturelles.

« Dans l'industrie ostréicole, comme dans toutes celles d'ailleurs qui ont pour but l'exploitation des animaux marins, on réussira d'autant mieux, que l'on placera ces êtres dans des conditions qui se rapprochent davantage de celles où ils se trouvent lorsqu'ils vivent en liberté. »

Pour l'éleveur, les conditions à remplir sont tout autres, puisqu'il s'agit non plus d'imiter ce qui existe déjà dans la nature, mais au contraire d'améliorer, de perfectionner un état de choses déjà existant. C'est donc par expérience, souvent même par tâtonnements qu'il devra procéder. Sans cesser de s'inspirer des données acquises par le producteur, données qui lui permettront de connaître ce que la nature a fait, il devra porter ses efforts pour les modifier de manière à les rendre plus propices au genre de culture auquel il veut se livrer.

Une des premières conditions à réaliser dans le choix de ce milieu consiste à donner la préférence à des stations calmes, tranquilles, convenablement abritées, non seulement dès intempéries et des coups de mer, mais encore des visites intempestives des autres animaux. En général, tous les Mollusques se développent mieux dans le Midi que dans le Nord ; nous pourrions citer une multitude d'exemples, démontrant que, pour une espèce qui vit à la fois dans la Manche, dans l'Océan, et dans la Méditerranée, les sujets méditerranéens sont plus gros, plus forts, plus développés que ceux du Nord ; les milieux protégés contre les vents du nord conviendront toujours mieux pour l'élevage.

D'autre part, l'Huître, la Praire et la Clovisse se plaisent dans des eaux tranquilles ; elles vivent en liberté dans la zone des herbages, c'est-à-dire jusqu'à une profondeur de 27 à 28 mètres. Ces coquillages recherchent donc les milieux calmes et non agités, puisque, à partir de 4 ou 6 mètres de profondeur, l'action des vagues ne se fait plus sensiblement sentir. Dans un élevage de ces Mollusques, comme une profondeur aussi grande serait assez difficile à réaliser pratiquement, et présenterait de grandes difficultés pour la pêche, on y obviera en adoptant des milieux présentant les mêmes conditions de tranquillité.

Il conviendra de se mettre en garde contre les courants qui se produisent à certaines époques de l'année, avec une plus ou moins grande intensité. Coste a vu plus d'une fois ses appareils destinés à recueillir le jeune naissain emportés par la violence de ces courants. Ce naissain, trop faible pour pouvoir lutter contre la force qui l'entraîne, ira se perdre au loin avant d'avoir eu le temps de trouver un refuge où il pourra se mettre définitivement à l'abri.

Enfin, lors de la ponte, si ce même naissain est exposé au mouvement des flots, il se lassera et s'épuisera dans la lutte, avant de trouver le point d'appui qu'il cherche ; la précieuse semence sera rapidement dispersée et emportée au loin avant d'avoir pu s'arrêter sur les collecteurs du voisinage. C'est uniquement pour cette seule raison que bon nombre de stations trop exposées sur nos côtes, ne conviennent nullement pour la conchylioculture.

Il existe du reste un criterium certain pour s'assurer de la bonne qualité du milieu ; c'est celui de la présence d'autres Mollusques, à une profondeur ne dépassant pas 8 à 10 mètres. On devra toujours s'assurer par quelques dragages préliminaires, si la côte est suffisamment hospitalière ; si elle n'est pas déjà habitée par d'autres Mollusques, c'est que très probablement, il y a de bonnes raisons pour qu'ils ne puissent pas s'y reproduire. Dans ce cas, il est fort prudent de s'abstenir de toute tentative.

C'est pour cette unique cause que la plupart des essais qui ont été entrepris entre Nice et Toulon n'ont pas réussi. Dans ces parages en effet, on rencontre fort peu de coquillages, la mer y est souvent agitée et les fonds trop arides ; c'est à peine si quelques anses assez étroitement découpées pourraient convenir à la culture.

Les milieux trop sauvages, trop écartés des centres habités doivent également être mis en suspicion. Il y a pour cela plusieurs bonnes raisons. La première, c'est que ces sites sauvages sont plus fréquemment visités par de gros poissons avides du jeune naissain et même des gros coquillages et qui, en une heure, peuvent compromettre tout un élevage. Ensuite, on peut être certain que tout banc d'Huîtres, toute installation conchyliologique qui ne sera pas parfaitement surveillée, sera trop facilement exposée à la visite des maraudeurs de nuit qui ne se font pas faute de venir y puiser une pêche facile et sûre. Enfin, loin des centres habités, la main-d'œuvre sera nécessairement plus coûteuse et grèvera d'autant les frais généraux d'établissement.

Salure des eaux. — La composition chimique des eaux, leur degré de salure, leur teneur en matières organiques ont une importance considérable sur le développement des Mollusques. Les Mollusques non domestiqués, ceux qui vivent en eau normale, sont toujours plus durs, plus coriaces et ont une saveur plus âcre que ceux qui sont élevés dans des parcs convenablement aménagés. C'est qu'en effet, comme nous l'avons expliqué, non seulement pour la Moule, mais même encore pour l'Huître, la Praire, la Clovisse, l'expérience a démontré qu'il convenait toujours d'installer les centres d'élevage dans des milieux tempérés par l'apport d'une certaine quantité d'eau douce.

Les meilleurs élevages, les bancs les plus productifs, sont toujours établis au voisinage des cours d'eau qui se jettent dans la mer. Dans notre répartition géographique des centres conchyliologiques, nous avons cité assez d'exemples pour qu'il soit inutile d'y revenir ici.

L'eau douce a-t-elle une action directe sur le Mollusque ? C'est possible, mais nous n'oserions l'affirmer ; elle agit plutôt en tempérant la force des principes salins que contient l'eau de mer.

Mais ce qui est certain, c'est que, d'une part, ces eaux douces atténuent dans une certaine proportion l'âcreté de l'eau de mer naturelle qui accompagne nécessairement les Mollusques, lorsqu'on les mange crus dans leur coquille, et que, d'autre part, ces eaux, à leur embouchure, sont toujours chargées d'une plus ou moins grande quantité de principes animaux ou végétaux tenus en suspension et qui doivent servir à l'alimentation des Mollusques installés dans leur voisinage. En effet, tous les coquillages élevés dans ces eaux sont incontestablement plus gros et plus gras que ceux qui séjournent continuellement dans les eaux pures de la mer.

Les Mollusques marins, brusquement transportés dans l'eau douce, périssent très rapidement ; et réciproquement, lorsque l'on met des Mollusques d'eau douce dans de l'eau de mer, ils ne tardent pas à mourir. Mais par une acclimatation lente et progressive, on arrive à faire supporter aux Mollusques marins une assez forte proportion d'eau douce, comme aux Mollusques aquatiques à supporter une bonne dose d'eau salée.

Il existe, en malacologie, un certain nombre de genres qui vivent précisément dans ces eaux ni salées ni douces, que l'on qualifie d'eaux saumâtres. Ces genres sont, en général, extrêmement polymorphes. Telles sont, par exemple, sur nos côtes, les petites Paludestrines dont on ne compte pas moins de vingt-huit espèces. Il est très probable que ce polymorphisme est engendré par l'extrême variabilité du degré de salure de ces eaux saumâtres.

On trouve aussi des Anodontes et des Unios, qui cependant sont des Mollusques essentiellement propres aux eaux douces, et dont quelques sujets vivent dans des eaux peu salées, au bord de la mer. Le fait avait été cité par de Blainville, et M. H. Drouët l'a confirmé en indiquant l'*Anodonta piscinalis*, ou plus probablement une forme voisine, vivant dans les eaux du lac-mer de Haarlem, en Hollande. Nous avons vu, en Corse, l'*Unio Turtoni* vivre à l'embouchure de la Solenzara, là où les eaux ont déjà une saveur parfaitement marquée. Rappelons encore que dans les eaux saumâtres du lac Tibériade, notre savant ami, M. le Dr L. Lortet, a pêché toute une faune très variée d'Unios, de Corbicules, de Mélanies, de Mélanopsis et de Théodoxies, dont nous avons donné la description.

En 1816, Beudant a institué de très remarquables expériences démontrant comme quoi les Mollusques d'eau douce peuvent, jusqu'à un certain point, s'acclimater dans les eaux salées. Les expériences ont porté sur quinze espèces différentes de notre faune, appartenant à neuf genres distincts. Après avoir récolté un nombre suffisant d'individus appartenant à chacune de ces espèces, il les divise en deux portions égales, l'une destinée aux expériences, l'autre conservée dans l'eau de Seine, de façon à servir de terme de comparaison.

Il observe d'abord que tout Mollusque d'eau douce, plongé dans l'eau salée au même degré que l'eau de mer, périt rapidement ; mais si, au contraire, on cherche à acclimater progressivement les mêmes Mollusques, dans des milieux aux degrés de salure croissants, on peut arriver à les faire vivre et même se reproduire dans ces nouvelles conditions. Voici comment on procède :

« J'ai d'abord rempli les vases d'eau dans laquelle j'avais fait dissoudre un grain de sel par litre, c'est-à-dire environ 0,0011 (ce qui n'était pas sensible au nitrate d'argent). J'ai employé cette eau pendant plusieurs jours, en la renouvelant souvent ; j'ai ensuite augmenté la quantité de sel, d'abord d'un grain tous les deux jours, puis d'un grain tous les jours et enfin de trois grains par jour. Par toutes ces additions successives, le liquide s'est trouvé renfermer, à la fin, 0,04 de sel.

« En procédant de cette manière, j'ai complètement habitué la plupart des Mollusques de nos eaux douces à vivre dans l'eau salée où ils ne présentaient plus aucune apparence de malaise ; plusieurs mêmes s'y sont accouplés, mais à la vérité dans un temps où le liquide renfermait beaucoup moins de sel. »

A quel degré de salure précis convient-il de s'arrêter ? Voilà une question fort intéressante et pourtant non encore résolue. Le problème est, du reste, bien complexe lorsqu'on prétend le résoudre par ce qui se passe dans la nature. Dans une même station, ce degré de salure varie non seulement suivant les points d'observation, mais encore suivant les saisons. L'eau douce, en arrivant dans la mer, forme souvent des courants qui, grâce à la différence de densité des eaux, ne se mêlent pas immédiatement à toute la masse.

Ainsi, dans l'étang de Berre, par exemple, comme dans la baie de l'Aiguillon, le degré de salure est loin d'être partout exactement constant ; il varie même dans d'assez fortes proportions, suivant les points d'observation. En outre, suivant la température ambiante ou mieux suivant les saisons, la quantité d'eau douce apportée n'est pas la même et, par conséquent, le degré de salure des eaux avoisinantes variera suivant ces données. Enfin, la température extérieure venant à se modifier dans un bassin relativement restreint, comme celui des étangs ou des baies, l'évaporation sera plus grande et le degré de salure sera, par conséquent, modifié de ce chef plus encore peut-être que par l'action des grandes pluies d'orage.

Outre le chlorure de sodium, la mer renferme, comme on le sait, d'autres sels, tels que chlorure de magnésium et de calcium, sulfate de magnésie, de chaux et de soude, carbonate de chaux et de magnésie, etc. Toutes ces substances peuvent avoir une action directe sur le Mollusque, et toutes sont en proportions variables, même à haute mer. Pour montrer combien ces proportions varient, nous emprunterons à M. le Dr P. Fischer les trois analyses suivantes, faites par le même chimiste, M. Fauré, et portant sur trois échantillons recueillis à haute mer dans le département de la Gironde :

EAU RECUEILLIE A HAUTE MER	ARCACHON	CORDOUAN	P. DE GRAVE
Chlorure de sodium..	27,965	27,265	26,550
— de magnésium. . . .	3,785	2,892	2,725
— de calcium.	0,325	0,630	0,590
Sulfate de magnésie.. . . .	5,575	4,210	3,525
— de chaux..	0,225	0,315	0,290
— de soude.	0,485	0,225	0,202
Carbonate de chaux.. . . — de magnésie.. . . .	0,315	0,325	0,332
Matières organ. animalisées. .	0,052	0,043	0,046
Iodure et bromure.	q. indét.	q. indét.	q. indét.
TOTAL pour 1000. .	38,727	35,905	33,250

On voit par ce tableau combien, dans une même
région, le degré de salure de l'eau de mer, prise au
large, peut varier. Il en sera bien autrement encore au
voisinage des côtes, là où se font les apports incessants
des cours d'eau. Or, c'est précisément au voisinage des
côtes et à proximité des cours d'eau que toutes ces installations de conchylioculture sont disposées. Il conviendra
donc, autant que possible, de rechercher les localités où
les débits d'eau douce seront les plus constants et les
plus réguliers. Sans que nous prétendions l'affirmer, il
est fort possible qu'il faille attribuer plus d'un insuccès
aux installations instituées dans le midi de la France, à
proximité de petits cours d'eau torrentueux, à débit
très irrégulier.

Cette teneur en sels divers ou salinité des eaux varie
également, comme il était facile de s'y attendre, avec les
mers. Ainsi, pour ne parler que de nos mers d'Europe,
dans l'océan Atlantique cette teneur varie de 34 à 38 pour
1000 ; on admet, comme moyenne, 34 seulement. Dans
la Méditerranée, où l'évaporation est notablement plus

grande et n'est pas suffisamment compensée par les apports des cours d'eau, ce degré de salinité s'élève jusqu'à 38 en moyenne, et atteint même 43 dans la mer Rouge. Dans la Baltique, au contraire, là où l'évaporation est beaucoup plus faible et où les apports d'eaux douces sont très nombreux, il descend jusqu'à 5 pour 1000 seulement.

En général, on admet sur nos côtes que, pour les Mollusques cultivés, le degré de salure des eaux ne doit pas dépasser de 37 à 38 pour 1000, ni être inférieur à 16 ou 17. Avec une plus grande teneur en sel, les Mollusques se développent mal, ils restent chétifs, leur chair est toujours plus dure et plus coriace ; si au contraire la proportion de sel est trop faible, ils s'affadissent, deviennent mous et ne tardent pas à périr. M. Meyer a cité le fait d'Huîtres vivant dans une eau contenant seulement 7 pour 1000 de sel, mais c'est là un minimum que l'on ne saurait dépasser impunément.

En dehors des sels divers que l'eau de mer peu renfermer, il faut encore tenir compte des gaz tenus en dissolution. Les eaux salées, comme on le sait, peuvent retenir plus d'air dissous que les eaux douces ; le volume qu'elles en absorbent est en général supérieur d'un tiers à celui que contiennent les eaux de rivière. D'après Bischof, il varie d'un cinquième à un trentième, et s'accroît graduellement de la surface jusqu'à la profondeur de 600 à 700 mètres.

L'acide carbonique entre également en notable proportion dans l'eau de mer, grâce aux innombrables animalcules de tous genres qui vivent et meurent dans les eaux. Sous l'influence de la lumière, les plantes et les infusoires décomposent cet acide ; sa proportion diminue pendant le jour pour augmenter durant la nuit, tandis que l'oxygène dissous oscille en sens inverse. Il s'en suit donc que la proportion de ces gaz variera considérablement suivant que les milieux choisis seront peuplés ou non de végétaux et d'animalcules. Mais une telle question ressort mieux de l'examen de la nature du fonds.

Quoi qu'il en soit, la présence de ces gaz, air et oxygène, est nécessaire pour le développement de la vie animale des Mollusques.

Déjà quelques expérimentateurs, notamment en Hollande, ont essayé de battre l'eau qui alimente les réservoirs des claires de façon à l'aérer encore davantage. Mais les résultats obtenus ne paraissent pas suffisamment concluants. Quant à la présence d'une certaine quantité de végétaux dans les parcs d'élevage, elle paraît aujourd'hui bien démontrée. Bon nombre de praticiens recommandent en effet, pour la création des parcs à Huîtres, de choisir de préférence des milieux renfermant quelques végétaux, plutôt que des fonds absolument secs et arides. Nous étendrons la même recommandation aux éleveurs de Praires, de Clovisses et de Sourdons.

La présence de ces végétaux a encore un double avantage. Si les milieux sont peu profonds, surtout à marée basse, ils empêchent les fonds de trop s'échauffer sous l'action des rayons solaires, et entretiennent un peu de fraîcheur et d'ombre sur les Mollusques qu'ils abritent. Enfin ces mêmes végétaux constituent une source constante de substances organiques dont certains Mollusques pourront se repaître.

En résumé, l'eau de mer, lorsqu'il s'agira de producteurs, devra être, autant que possible, conservée telle qu'elle est normalement. Mais au contraire, pour les élevages, il conviendra toujours de la tempérer et de l'adoucir par le voisinage d'une certaine quantité d'eau douce. C'est un principe déjà bien ancien, puisque Pline lui-même disait en parlant des Huîtres : *Gaudent dulcibus aquis, et ubi plurimi influunt amnes : ideo pelagia parva et rara sunt.* « Elles se plaisent dans les eaux douces, et dans les localités ou plusieurs fleuves se jettent dans la mer ; aussi celles de la haute mer sont-elles petites et peu nombreuses. »

On peut, dans certains cas, fabriquer de l'eau de mer de toutes pièces. C'est ce qui a été fait durant l'Exposition de 1889. L'eau dans laquelle ont vécu et prospéré les Huîtres de l'Exposition universelle était fabriquée par cuves d'environ 8 mètres cubes de capacité. Pour 3 mètres cubes d'eau on faisait usage de 100 kilogrammes du mélange suivant :

Chlorure de sodium.. . . . :	780 grammes
Chlorure de magnésium. . . .	109 —
Chlorure de potassium.. . . .	25 —
Sulfate de magnésie..	50 —
Sulfate de chaux..	36 —
TOTAL..	1000 grammes

Le chlorure de sodium, employé sous forme de sel marin, contient les iodures et bromures nécessaires pour rappeler absolument la véritable eau de mer. Le prix de revient du mélange sec étant de 26 fr. 75 les 100 kilogrammes, les 10 litres d'eau de mer reviennent à 9 centimes seulement. Il convient nécessairement d'aérer cette eau convenablement. Les essais faits par

M. Manuel Causard, préparateur de M. le professeur Perrier, ont démontré qu'en hiver on pouvait garder vivantes, pendant trois mois, dans la même eau artificielle, aérée tous les quinze jours, des Huîtres comestibles achetées au marché.

Profondeur de l'eau. — Le plus ou moins de profondeur de l'eau au dessus des Mollusques exerce sur eux une double action physique et mécanique. Comme cette quantité est soumise, au moins dans la Manche et dans l'Océan, à des variations naturelles résultant de l'action de la marée, il importera d'en tenir un compte très exact dans les installations. En été comme en hiver, le manque d'eau peut avoir les plus graves inconvénients :

« Du 11 au 12 juillet 1869, dit M. le Dr P. Fischer, les pertes éprouvées par les parqueurs du bassin d'Arcachon ont été évaluées de 1.600.000 à 2 millions de francs ; les parcs du Gouvernement auraient perdu une valeur de 300.000 francs ; les crassats ont été tellement échauffés que les Anguilles qui n'ont pu gagner les eaux profondes ont succombé. » Si un peu de chaleur contribue au bon développement des Mollusques, le moindre excès peut leur être préjudiciable. Les Huîtres, plus encore que les Moules, ont à redouter une plus grande élévation de température, tout en restant dans l'eau.

Le froid peut faire autant de mal que le chaud. Les ostréiculteurs de la Gironde ont conservé le triste souvenir des effets produits par les rigueurs de l'hiver 1867 à 1868.

Citons encore un autre exemple : en 1819, on découvrit près des îles de la Zélande un banc d'Huîtres des plus importants ; pendant une année, il alimenta les Pays-Bas avec une telle abondance que le prix des Huîtres était tombé à 1 franc le cent. Malheureusement ce banc était situé à une trop petite profondeur; pendant le rigoureux hiver de 1820 il fut complètement détruit.

Il est bien certain qu'il n'y a rien à faire pour protéger les bancs naturels situés à une trop faible profondeur, de manière à les garantir contre des excès de froid ou de chaleur; le mieux est de les draguer au plus vite et d'essayer de les acclimater dans des milieux plus hospitaliers. Mais dans les claires, il n'en est pas de même; de pareils accidents ne doivent jamais se produire. C'est à l'éducateur à calculer la profondeur que doivent avoir ses parcs pour que, lors des plus basses marées, ils aient encore la quantité d'eau suffisante. En installant des vannes mobiles, on pourra toujours s'assurer une hauteur d'eau convenable dans les parcs à Huîtres, à Praires ou à Clovisses.

Quant aux Moules, elles sont comme nous l'avons vu plus robustes et peuvent impunément rester un certain temps hors de l'eau; mais il ne faudrait pas que ce séjour anormal fût de trop longue durée, au moment des grands froids ou des trop fortes chaleurs, sans quoi l'animal pourrait en souffrir.

Toutes ces conditions d'installation seront subordonnées à l'intensité des marées. Cette intensité varie suivant les jours et suivant les pays; chaque année le Bureau des longitudes en donne le tableau exact. On remarquera que leur hauteur moyenne va en croissant du sud au nord, de Bayonne à Granville, pour diminuer ensuite le long de la Manche. Cette hauteur moyenne peut s'établir ainsi qu'il suit dans nos principales stations océaniques :

	m.		m.
Bayonne.	2,8	Brest.	6,4
Royan.	4,7	Saint-Malo..	11,4
Saint-Nazaire..	5,4	Granville.	12,3

Dans la Méditerranée cette action de la marée est presque nulle, du moins le long de nos côtes. Or, on sait que c'est précisément sur l'action du flux et du reflux qu'est basée la grande industrie mytilicole le long des côtes océaniques de France, et qu'on est obligé d'y suppléer par des moyens particuliers, dans certains élevages de la Méditerranée.

La profondeur de l'eau exerce également une action mécanique sur les Mollusques. Si, en vertu du principe d'Archimède, les coquillages plongés dans l'eau perdent un poids égal au poids du volume d'eau qu'ils déplacent, ils n'en ont pas moins, suivant la profondeur à laquelle ils se trouvent, un poids d'eau plus ou moins grand à déplacer, toutes les fois qu'ils font osciller leur valve supérieure autour de sa charnière. A de grandes profondeurs, cet effort devient considérable. Aussi tous les Mollusques qui vivent dans l'eau ont-ils un système de charnière plus puissant, plus résistant, à mesure que leur habitat s'accroît en hauteur.

Nous avons déjà fait connaître ce fait chez les Nayades draguées par notre ami M. le D' Lortet dans les eaux du lac Tibériade. Ces coquilles extraites de 100 mètres de profondeur avaient une charnière plus puissante, manœuvrée par des muscles plus résistants et plus profondément insérés que ceux des individus de même genre vivant dans des milieux moins profonds.

M. Forel, de Genève, a pu rencontrer, dans les régions profondes des lacs de la Suisse, plusieurs espèces appartenant au genre *Pisidium* et dont l'étude a été faite par M. S. Clessin. Or, ces espèces sont caractérisées par diverses particularités qui les séparent très nettement des espèces des eaux superficielles. « Tout d'abord, dit l'auteur, nous avons à signaler l'*umbo*, arrondi et très large, en proportion des petites dimensions des coquilles. Ce fait signifie que le jeune Mollusque reste, pendant un développement assez long, dans le corps de la mère, et qu'il y atteint une certaine grosseur ; si on rapproche ce même fait de la petite taille des adultes, on en conclura que ces animaux doivent porter peu de jeunes à la fois. » M. S. Clessin attribue également, en partie, à cette même cause la diminution de la taille des animaux qui vivent en eau profonde.

Enfin ce même auteur fait également, à propos de ces mêmes animaux, l'observation suivante : « L'eau des grands fonds est, si l'on peut s'exprimer ainsi, dans un repos presque absolu au point de vue calorique et physique, de telle sorte que les animaux qui vivent dans les limons du fond du lac ne sont troublés par rien, agités par rien ; ils n'ont pas besoin de dépenser de la force musculaire pour résister aux mouvements de l'eau ; ils doivent, en conséquence, présenter un échange organique moins considérable, ils ont besoin d'une somme de nourriture moins grande ; avec une alimentation plus pauvre, ils sont cependant en état de subvenir au peu de fonctions physiologiques, moins surexcitées que si elles devaient agir dans un milieu plus agité.

« C'est à des circonstances de cet ordre que je rattacherai la simplification considérable de la charnière qui est très réduite dans toutes les espèces ci-dessus décrites. Le *Pisidium urinator* est la seule espèce jusqu'ici connue du genre qui ne présente qu'une seule dent latérale à chaque charnière. »

Ces observations, très judicieuses, s'appliquent évidemment à des Mollusques vivant à des profondeurs en quelque sorte anormales; mais chez les Mollusques marins, jusqu'à 100 mètres, c'est-à-dire jusqu'à la même profondeur ou à peu près, les conditions biologiques ne sont plus les mêmes; là encore les courants se font sentir; là également des Crustacés et des Poissons viennent faire la chasse à ces coquillages; le Mollusque aura donc proportionnellement plus à dépenser, à égale profondeur, dans l'eau de mer que dans l'eau douce.

Quoi qu'il en soit, ce qu'il importe d'éviter dans une éducation de Mollusques, c'est que l'animal dépense trop, ce qui rend ses chairs plus coriaces et l'empêche d'engraisser. En outre, il faut éviter que la coquille et les parties musculeuses prennent trop de développement. Il faut donc qu'il vive dans une masse d'eau suffisante pour le protéger contre les intempéries, mais pas trop grande non plus, sans quoi il serait obligé de se confectionner une demeure plus résistante, mise en mouvement par des muscles plus puissants.

Il conviendra donc de tenir compte du degré batymétrique, c'est-à-dire du *modus vivendi* en profondeur propre à chaque espèce, lorsqu'il s'agira de l'acclimater. Il est bien certain que telle race d'Huître draguée à 20 ou 25 mètres de profondeur ne se comportera plus de la même façon si on la met tout à coup dans des milieux n'ayant plus que 3 ou 4 mètres d'eau au-dessus d'elle. C'est exactement comme si on transportait tout à coup sur une haute montagne un homme habitué à la plaine; et là encore la différence est plus grande pour le Mollusque, puisque les limites batymétriques de l'Huître ne dépassent pas 20 à 30 mètres, tandis que l'homme peut vivre à des différences d'altitude assez considérables. Bien des tentatives d'acclimatation ont échoué par suite de la non-observation de ces quelques principes.

A propos d'éducations faites en Norvège, M. le Dr Brocchi a cité un mémoire de M. Rasch, traduit du norvégien par M. Habrech, dans lequel nous relevons les intéressantes indications qui vont suivre : « En faisant descendre des collecteurs à différentes profondeurs, on s'est assuré que les larves des Huîtres ne se fixent pas à des profondeurs de plus de dix-huit à dix-neuf pieds de profondeur. La couche d'eau dans laquelle l'Huître se développe le mieux est renfermée entre treize et quatorze à quinze pieds. Les larves paraissent essaimer dans cette couche pendant neuf mois de l'année. »

Il ne faut pas perdre de vue que ces données s'appliquent à un pays froid ; sur nos côtes, on peut descendre impunément jusqu'à de plus grandes profondeurs ; nombre de bancs qui se reproduisent très bien sont situés dans des eaux plus profondes de trois pieds ; dans la Méditerranée le jeune naissain aurait de la peine à vivre, mais pour la Moule, comme elle vit normalement à un niveau plus élevé que l'Huître, on peut impunément la parquer dans des eaux moins profondes ; et comme, en outre, elle peut passer quelques heures hors de l'eau, elle demandera nécessairement des eaux moins hautes, même à marée basse. Quant à la Praire et à la Clovisse, il leur faut au moins autant d'eau qu'à l'Huître ; elles doivent en outre rester constamment sous une certaine épaisseur d'eau.

En résumé, on ne peut pas donner des chiffres bien précis pour assigner exactement la hauteur d'eau qui convient à chaque Mollusque; cela dépendra nécessairement de l'espèce cultivée, de la nature des fonds, du pays même dans lequel se fait l'élevage; mais ce que nous pourrons dire, c'est que, pour les acclimatations, il faudra toujours, autant que possible, installer les jeunes sujets à un niveau batymétrique analogue à celui où ils vivaient primitivement. Pour les élevages, cette quantité d'eau pourra être moindre, et à l'aide de vannes qui mettent les parcs en communication avec la mer, on arrivera à régler cette quantité d'eau suivant les besoins du jour.

Nature des fonds. — La nature des fonds peut jouer un très grand rôle dans les installations destinées à la reproduction ou à l'élevage. De même qu'il importe essentiellement, pour le Mollusque que l'on veut tenter d'acclimater, de l'installer dans un milieu aussi similaire que possible à son milieu normal, de même aussi le fond sur lequel il reposera devra toujours lui rappeler son ancien domicile.

Certaines espèces ne prospèrent que sur des fonds d'une nature bien définie; nous avons insisté sur ce sujet en donnant la liste des espèces comestibles, dans un de nos précédents chapitres. Les Mollusques, suivant qu'ils sont fixés ou mobiles, seront plus ou moins soumis aux conséquences résultant de l'allure du fond. La Praire, la Clovisse peuvent émigrer avec une vitesse suffisante si, par suite de circonstances imprévues, la nature du fond sur lequel elles ont élu domicile vient à se modifier. Mais les Mollusques qui se fixent et s'attachent dès leur jeune âge, comme l'Huître et la Moule, ne pouvant plus se déplacer d'eux-mêmes, auront à redouter les fonds trop mobiles, susceptibles de les envahir.

Jamais un banc d'Huîtres ne pourra prospérer dans la vase; on a vu des bancs naturels disparaître complètement sous l'envasement des fonds; un peu de vase introduite dans l'intérieur des valves engendre chez ces Mollusques des maladies qui nuisent à leur vente. La Moule, au contraire, ne craint pas ces milieux bourbeux et semble même s'y complaire, à la condition qu'ils ne soient cependant pas trop envahissants. Mais c'est dans leur voisinage qu'elle prospère le mieux; et comme, dans une installation mytilicole, on peut suspendre l'animal au-dessus du fond, on aura ainsi la facilité de réunir les meilleures conditions possibles pour avoir un bon élevage.

La Praire et la Clovisse, tout en étant libres, aiment les fonds sablonneux, ceux des eaux claires et pures; c'est là qu'elles se reproduisent le mieux. Mais veut-on ensuite les engraisser et les voir se bien développer, tout en leur laissant le même fond, il conviendra de les parquer dans des eaux plus grasses, plus riches en principes nutritifs, situées par conséquent au voisinage de fond vaseux.

Pour l'Huître cultivée, « un fond essentiellement émergent de sable coquillers, dit M. l'abbé Mouls, légèrement enduit de vase, clair-semé d'algues (pour nourrir ce Mollusque de concert avec les matières apportées par la mer) ou l'eau, par le flux et le reflux, se renouvelant sans cesse, entraîne dans son cours les dépôts malsains, et communique par son mouvement les propriétés vivifiantes d'une constante aération, est sans contredit le fond le plus riche. Les Huîtres y naissent en abondance, s'y développent en vingt ou vingt-cinq mois, et peuvent, sans préparation, sans séjour et manipulation dans les parcs, passer directement sur les marchés et sur les tables les mieux servies.

« Les vasières, quand elles existent sur les rochers, peuvent être transformées en fonds huîtriers. Il suffit d'établir avec des fragments de roches, des enceintes sur toute l'étendue de la plage envasée dont on veut nettoyer le sol ; de dresser dans cette enceinte des pierres verticales assez rapprochées les unes des autres, pour que, en se retirant, le flot, brisé contre ces obstacles, se divise en rapides courants et entraîne la boue délayée vers la partie déclive, où un égout collecteur la conduit au large. Chaque fond ainsi organisé, devient un appareil de curage, que le jeu des eaux convertit en champ de production. La semence, apportée du large par les courants, se fixe aux roches, aux murailles de l'enceinte, qui disparaissent sous un immense gisement d'Huîtres bientôt marchandes. »

D'autres systèmes ont été préconisés pour utiliser les vasières et les transformer en terrains propices pour l'ostréiculture. M. Gressy paraît être le premier qui ait obtenu des résultats véritablement pratiques ; il procède à un véritable macadamisage en étendant sur les vases à durcir une couche de sable variable, en raison directe de la mollesse des vases. Le sable s'incorpore à la vase et la transforme en un terrain solide.

M. Gressy a encore perfectionné son procédé :

« M. Gressy, dit M. le Dr Brocchi, avait à exploiter de vastes vasières, couvertes de zostères. Ces algues poussaient surtout dans des dépressions qui se trouvaient à la surface du sol. M. Gressy eut l'idée d'opérer le drainage de ses vasières. Un chenal central fut creusé pour l'écoulement général des eaux; de petits canaux, coupant les dépressions du sol, reçurent l'eau qui y séjournait, et la conduisirent au chenal central. Par ce moyen, non seulement les zostères disparurent, mais le sol fut assez durci pour qu'on pût y étaler les Huîtres. »

Les végétaux, comme nous l'avons vu, exercent une influence physiologique importante sur la nature des milieux ; ils jouent aussi leur rôle à la longue, dans la composition des fonds. M. Rasch, que nous avons déjà eu l'occasion de citer, relève une très curieuse corrélation entre la nature des fonds et la température des eaux. Parlant d'un petit lac de Norvège riche en Huîtres, il a observé les faits suivants : « A une couple de brasses du bord, l'eau du lac a presque partout une profondeur de 6 mètres, et le fond s'abaisse lentement jusqu'au milieu de la profondeur, qui est de 12 mètres. En été, on trouve de grandes quantités de conferves, flottant à la surface et à diverses profondeurs. Au printemps, quand cette algue commence à croître, elle a une couleur vert tendre, et dégage sous l'influence de la lumière solaire une grande quantité d'oxygène, sous la forme de petites bulles gazeuses qui se réunissent en de plus grandes, dans le tissu compact de cette algue, provenant d'une ramification très répétée propre à cette espèce *(Cladophora crispata)*.

« Cette foule de bulles gazeuses rendent la masse des conferves beaucoup plus légère que l'eau, de sorte qu'elle se détache du fond du lac et remonte à la surface, où elle prend peu à peu une couleur brunâtre, et devient enfin toute noire. Alors, elle se divise en particules très fines, qui retombent sous forme de poussière au fond du lac, et lui donnent une couleur noir foncé. Là couleur noire du fond du lac, comparée avec les autres influences, est, selon moi, la principale cause de la haute température de l'eau de mer. »

Les fonds noirs, ou tout au moins fortement colorés d'une teinte foncée, coïncident toujours avec des milieux vaseux. Mais, si la présence des végétaux peut finir, à la suite de leur décomposition, par donner au milieu une température plus élevée, il ne faudrait pas cependant en abuser. Une trop grande abondance de plantes marines peut être plus nuisible qu'utile. Si un peu de vase noire suffit pour élever la température, une trop grande épaisseur peut étouffer les jeunes Mollusques, et même nuire aux plus vieux. D'autre part, ces végétaux en décomposition, sont plus nuisibles qu'on ne le croit pour la conservation des Mollusques. Enfin, dans ces fonds trop herbeux, la pêche peut devenir très difficile ; la drague glisse et ne mord plus.

Les plantes qui sont susceptibles de s'attacher sur les valves des Mollusques doivent également être proscrites autant que possible. Telles sont certaines algues, comme le mœrle *(Ulva lactuca)* et l'herbe à perruque *(Ceramium rubrum)*. Ces algues nuisent au développement et à la régularité de la coquille ; en outre, sous l'influence des courants un peu énergiques, ou lorsque les vagues agitent trop fortement la mer, les Mollusques ainsi surmontés d'un trop lourd panache sont entraînés au loin et échappent à la surveillance de l'ostréiculteur. Dès qu'on s'apercevra de la présence de ces algues dans un bassin, il conviendra d'en retirer immédiatement les coquilles qui les portent, de les racler au couteau, et de brûler les plantes. C'est malheureusement une opération longue et dispendieuse, mais absolument indispensable.

Les ostréiculteurs ont encore à redouter dans leurs fonds la présence d'une conferve qu'ils désignent sous le nom de *limon vert*. Si l'on n'y prend pas garde, le limon vert finit par envahir les parcs, la surface du bassin se recouvre d'une épaisse couche feutrée, d'une teinte vert-foncé ; sous l'action des rayons solaires, la masse brunit et les éducateurs disent alors que le limon est mûr. Il croît avec une très grande rapidité ; et non seulement il intercepte les rayons solaires, mais il finit même par enlacer dans ses fils les Mollusques dont il est difficile de les débarrasser. On combat le limon vert, en plaçant dans les parcs des Mollusques herbivores comme les Littorines qui viennent à bout des conferves, sans attaquer les Huîtres ou autres Mollusques parqués.

Enfin, si l'on a entrepris d'aménager un lac ou un étang, on devra avoir soin d'éviter d'y ensemencer deux formes ou deux races différentes, qui peuvent se nuire entre elles, à moins toutefois que le bassin soit assez grand, pour que les colonies ne puissent se rejoindre. Nous ne pouvons admettre par exemple, que dans un espace restreint, on prétende faire à la fois de l'ostréiculture et de la mytiliculture. Ces deux opérations qui comportent en somme des fonds et des milieux différents, et dont les animaux, s'ils vivaient à l'état de liberté, peuvent se nuire réciproquement, ne doivent se tenter qu'à la condition d'être suffisamment éloignées l'une de l'autre.

Demandes de concession. — Une fois le terrain choisi, une fois le genre de culture arrêté, voyons quelles sont les dispositions administratives que le conchylioculteur devra remplir. Toute personne qui veut créer une installation au bord de la mer doit en adresser la demande, sur papier timbré, au ministre de la marine. Dans cette demande, on a soin de consigner l'indication exacte de la localité où l'installation doit être établie et le genre de culture auquel le demandeur veut se livrer. A cette demande est annexé un plan exact du terrain sollicité, tel qu'il existe au moment de la basse mer des eaux vives ; ce plan, aussi complet que possible, doit être dressé en double expédition.

C'est par les bureaux du commissaire de l'inscription maritime du quartier que l'autorisation est renvoyée du ministère. Le commissaire avise le demandeur d'avoir à faire procéder à une enquête *de commodo et incommodo* qui est affichée au bureau de l'inscription maritime, et aux mairies de la commune où se trouve le terrain objet d'une demande de concession et de la commune du pétitionnaire. Toute personne ayant des observations à produire, peut le faire dans un délai de quinze jours, à partir du jour où l'affichage a été fait.

Au bout de ce délai, l'administration fait procéder à une enquête sur place, par le service des ponts et chaussées et par le commissariat de la marine, pour savoir si l'établissement projeté peut être installé sans qu'il en résulte une gêne ou des inconvénients pour la navigation maritime, pour la pêche ou pour tout autre intérêt public ou privé.

Il va sans dire que tous les frais de l'enquête, comme la redevance à payer, redevance dont la quotité est fixée par l'administration des finances, sont à la charge du pétitionnaire. Toutefois, les marins inscrits, leurs femmes, leurs veuves ou leurs enfants mineurs sont seuls dispensés de cette redevance.

Les concessions sont accordées d'après les règlements fixés par un arrêté du 16 mai 1876, dont voici deux des dispositifs :

Article premier. — Les autorisations pour la création d'établissements de pêche, de quelque nature qu'ils soient, dans les dépendances du domaine public maritime, ou dans les propriétés privées recevant l'eau de la mer, continuent à être accordées par le ministère de la marine, à titre précaire. Elles sont absolument personnelles et révocables à toute époque sans indemnité.

Art. 2. — Tout établissement qui occupe, ne fût-ce que par ses dépendances, telles que canaux, tranchées, rigoles, écluses, une partie quelconque du domaine national, donne lieu à la perception, au profit du Trésor, d'une redevance dont la quotité est fixée par l'Administration des finances et revisée par elle, au plus tard tous les cinq ans.

Le prix des concessions est très variable suivant les localités, et d'abord les concessions sont accordées gratuitement aux inscrits maritimes et anciens marins. Les autres ostréiculteurs payent des redevances qui varient de 30 à 100 francs par hectare. Comme l'a fait observer M. de Nansouty, il y a là de singulières anomalies, et on s'explique difficilement pourquoi cette redevance, qui est de 34 francs par hectare à Arcachon, atteint 40 francs dans le Morbihan et 80 francs dans la rivière d'Auray.

Législation conchyliologique. — Nous croyons utile de rappeler ici les principales dispositions relatives à la législation qui régit tout ce qui concerne les éducations conchyliologiques. Ces dispositions sont relatées dans un décret du 12 janvier 1882, qui vise la loi du 2 janvier 1852.

Considérant que, durant la période du 15 juin au 1 septembre, qui est celle de la reproduction des Huîtres, ces coquillages doivent être assimilés au frai ;

Considérant que, si l'intérêt de la reproduction exige, dès lors, que les Huîtres soient laissées au repos, sur les fonds ou dans les parcs pendant ladite période, il importe néanmoins de favoriser les mouvements de parcs à parcs, dans l'intérêt de l'industrie ostréicole ;

Le Conseil d'amirauté entendu, décrète :

ARTICLE PREMIER. — La vente des Huîtres de toute provenance est interdite, pour l'alimentation publique, du 15 juin au 1er septembre de chaque année.

ART. 2. — La vente, l'achat, le transport et le colportage des Huîtres de parcs ou autres établissements ostréicoles quelconques, sont autorisés toute l'année, dans l'intérêt de l'élevage des coquillages ou du repeuplement des parcs, rivières, claires ou autres établissements, quelle que soit la dimension des Huîtres, sous la réserve expresse, que les envois effectués dans la période comprise entre le 15 juin et le 1er septembre, seront accompagnés d'un certificat de provenance délivré par un fonctionnaire ou agent de la marine, et mentionnant le lieu de la destination.

Les Huîtres d'une dimension inférieure à 5 centimètres, colportées en vertu des dispositious qui précèdent, ne pourront dans aucun cas être exposées sur les marchés, ni livrées à la consommation. La même défense s'applique aux Huîtres ayant la dimension réglementaire, colportées dans la période comprise entre le 15 juin et le 1er septembre.

ART. 3. — L'exportation, du bassin d'Arcachon, des Huîtres de moins de 5 centimètres, continue à être interdite en tout temps, de même qu'il est défendu d'expédier des Huîtres de ce bassin, du 15 juin au 1er septembre.

ART. 4. — Les contrevenants aux dispositions qui précèdent seront punis des peines édictées par l'article 7 de la loi du 9 février 1852, ci-dessus visée.

Telle est la loi qui régit l'ostréiculture sur nos côtes ; ajoutons que, d'après une autorisation en date du 19 juillet 1882, la vente et la consommation des Huîtres du littoral, qui n'était autorisée qu'à partir du 1er août au lieu du 1er septembre, est maintenant permise en toute saison, depuis le 9 août 1888.

Rôle des laboratoires maritimes. — Dans ce chapitre, comme dans les précédents, nous avons soulevé une foule de problèmes non encore résolus et dont la solution intéresserait pourtant au premier chef nos industriels s'occupant de conchyliculture. Malheureusement, ce genre d'étude n'est pas toujours à leur portée, car il nécessite des connaissances techniques que possèdent seuls les naturalistes de profession et les physiologistes.

Où donc l'éleveur de Mollusques ira-t-il puiser tous ces nombreux documents spéciaux qu'il lui importe cependant de connaître? Sera-t-il condamné, avant de se lancer dans son entreprise, à faire un long et dispendieux apprentissage? Qui lui donnera ces renseignements qu'il doit connaître sur la nature des fonds, sur l'allure des milieux dans un pays donné, sur la faune zoologique qui sillonne ces parages, sur les ennemis qu'il aura à redouter, sur les espèces ou les races qui s'adapteront le mieux dans les conditions qui lui sont réservées, etc. Il a toujours à sa disposition le concours intelligent et éclairé que pourront lui donner les laboratoires maritimes.

Depuis quelques années, sous l'heureuse initiative de M. le professeur Lacaze-Duthiers, de nombreux laboratoires pratiques ont été installés sur nos côtes. Là de savants naturalistes viennent étudier sur place, dans leurs moindres détails, une foule d'êtres connus naguère presque que de réputation. Ces laboratoires, convenablement aménagés, pourvus d'un matériel tout spécial, ont déjà rendu à la science d'innombrables services. Ils ont permis d'étudier et de résoudre nombre de questions du domaine de l'anatomie, de la physiologie et de la biologie.

Pourtant ils ont encore un autre rôle, au moins aussi important, à jouer. Ils ne doivent pas se contenter d'être, en quelque sorte, purement théoriques; ils doivent également accéder à toutes les questions de la pratique. Étudier les organes les plus intimes d'un animal microscopique, déceler des organes de la vision chez des êtres qui n'ont pas de tête, surprendre les mystères de la fécondation chez les êtres les moins bien organisés de l'échelle zoologique, sont incontestablement des questions fort attrayantes et même utiles pour la connaissance générale du monde animal.

Mais, à côté de cela, il existe une foule de questions tout aussi intéressantes et qui doivent éclairer nos éleveurs de Mollusques. C'est là tout un rôle des plus importants qui incombe de droit aux zélés naturalistes qui s'occupent de nos laboratoires maritimes. Jusqu'à ce jour, la conchylioculture, au point de vue scientifique, a été presque complètement négligée; elle a pourtant son attrait comme son importance, et il est temps de lui faire occuper la place qu'elle mérite dans les études zootechniques.

VII

LES ENNEMIS ET LES MALADIES
DES MOLLUSQUES

Les ennemis des Mollusques. — Les Mammiferes. — Les Oiseaux. — Les
Poissons. — Les Crustacés. — Les Insectes nuisibles ou utiles. — Les
Mollusques carnassiers et parasites, le Cormaillot, le Drill, etc. — Les
Arachnides des Mollusques d'eau douce. — Les Rayonnés. — Les Vers.
— Les Cercaires et leurs évolutions. — Les Hirudinés. — Les Bryozoai-
res. — Les Spongiaires. — Les maladies des Mollusques. — Le typhus des
Huîtres. — Le rachitisme. — Le chambrage. — Les perles.

Un membre fort zélé de la Société protectrice des animaux nous disait un jour : Le plus redoutable ennemi de
la bête, c'est l'homme ! A ce même titre nous dirons
aussi que le Mollusque n'a pas de plus terrible ennemi
que l'homme, à en juger par l'effroyable consommation
journalière qu'il arrive à en faire. Mais à côté de l'homme
il y a aussi des animaux de toutes sortes qui ne craignent pas d'entrer en concurrence avec lui. Or, comme,
en définitive, l'homme nous intéresse infiniment plus
que ses rivaux, examinons avec quelque attention à
quels concurrents il aura à faire, et quels sont les moyens
de s'en débarrasser.

Dans la grande lutte pour la vie, le « struggle for life »,
pour nous servir de l'expression à la mode, nous voyons
que le malheureux Mollusque est en proie aux attaques

de toutes sortes d'animaux : Mammifères, Oiseaux, Poissons, Crustacés, Insectes, etc., lui font la chasse, chasse bien facile puisqu'il ne peut fuir son ennemi ! Bien mieux, les Mollusques se mangent entre eux ! Ils ont également leurs parasites, et servent de véhicule à ces êtres singuliers qui passent à travers les organes des animaux les plus différents, pour accomplir le cycle migratoire de leur existence si bizarre. Enfin, comme tous les autres êtres, les Mollusques ont leurs maladies, et leur état pathologique nécessite des soins particuliers que tout éleveur et même que tout consommateur doit connaître, s'ils ne veulent l'un et l'autre s'exposer à de fâcheux mécomptes.

Mammifères. — Bon nombre de Mammifères font la chasse ou la pêche aux Mollusques ; ce n'est certes pas que cet être froid et quelque peu visqueux soit d'un grand secours dans leur alimentation ; mais lorsqu'ils n'ont rien de mieux à se mettre sous la dent, il faut bien qu'ils sachent s'en contenter.

Les Mollusques terrestres, et plus particulièrement les Escargots, ont à redouter dans nos pays bon nombre de Mammifères de petite taille. La Taupe *(Talpa europœa)* chasse les Gastropodes de petite dimension et les cache dans ses caves à provisions ; plus d'une fois il nous est arrivé de trouver dans le fond des taupinières des *Helix nemoralis* et *H. hortensis* et même des *Cyclostoma elegans*.

Le Hérisson *(Erinaceus europœus)* est un des meilleurs chasseurs de Mollusques ; il semble préférer les Limaces et les Arions, mais il ne dédaigne point non plus, dans la mauvaise saison, les *Helix pomatia* et *H. aspersa.* Dans un jardin, le Hérisson devient bientôt le plus vigilant gardien des légumes et des fleurs ; il chasse d'abord les insectes, puis détruit imperturbablement les Mollusques qui sortent après la pluie pour dévorer les plantes de toutes sortes.

Parmi les *Soricidæ*, la Musaraigne *(Crossopus fodiens)*, le Carrelet *(Sorex vulgaris)*, la Musette ou Leucode aranivore *(Leucodon araneus)* détruisent une quantité de Mollusques dans les bois et les champs. Ils s'attaquent surtout aux jeunes dont la coquille n'est pas encore bien dure ; ils sont du reste suffisamment armés pour pouvoir en venir facilement à bout.

Le Blaireau *(Meles taxus)*, la Fouine *(Martes foina)*, le Putois *(Fœtorius putorius)*, la Belette *(Fœtorius vulgaris)*, etc., dans la famille des *Mustellidæ*, sont aussi des chasseurs d'Escargots. Dans la même famille, la Loutre *(Lutra vulgaris)* pêche les Mollusques aquatiques quand elle ne trouve plus de poissons ; sur les rives des petits cours d'eau bien souvent dépeuplés des poissons et des écrevisses qui en faisaient la richesse, la Loutre s'attaque volontiers aux Anodontes dont les valves fragiles se brisent facilement sous ses dents, sans dédaigner les Unios, les Planorbes, les Limnées et les Vivipares.

En dehors de nos pays, nous citerons encore : l'Enhydre marin *(Enhydris marina)*, des côtes du grand Océan, entre l'Asie et l'Amérique du Nord ; le Raton laveur *(Procyon lotor)*, de l'Amérique septentrionale ; le Raton crabier *(Procyon cancrivorus)*, des côtes orientales de l'Amérique du Sud ; le Thylacine cynocéphale *(Thylacinus cynocephalus)*, de la Tasmanie ; le Sarcophile ursien *(Sarcophilus ursinus)*, des mêmes régions ; le Dasyure *(Dasyurus Maugei)*, de la Nouvelle-Hollande ; le Philander *(Philander cancrivorus)*, de l'Amérique tropicale ; l'Andatra musqué (*Fiber ribethicus*), de l'Amérique du Nord, qui emmagasinent les coquillages dans leurs demeures; etc.

Les Mollusques marins, même ceux qui sont loin des côtes, ont dans ces Cétacés de redoutables ennemis : « Le Morse, dit M. le Dʳ Fischer, se nourrit presque exclusivement de Myes (*Mya arenaria* et *truncata*); quelques Cétacés détruisent des quantités prodigieuses de Mollusques et sont par excellence des mangeurs de Céphalopodes ou des Teuthophages : ainsi, dans l'estomac de divers Hysperoodons, on a trouvé plus de deux litres de becs de Céphalopodes, plusieurs centaines de becs de Seiches, enfin plus d'un demi-boisseau, ou dix-huit litres de ces becs, et pas autre chose. Nous avons recueilli vingt-neuf mandibules de Céphalopodes dans le premier estomac d'un *Grampus*; et ce viscère, chez un *Globicephalus*, ne contenait que des débris de ces Mollusques.

« Il n'est donc pas étonnant, dans les parages fréquentés par les Cétacés, de voir jetés à la côte des milliers de corps de Seiches, dont la tête a été enlevée. L'ambre gris, qui provient des intestins du Cachalot, renferme des becs de Céphalopodes, qui communiquent peut-être à cette substance son odeur musquée.

« Les Baleines vivent, dit-on, de Ptéropodes flottants (*Limacina*, *Clio*), d'après Fabricius et d'autres auteurs; mais il paraît démontré aujourd'hui que des bancs de petits Crustacés (*Cetochilus*) servent en majeure partie à leur alimentation. »

Oiseaux. — Le nombre des Oiseaux faisant la chasse aux Mollusques est considérable. Ce sont surtout des Oiseaux aquatiques. Quelques-uns cependant s'attaquent également aux coquillages terrestres. Les Poules en général sont extrêmement friandes de Mollusques cuits, mais elles ne font point la chasse pour cela aux Escargots; plusieurs fois nous avons donné à des poules des Escargots cuits qui provenaient de la vidange de nos coquilles; une fois qu'elles en avait goûté, elles en devenaient très avides, mais jamais nous n'avons vu ces animaux chasser elles-mêmes les Colimaçons.

Les Canards comme la plupart des Palmipèdes font la chasse aux Mollusques d'eau douce, particulièrement aux jeunes Limaces, aux Planorbes et même aux Succinées qui grimpent le long des tiges des plantes aquatiques. On a donné le nom d'*anatina* à un Anodonte, et bon nombre d'auteurs en ont conclu que tous les Anodontes ou *Coquillage des Canards* étaient pêchés et mangés par ces Palmipèdes. C'est là une grosse exagération.

« Mes travaux, dit M. Schmidt (*in* Brehm) au sujet du développement des *Anodonta cygnæa*, ont été effectués sur des spécimens provenant d'un petit ruisseau peu profond et vaseux, dans lequel j'ai pêché ces Lamellibranches pendant des semaines, en compagnie des Canards. J'ai fréquemment surpris le moment où un Canard avait suffisamment écarté la coquille, en dépit de la faiblesse de son bec, pour se trouver en mesure de s'emparer de la chair du Lamellibranche et notamment de ses branchies bondées d'embryons. »

A ce fait nous en aurions un bon nombre d'autres à opposer. Nous citerons particulièrement le petit lac du parc de la Tête d'Or, sur lequel on voit flotter des centaines de Cygnes blancs ou noirs et des Canards de toutes les espèces; dans ces mêmes eaux pullulent des quantités prodigieuses d'*Anodonta cygnæa, Locardi, macrostema*, etc., qui nous semblent vivre dans la meilleure harmonie avec tous les Palmipèdes de l'endroit. Il faut dire, à la vérité, qu'on donne à ces oiseaux une nourriture probablement suffisante, qui leur permet de faire fi d'un simple Mollusque. Il est probable que, s'ils n'avaient pas autre chose à se mettre dans le bec, ils couraient la chance de s'attaquer aux plus jeunes Anodontes. Quant aux qualificatifs de *cygnæa* ou d'*anatina* donnés par Linné, ils peuvent plus ou moins bien représenter la forme de coquille, ou simplement montrer qu'elle vit dans les mêmes milieux que ces Oiseaux.

La plupart des Oiseaux aquatiques de nos pays, tels que les Hérons *(Ardea cinerea)*, les Râles d'eau *(Rallus aquaticus)*, les Martins-Pêcheurs *(Alcedo hispida)*, etc., détruisent un certain nombre de Mollusques aux alentours de nos lacs et de nos étangs. Puton prétend avoir vu des Corbeaux *(Corvus corax)* casser la glace dans les Vosges pour pêcher des Nayades et s'en repaître faute de mieux. Au bord de la mer, on voit souvent à marée basse les Courlis *(Numenius arquatus)*, les Macreuses *(Oidemia fusca)*, les Huîtriers *(Hæmatopus ostralegus)*, etc., faire la chasse aux coquillages à travers les rochers. A propos de ce dernier Oiseau il ne faudrait pas croire qu'il fait spécialement la chasse aux Huîtres comme son nom semble l'indiquer; nous le croyons incapable d'un pareil crime; qu'il absorbe un certain nombre de Littorines, de Troques, de Turbos, etc., voir même quelques Moules, c'est chose certaine, mais il ne saurait s'attaquer aux valves si résistantes de l'Huître.

Plusieurs grands Oiseaux de mer ne craignent pas de poursuivre les Céphalopodes. M. Velain a cité les gorfous *(Eudyptes chrysolopha)* qui nagent très bien en mer et qui s'attaquent même aux grandes espèces. Dans l'estomac d'un de ces Oiseaux il a trouvé vingt mandibules d'*Ommatostrephes*, grands Céphalopodes qui hantent la pleine mer.

Enfin nous citerons pour la défense de ces malheureux Oiseaux, cause de tant de méfaits, un singulier animal, qui ne fait la chasse aux coquillages que pour en faire des collections. Nous empruntons à M. Frédéric Houssay le curieux récit qui va suivre [1] :

« Les tonnelles bâties par ces oiseaux peuvent atteindre jusqu'à un mètre de longueur, ce qui est fort luxueux, l'animal n'ayant lui-même que 25 centimètres. Dans cette espèce, les berceaux ne sont pas l'œuvre et la propriété d'un seul couple ; c'est le résultat de la collaboration de plusieurs ménages qui viennent ensemble s'y abriter. Ces oiseaux se nourrissent exclusivement de graines : aussi est-ce à un goût de collectionneur fort prononcé qu'il faut rapporter la manie d'amonceler devant les entrées de leur tonnelle, des cailloux blancs, coquillages, petits os (fig. 85). Ces objets sont destinés à l'unique agrément de ces artistes à plumes. D'ailleurs, fort soigneux, ils ne rapportent jamais que des pièces très propres et qui ont été bien blanchies et desséchées par le soleil. »

Dans le même pays, ajoute M. Frédéric Houssay, un autre oiseau, le *Ptilonorhynchus holosericeus* que les indigènes désignent sous le nom de *Bower-Bird*, c'est-à-dire constructeur de berceau, après avoir construit sa curieuse retraite, y transporte une foule d'objets voyants, tels que cailloux roulés bien blancs, coquillages, plumes de per-

---

[1] Frédéric Houssay : *Les Industries des animaux* (Bibl. scient. contemp.).

roquets, etc. « Tous ces trésors sont disposés à terre, de-

Fig. 85. — Le Chlamydera maculata.

vant les deux entrées du berceau, de façon à former de
chaque côté un tapis moelleux, mais dont les couleurs

variées réjouissent. Les plus jolies trouvailles sont fixées dans la paroi même de la hutte. »

Reptiles. — Dans nos pays, les Crapauds, les Grenouilles et les Tritons font aussi bien la chasse aux Mollusques qu'aux Insectes. Les jeunes Limnées, Planorbes, Physes et même les Succinées sont leurs victimes. Le Crapaud s'acharne volontiers après les Limaces et les Arions ; rien n'est curieux comme de voir un Crapaud aux prises avec un de ces gros Arions rouges qu'il essaye d'avaler par un bout, tandis que le Mollusque se sentant saisi, se gonfle et se ramasse sur lui-même au point que le reptile ne peut plus s'en défaire, ni l'avaler.

Les Pleurodèles font une grande consommation de Physes et de Limnées dont ils brisent la coquille ; on en retrouve des fragments dans son tube digestif. Les Serpents, paraît-il, faute de mieux sans doute, s'attaqueraient également aux Hélices. Mais la Tortue est friande de petites Limaces et de jeunes Escargots dont elle écrase facilement la fragile coquille avec ses mandibules. Enfin, d'après M. P. Fischer, les *Pseudopus* que l'on rencontre parfois dans quelques ménageries seraient nourris avec des Escargots.

Poissons. — Un grand nombre de Poissons de mer vivent de coquillages ou même de naissain ; quelques-uns causent de véritables dommages jusque dans les installations conchyliocoles qui ne sont pas suffisamment protégées. Lorsque l'on vide certains poissons, on trouve souvent dans leur intérieur d'élégantes coquilles parfaitement conservées ; c'est même, nous devons l'avouer, un moyen dont les naturalistes font usage pour se procurer certaines espèces rares ou provenant de régions lointaines.

Parmi les Poissons osseux acanthoptérigiens, nous citerons les Trigles *(Trigla)* ou Grondins, souvent désignés à Paris et dans le centre de la France sous le nom de Rougets quoique ce nom appartienne aux Mulles. Il en existe plusieurs espèces; ce sont des animaux très voraces qui avalent volontiers des coquillages de taille assez grosse. D'après M. Hidalgo, on trouve souvent dans leur estomac des Mollusques provenant d'assez grandes profondeurs.

Le Malarmat *(Peristidion cataphractum)*, commun dans la Méditerranée, se tient, comme les Trigles, sous les profondeurs et n'approche des côtes que vers l'équinoxe. Son corps, d'un beau rouge, est fortement cuirassé; il fait une grande consommation de petits Mollusques qu'il avale le plus souvent sans en briser la coquille.

La Daurade *(Sparus aurata)* de la Méditerranée, vit en abondance aux Martigues, dans les étangs de Cette, d'Hyères, presque tout le long du littoral; toujours en quête de Mollusques, elle brise leur coquille avec les dents dont sa mâchoire est ornée. A plusieurs reprises, on a vu des essais d'ostréiculture complètement ravagés par l'invasion des Daurades; les Donaces, les Mactres, les Tapès, les Vénus et les Moules sont particulièrement recherchés par ces poissons.

Sous le nom de Chiquinet ou Gueule-Pavée, les Bretons désignent une forme voisine, au corps argenté, au dos bleuâtre, avec le ventre blanc qui cause parfois de grands ravages dans leurs parcs.

Le Muge ou Mulet Capiton *(Mugil capito)* est un des poissons de la Manche et de l'Océan qui fait la chasse la plus acharnée aux coquillages; comme il atteint facilement 60 centimètres de longueur, sa grande taille lui permet d'absorber des quantités considérables de Mollusques. Jeffreys cite une observation d'Hyndman, d'après laquelle on aurait trouvé 35.000 individus d'une petite coquille bivalve, le *Turtonia minuta*, dans l'estomac d'un seul Muge.

Le Labre ou Vieille de mer *(Labrus vetula)* appelé encore Grac'h, Gronch ou Grivec, sur les côtes de la région armoricaine, est un de nos plus beaux poissons du nord; sa mâchoire est armée de plaques pharyngiennes très puissantes qui lui permettent de briser facilement les coquilles des Mollusques ; ils font surtout la chasse aux Cardiums ou Sourdons, aux Moules et aux jeunes Huîtres; ils font également la chasse au naissain dont ils semblent se gorger.

Les Crenilabres *(Crenilabrus)* ou Lutjons vont, d'après M. le Dr P. Fischer, jusqu'à détacher les Huîtres des tuiles où elles sont fixées, pour en briser la coquille et se repaître de l'animal.

Le Loup *(Anarrhicus lupus)* vit également dans le nord ; son corps qui atteint jusqu'à 1 ou même 2 mètres de longueur, porte une tête puissamment armée et dont la mâchoire est mise en mouvement par des muscles particulièrement forts ; il brise les plus dures coquilles et fait une chasse active à presque tous les coquillages.

Dans la famille des poissons malacoptérigiens, nous indiquerons :

L'Églefin ou Égrefin *(Morrhua æglefina)* que l'on appelle ainsi, à cause de la croix noire qui orne son dos. Ce poisson appartient à la familles des Morues et vit en troupes, par petits bancs, dans la Manche ; de novembre à février, il fréquente les rochers de la côte et se repaît de Mollusques et de Crustacés ; il va jusque dans les claires et les réserves pour satisfaire son appétit.

La Morue *(Gadus morrhua)* passe pour un des malacoptérigiens les plus voraces en fait de Mollusques. Jeffreys raconte qu'on a trouvé jusqu'à trente-cinq et même quarante coquilles de *Buccinum undatum* dans l'estomac d'une Morue ; comme elle fréquente plus volontiers les mers du nord, elle nous rapporte souvent d'intéressantes espèces de coquilles qui ne vivent pas dans nos pays.

La Sole *(Pleuronectes solea)* se tient presque toujours au fond de l'eau où elle prend des petits coquillages ; à l'époque du frai des Mollusques, elle peut commettre de grands dégâts. On trouve souvent, dans son estomac, des valves de Mactres, de Tellines, de Donaces, de Syndesmies, etc.

Le Congre *(Murœna conger)* vit dans toutes nos mers et s'attaque de préférence aux Céphalopodes qu'il va chercher jusque dans leurs retraites au fond des anfractuosités de rochers. Un fragment de Seiche est la meilleure amorce qui existe pour pêcher les Congres.

La Murène, dans la Méditerranée, est certainement le plus redoutable de tous les poissons de taille moyenne, puisqu'une fois prise et jetée vivante dans la barque, elle ne craint pas de se retourner contre le pêcheur et de lui faire de cruelles morsures. Un vieux pêcheur corse nous posait un jour le problème suivant : imaginez dans une nasse, une Langouste si bien cuirassée, un Poulpe si bien armé pour l'attaque et une Murène ; que va-t-il se passer dans la lutte entre ces trois individus, et quel sera le vainqueur ? Nous crûmes naturellement que la Langouste était destinée à survivre à ses adversaires. Erreur complète : enlacée par les bras du Poulpe, elle sera rapidement étouffée sous l'action énergique de ses puissantes ventouses; puis le Poulpe, à son tour, sera dévoré sans plus tarder par la redoutable Murène. La Murène, plus encore que le Congre, fait une chasse incessante à tous les Céphalopodes.

Parmi les Poissons d'eau douce de nos rivières, la Bouvière *(Rhodeus amarus)* a des procédés fort singuliers vis-à-vis des Mollusques. « Lorsque la ponte est imminente, dit M. Frédéric Houssay, le Rhodeus, allant et venant au fond de l'eau, finit par découvrir un Unio. Le Bivalve sommeille, la coquille entrebâillée, sans se douter du complot qui se trame contre lui. Il ne s'agit rien moins que de le transformer en hôtel garni. La femelle de notre Poisson porte au-dessous de la queue un prolongement de l'oviducte, elle l'introduit délicatement entre les valves du Mollusque et laisse tomber un œuf entre ses feuillets branchiaux. A son tour, le mâle approche, s'agite au-dessus et le féconde. L'œuf bien abrité contre les dangers du dehors, subit son développement, et un beau jour, le petit poisson sort en frétillant de la paisible retraite où il a été recueilli. »

Enfin, dans la classe des Chondroptérigiens ou Poissons cartilagineux, nous indiquerons les trois espèces suivantes :

Le Bleu ou Squale bleu *(Squalus glaucus)*, le Thouy des Arcachonais, atteint de 2 à 3 mètres de longueur et fait la chasse aux Mollusques et particulièrement aux Huîtres quand il n'a rien de mieux à mettre sous ses dents. Il est assez commun dans la Méditerranée et fort redouté des pêcheurs dont il déchire les filets.

La Raie *(Raja)*, qui comporte un assez grand nombre d'espèces, s'attaque aux Mollusques lorsqu'elle est de forte taille. Nous avons plusieurs fois rencontré de petits coquillages dans l'estomac des grandes Raies de la Méditerranée.

La Pastenague (*Raja pastinaca*), appelée encore Terre ou Tère par les pêcheurs de nos côtes, cause parfois de grands ravages dans les installations ostréicoles. M. le Dʳ P. Fischer raconte que, dans une seule nuit, quatorze Pastenagues détruisirent cent soixante-dix mille jeunes Huîtres dans le parc d'Arcachon.

Divers moyens ont été proposés pour protéger les parcs d'Arcachon contre les attaques des Poissons. Quelques éleveurs disposent au voisinage de leurs installations, des flotteurs munis d'une petite sonnette suspendue au bout d'une tige fixe, surmontée elle-même de brindilles qui se déplacent sous l'action des moindres mouvements de l'eau. D'autres disposent à l'entrée des bassins des piquets pointus ou des branchages contre lesquels le Poisson n'ose venir se piquer. Malgré cela, les parcs sont encore trop souvent l'objet des visites désastreuses de ces redoutables ennemis.

Crustacés. — Certains Crustacés sont peut-être encore plus à redouter que les Poissons ; ils font une chasse incessante à ces pauvres Mollusques qui ne peuvent se défendre, et que leur épaisse coquille ne suffit pas toujours à protéger, surtout lorsqu'ils sont encore jeunes.

L'Écrevisse de nos ruisseaux (*Astacus fluviatilis*), quoique devenue très rare dans la plupart de nos rivières, ne craint pas de s'attaquer aux jeunes Unios et Anodontes ; souvent on retrouve les traces de leurs pattes sur des coquilles qu'elles n'ont pu parvenir à briser, mais qui, étant encore fragiles, ont conservé leur marque à mesure qu'elles grandissaient. Les Écrevisses préfèrent encore les cadavres des Mollusques morts, dont elles se repaissent avidement.

Le Crabe enragé ou Crabe commun *(Carcinus mœnas)*, si commun sur toutes nos côtes océaniques, s'attaque non seulement au jeune naissain qu'il dévore avec rapidité, mais même aux Huîtres d'une taille déjà respectable ; souvent il pratique sur leurs bords une véritable brèche qui finit par mettre le Mollusque à nu. Il fait parfois dans les parcs des ravages considérables.

Le Tourteau ou Poupart *(Cancer pagurus)*, le Crabe cendré *(Cancer cinereus)* font également de sérieux dégâts dans les installations ostréicoles ; le premier a sa carapace roussâtre, finement granulée ; le second est lisse et couleur feuille morte.

La Crevette rose *(Palemon serratus)* détruit également bon nombre de jeunes Mollusques. « La Crevette, dit M. Chaumel, s'y prend, pour défoncer l'Huître naissante, absolument comme devra le faire un bâtiment bélier. Elle se place à quelque distance du point à battre, et fonce de toute la vitesse qu'elle peut acquérir, en dirigeant son puissant éperon sur la coquille qu'elle perce ainsi. »

Plusieurs Crustacés vivent en parasites sur les Mollusques. Le plus curieux est le Pinnothère *(Pinnotheres veterum)*. « C'est, écrivait de Bomare, une espèce de petit Cancre nu, comme le Bernard-l'Ermite, mais pourvu de très bons yeux ; c'est, dit-on, le satellite de la Pinne marine ; ils vivent et logent ensemble dans la même coquille qui sert à la Pinne marine : quand elle a besoin de manger, elle ouvre ses valves et envoie son fidèle pourvoyeur à la picorée ; mais s'il aperçoit un Poulpe, il revient précipitamment auprès de son hôtesse aveugle et dont les autres sens ne sont pas fort exquis, pour l'avertir du danger ; de sorte qu'en fermant ses valves, elle évite alors la fureur de son ennemi ; il lui en coûterait la vie ; enfin, quand il est chargé de butin, il fait un petit cri à l'endroit où elle s'ouvre ; le locataire entre aussitôt, et alors les deux amis partagent entre eux le butin. Ils font chambrée ensemble. »

Les anciens connaissaient les mœurs de ce singulier Crustacé. Aristote et Pline en font mention dans leurs écrits, et on en voit qui sont représentés sur les monuments de l'ancienne Égypte. De tels récits sont-ils absolument véridiques ? nous en doutons un peu. Mais ce qu'il y a de certain, c'est que dans presque toutes les Pinnes on trouve ce Pinnothère, *Custos Pinnæ*.

Une espèce voisine *(Pinnotheres pisum)* se rencontre fréquemment chez les Moules ; sur dix-huit Moules d'Irlande, Wyville Thomson prétend qu'il y en a quatorze qui sont pourvues de ce petit commensal. Quelques auteurs ont voulu attribuer à ce petit Crustacé certains empoisonnements observés à la suite de l'ingestion des Moules. Mais il est aujourd'hui absolument démontré qu'il n'est pour rien dans ces maladies, et que des Moules cuites ou crues, portant leur parasite, peuvent être impunément absorbées. C'est ainsi que les Moules du littoral de Nantes renferment très souvent des *Pinnotheres pisum*, et on n'a pas observé que les personnes qui les consommaient en fussent plus malades pour cela.

Plusieurs autres Mollusques servent également d'asile à des Pinnothères. L'Huître perlière *(Avicula margaritifera)* loge un Crustacé d'une espèce particulière plus voisin des Homards que des Crabes, le *Conchodytes meleagrina* ; quelques auteurs ont même supposé que ces parasites devaient jouer un rôle dans la formation des perles. La grande Modiole des mers du nord *(Modiola papuana)* renferme toujours au dire de van Beneden un couple de Pinnothères de la grosseur d'une noisette.

Plusieurs autres Crustacés vivent également en parasites sur les Mollusques, notamment sur les Nudibranches du genre Doris. Dans les branchies du Tridacne, on trouve l'*Ostracotheres tridacnæ;* « un petit Crustacé brachyure, dit M. le Dr P. Fischer, d'une brillante couleur bleue, est presque toujours attaché au flotteur des Janthines, dont il se sert comme d'un radeau, tandis que des Anatifes sont fixés sur la coquille. »

Enfin, un dernier Crustacé décapode, le Pagure ou Bernard-l'Ermite *(Pagurus Bernhardus)*, fait un singulier usage des coquilles. Son abdomen privé de la cuirasse calcaire que portent ses congénères, deviendrait une proie facile pour tous ses ennemis, s'il ne savait se réfugier dans l'intérieur de quelque Gastropode marin adapté à sa taille; vient-il à grandir, sa demeure se trouve bientôt trop étroite ; il en change aussitôt, et passe de la coquille d'une Littorine à celle d'un Murex, avec autant de facilité que si son corps avait été créé spécialement pour être enfermé dans un pareil réduit.

La défense contre les attaques des Crustacés est parfois chose assez difficile. Souvent on se contente de tendre des pièges où ils se laissent assez facilement prendre, et comme en somme ils sont fort bons à manger, on est toujours amplement dédommagé du temps perdu et de la petite dépense de matériel. On emploie à cet effet des nasses en osier ou en fil de fer, appelées casiers, de forme allongée ou aplatie, et munies d'une ou de deux ouvertures centrales en entonnoir, comme dans les nasses à Poisson. On amorce en plaçant un peu de chair quelconque sous le casier; les Crustacés attirés par l'odeur entrent bien par l'ouverture, mais ne peuvent plus en sortir.

M. le Dr Brocchi indique un autre procédé pour protéger les claires contre les invasions des Crustacés, procédé qui consiste à les blinder; ce blindage, inventé par M. Rénauld, s'opère de la manière suivante. Les claires sont limitées par des planchettes en bois; sur le bord supérieur de ces planches, on cloue de petites lames de zinc, faisant une légère saillie en dehors. Cet obstacle suffit pour empêcher les Crabes de franchir les planches qui limitent la surface de la claire.

Insectes. — Les Mollusques terrestres ont à redouter un assez grand nombre d'Insectes qui vivent à leurs dépens, soit à l'état de larves, soit à l'état parfait. Nous citerons plus particulièrement dans nos pays les espèces suivantes :

Dans la famille des Carabidés les *Carabus auratus* et *Procustus coriaceus*. La plupart des espèces de ce genre se tiennent sous les pierres, les mousses, les mottes de terre, et autres lieux cachés, où elles vivent soit à l'état de larves, soit à l'état parfait, de Lombrics, de larves d'Insectes, de Limaces, d'Arions et d'Hélices. Le *Carabus auratus* a le corps d'un vert doré éclatant ; ses élytres sont surmontées de trois côtes

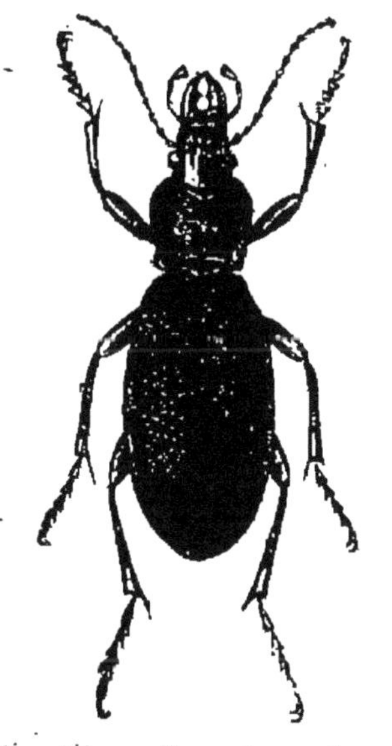

Fig. 86. — *Procustus coriaceus.*

longitudinales obtuses. Le *Procustus coriaceus* est au contraire complètement noir (fig. 86), avec les élytres comme chagrinées. La larve de ce Procuste s'attaque aux plus gros Mollusques de nos jardins.

Les Hydrocanthares ou Dytiscides se comportent à peu près de même que les Carabides. Si leur forme est bien différente et modifiée en vue de la vie aquatique, leur genre de vie a beaucoup d'analogie ; ils s'attaquent avec voracité à toute proie animale et font notamment la chasse aux petits Mollusques aquatiques, tels que Limnées, Planorbes, Physes, Vivipares, Paludines, Bythinies, etc. Nous indiquerons dans cette famille l'*Acilius sulcatus* qui vit assez communément dans nos petits cours d'eau.

Plusieurs espèces de la famille des Silphales détruisent une grande quantité d'Insectes ; tels sont les *Sylpha lævigata*, *S. thoracina* et *S. obscura*. Ces Insectes, de taille assez petite, ont une tête ovale et aplatie, recouverte en partie par le corselet ; les élytres et le corselet sont de la même largeur, d'une couleur noire ou brunâtre. La larve se glisse dans l'intérieur des coquilles d'Escargots et en dévore l'animal ; l'Insecte parfait chasse les Hélices de petite dimension, les Bulimes, les Chondrus, etc.

La famille des Lampyrides est celle que les Mollusques ont le plus à redouter ; les principaux genres de cette famille, les *Lampyris*, *Phosphænus*, *Luciola* et *Drilus*, tous animaux nocturnes, recherchent avec avidité tous les Mollusques terrestres pour s'en repaître.

Le *Lampyris noctiluca*, plus connu sous le nom de Ver luisant, ne se nourrit que de Mollusques ; tout le monde connaît ce singulier Insecte Malacoderme, dont la femelle est complètement privée d'ailes et dont le mâle porte seul à l'extrémité de l'abdomen deux anneaux phosphorescents (fig. 87). Deux autres espèces du même genre, les *Lampyris Mulsanti*, au corps plus large, de taille plus petite, avec les taches du prothorax beaucoup plus grandes, et *Lampyris splendida* avec les trois derniers arceaux du ventre d'un blanc d'ivoire, ont les mêmes mœurs carnassières.

FIG. 87. — *Lampyris noctiluca* : larve, mâle, femelle, et mâle renversé.

Le *Phosphænus hepripterus*, petit Insecte au corps allongé, avec des élytres rugueuses et le dessous du corps noir, avec les trois derniers arceaux du ventre fauve, vit également comme les Lampyres. M. Cl. Rey, nous écrit qu'il a surpris la larve de cet Insecte la tête enfoncée dans des *Helix cinctella* et *Hyalinia lucida*.

Les élégantes Lucioles, ces Vers luisants volants du midi de l'Europe, vivent aussi en grande partie de Mollusques. Le *Luciola Lusitanica*, que l'on trouve assez communément à Nice, a le corps allongé, d'un noir ardoisé, avec le prothorax et la poitrine d'un rouge orangé. On le rencontre, nous écrit M. Cl. Rey, le soir dans les coquilles du *Rumina decollata* et de diverses Hélices du groupe des Xérophyliennes.

Le Drile (*Drilus flavescens*), que quelques auteurs classent dans un groupe à part, se présente sous des formes tellement différentes, que la femelle avec son allure de ver a été décrite sous le nom de *Cochleoctonus vorax*; elle est en effet, complètement aptère et a des

Fig. 88. — *Drilus flavescens* (mâle).

Fig. 89. — *Drilus flavescens* (femelle).

antennes très courtes. Le mâle au contraire, possède de longues antennes flabellées; son corps est noir avec les élytres jaunes (fig. 88 et 89). Soit à l'état de larves, soit à l'état parfait, ils détruisent dans les jardins des quantités considérables d'Escargots, tels que *Helix aspersa, H. hortensis, H. nemoralis*, etc.

Tous ces Insectes sont incontestablement les ennemis des Mollusques, puisqu'ils leur font une chasse terrible et qu'ils s'en repaissent avidement; mais ils sont en même temps, et par cela même, de véritables amis de l'homme, puisqu'ils l'aident à se débarrasser d'une foule de commensaux qui finissent par faire singulièrement de tort à ses récoltes. On devra donc, non pas détruire ces Insectes, comme on le fait à tort si souvent, mais au contraire les protéger, et au besoin les propager, puisqu'en somme loin de faire aucun mal, ils ne font que du bien dans nos jardins.

Nous n'avons cité ici que les principaux Insectes s'attaquant en France à nos Mollusques. Il en existe un très grand nombre dans la faune étrangère, leurs noms même ne sont pas encore bien connus.

Plusieurs Insectes vivent en véritables parasites chez les Mollusques. Les Driles, par exemple, se logent dans la coquille des gros Escargots et y subissent leurs métamorphoses. Au besoin même, dit van Beneden, ils changent plusieurs fois de coquilles et choisissent successivement un logis de plus en plus spacieux, approprié à leur taille. En véritables Sybarites, ils tapissent l'entrée de leur demeure et restent paisiblement entourés du manteau de leur jeune âge. Le Cochléostome dépose un œuf dans le corps de différentes espèces d'Escargots, et lorsque l'éclosion arrive, la larve se nourrit du corps de son hôte. Lucas prétend que la larve du *Drilus Mauritanicus* détache, avec ses mandibules, l'opercule du *Cyclostoma mamillare* et se métamorphose dans l'intérieur de cette coquille après en avoir mangé le propriétaire.

Arachnides. — Plusieurs Arachnides vivent en parasites sur les Mollusques terrestres ou des eaux douces; ils appartiennent à la famille des Acarides. Le *Philodromus limacum* vit sans les Limaces et les Escargots, et se loge dans leur poche pulmonaire. Les Anodontes de nos étangs sont infestés d'un parasite appelé *Atax ypsilophora*; dans les Unios, vit une autre espèce l'*Atax Bouzi*; M. Bessels prétend avoir vu ces deux animaux se croiser ensemble. Les Arachnides pondent leurs œufs dans le manteau des Nayades et vivent ensuite dans l'eau lorsqu'elles sont arrivées à l'état parfait.

Mollusques. — Malgré le profond intérêt que nous présentent les Mollusques, il faut bien l'avouer, ils se dévorent entre eux ! Certes, tous ne sont pas capables d'un pareil méfait, et quelques-uns seulement, aux mœurs carnivores, sont assez pervertis pour manger leurs semblables. Plusieurs d'entre eux causent de terribles ravages dans les parcs, et sont la terreur des malheureux éleveurs qui ne parviennent qu'à grand peine à s'en débarrasser. Nous citerons, en tête de ces Mollusques destructeurs, le *Cormaillot* des Archonais, ou *Bigorneau perçeur*, le plus redoutable de tous.

« Si l'on visite un parc, dit M. le Dr P. Fischer, on apercevra çà et là des Huîtres vides, mais dont les valves adhèrent encore au ligament ; l'examen de la coquille montre sur une des valves, et principalement sur la valve concave, un trou arrondi, quelquefois légèrement oblong, coupant le test très nettement, n'ayant pas un calibre uniforme, puisque l'ouverture d'entrée (à la surface extérieure de la valve) a de 1 1/2 à 2 1/2 millimètres de diamètre, et l'ouverture intérieure (à la face interne de la valve) 1/2 millimètre de moins.

« Sur toutes les Huîtres mortes que nous avons ramassées, ce trou est unique ; dans quelques cas très rares, on voyait un autre trou à moitié percé ; mais le Murex avait sans doute, été forcé d'abandonner son ouvrage. La place du trou est assez constante ; elle se remarque vers le centre de la coquille, ou entre l'impression musculaire et la charnière. Jamais le Murex ne perce aux bords ou au sommet des valves ; dans le premier cas il n'atteindrait que le bord du manteau ; dans le second il aurait à traverser inutilement plusieurs couches de matière calcaire ou élastique. L'instinct pousse donc le carnassier à choisir une place qui corresponde soit au muscle adducteur, soit aux viscères les plus essentiels de l'Huître.

« Si l'on réfléchit à cette circonstance que les Huîtres mortes ne présentent qu'un seul trou et sur une seule valve, on en conclura que la lésion a dû être mortelle, qu'une seule blessure a suffi, et que cette blessure a été faite du vivant de l'animal. L'aspect d'une coquille d'Huître percée par le Cormaillot est donc caractéristique.

« Quand on prend le *perceur* sur le fait, on le trouve adhérant assez solidement, par son pied, à la valve qu'il entame, et exécutant par moments de légers mouvements de translation à droite et à gauche, autour d'un axe fixe qui correspond à l'ouverture de sa trompe ; trois ou quatre heures lui suffisent pour percer une coquille d'épaisseur moyenne. Le trou étant achevé, le Murex fait pénétrer sa trompe à l'intérieur des valves et se repaît à son aise. »

Qu'est-ce donc que ce terrible Cormaillot, et à quel caractère le distinguerons-nous ? C'est un Murex que les naturalistes désignent sous le nom de *Murex erinaceus* (fig. 92) ; mais il n'est point le seul de son espèce qui se comporte ainsi ; le *Murex Tarentinus* de la Méditerranée en fait tout autant. C'est un animal, dont la coquille mesure de 3 à 5 centimètres de hauteur, et est composée de six à sept tours de spire découpés par de grosses côtes longitudinales, que recoupent des cordons décurrents ; sa coloration est d'un blanc sale avec quelques maculatures plus foncées et plus confuses.

C'est à la fin de mars et au commencement d'avril que ces Mollusques se rapprochent pour s'accoupler ; en automne, vers le mois de septembre, les jeunes atteignent la grosseur d'un gros grain de blé. C'est donc dans les premiers mois de l'année qu'il convient de leur faire la chasse, et il n'y a pas d'autre moyen que de les prendre à la main à marée basse.

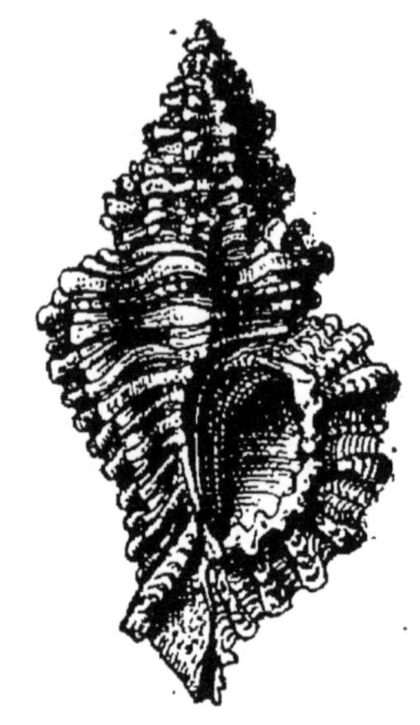

Fig. 90. — Le Cormaillot *(Murex erinaceus* Lin.).

On les trouve sur toutes nos côtes, vivant en colonies plus ou moins populeuses. Les dégâts qu'ils causent sont véritablement prodigieux et se chiffrent chaque année par des sommes considérables. Jadis, paraît-il, ils étaient peu connus ou tout au moins fort rares dans le bassin d'Arcachon. Pour montrer leur prodigieuse multiplication, M. le Dr P. Fischer, raconte, que, en une seule marée du mois de mars, douze marins de l'aviso *le Léger*, employés pendant deux heures seulement, ont recueilli 14.600 Cormaillots sur le crassat de la Hillon, qui ne mesure que 4 hectares de superficie.

Mais ce n'est malheureusement pas le seul Mollusque que les ostréiculteurs aient à redouter ; toutes les Nasses du groupe du *Nassa reticulata* et *N. nitida* commettent de pareils méfaits ; non seulement elles s'attaquent aux animaux morts, mais elles percent les valves des coquilles des Donaces, des Tapès, des Tellines et même les Huîtres lorsqu'elles sont jeunes ; comme les Cormaillots, elles pratiquent un petit trou rond, peut-être plus régulier, à travers lequel elles vont sucer le malheureux Mollusque qui ne saurait se défendre.

Fig. 91. — *Nassa reticulata* Lin.

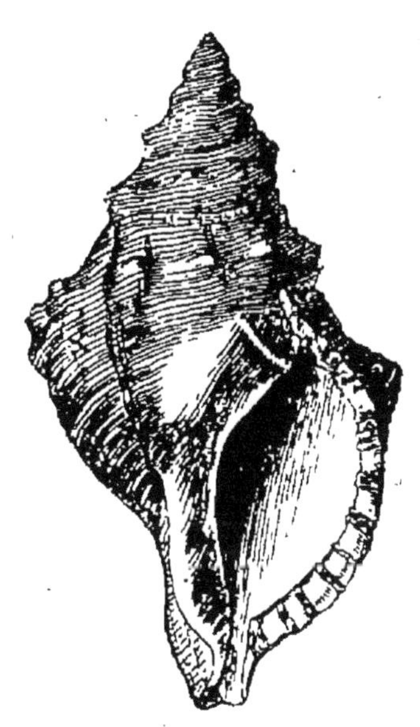

Fig. 92. — *Purpura Oceanica* Loc.

Les Nasses ont une coquille qui ne mesure pas plus de 3 centimètres de hauteur, avec une spire composée de six à sept tours, à profil faiblement arrondi, orné de côtes longitudinales fines et plus ou moins nombreuses, et de cordons décurrents très peu saillants. Le canal qui termine la coquille à sa base est toujours très court. Dans notre monographie des *Buccinidæ*, nous avons distingué dans ces deux groupes, huit espèces différentes vivant dans la Méditerranée ou dans l'Océan (fig. 91).

La famille des Pourpres contient encore des Mollusques carnassiers, qui pénètrent jusque dans les parcs; tels sont : le *Purpura Oceanica* (fig. 92), une des belles coquilles de nos côtes, *P. hæmastoma, P. lapillina, P. imbricata*, et *P. Celtica;* ces trois dernières coquilles de taille beaucoup plus petite que les deux autres.

En Amérique, les éleveurs ont également à redouter un Mollusque perforant ses semblables; c'est le *Fusus cinereus* qu'ils désignent plus vulgairement sous le nom de Drill. Sans doute, il existe un bien plus grand nombre de Mollusques carnivores, susceptibles de faire aussi la chasse à leurs pareils; mais ils sont encore mal connus. Les mœurs des animaux marins ne sont pas faciles à surprendre, mais si l'on constate sur les bords de la mer un aussi grand nombre de valves de Mollusques, portant les traces de la perforation caractéristique que nous venons de décrire, il est bien probable que le nombre des individus perforateurs doit être considérable.

Parmi les Acéphales, plusieurs sont également à redouter. Nous ne parlerons pas ici des Pholades et des Tarets, qui percent le bois, la pierre, etc. ; un tel sujet sortirait de notre cadre, quoique pourtant ces Mollusques xylophages soient à redouter des éleveurs, en ce sens qu'ils perforent souvent les bois des planchers collecteurs ou des caisses ostréophiles; nous ne voulons traiter dans ce chapitre que des ennemis des Mollusques. A ce titre, nous ne pouvons passer sous silence l'Anomie, ou Pelure-d'oignon, appelée encore Hanon dans la Manche. L'*Anomia ephippia* a ses deux valves extrêmement minces, mais pourtant solides, d'un roux brillant, d'un galbe arrondi ; l'une d'elles est libre, tandis que l'autre s'applique sur la coquille d'autres Mollusques. Le développement de ces Anomies est parfois tel, que les Huîtres sont envahies et étouffées sous le nombre.

Nous citerons également les Gastrochènes *(Gastrochæna dubia)* qui se logent dans la partie épaisse de la coquille des gros Mollusques et vivent là en véritables parasites; on les rencontre plus particulièrement sur les valves des grosses Huîtres Pied-de-cheval qui parfois en sont comme véritablement criblées.

Van Beneden a signalé une curieuse association d'un Gastropode vivant en commensal sur un Acéphale. « Aux environs de Caracas, dit cet auteur, vit un Ampullaria *(Crocostoma)* qui loge dans l'ombilic de sa coquille un autre Mollusque, le seul fluviatile de ces contrées, et appelé *Spherium modioliforme.* Tout fait supposer que ces *Sphærium* vivent en bonne intelligence avec l'Ampullaria, puisqu'on les trouve communément ensemble. »

Du reste, certains Mollusques vivent en commensaux ou en parasites dans un assez grand nombre d'autres animaux. Ainsi, d'après le même auteur, les petits Eulima logent dans certains Echinodermes. Le Dr Gräffe a trouvé l'*Eulima brevicula* sur l'*Archaster typicus* des îles Uvea, dans la mer Pacifique. On a observé des Stylifer dans des Astéries, des Ophiures, des Comatules et même des Holothuries, habitant la cavité digestive de ces animaux; le professeur Semper en a rencontré dans la peau d'une Holothurie *(Stichopus variegatus).*

Rayonnés. — Les Echinides se nourrissent en grande partie de petits Mollusques auxquels ils font la chasse. Ils ne craignent même pas parfois, surtout les Astéries, de s'attaquer à des animaux d'assez grande taille. Ils ont, suivant la force de l'individu qu'ils attaquent, deux manières de procéder. Il va sans dire que ce sont surtout les Gastropodes non operculés qui sont leurs victimes ; mais, faute de mieux, ils chassent aussi les autres Gastropodes et même les Acéphales. Si le Mollusque est de petite taille, il l'avalent tout entier et font dissoudre dans leur estomac, non seulement sa chair, mais même encore l'épiderme qui recouvre la coquille. Un jour, étant en Corse, nous avions jeté devant le port de Bastia cent ou cent cinquante mètres de lignes de fonds appelées plancres, dans l'espérance de pêcher les éléments d'une bouillabaisse ; quelle ne fut pas notre surprise de trouver en relevant nos lignes une soixataine de grandes Astéries suspendues à nos amorces. Vingt-quatre heures après, ayant ouvert un des animaux nous y trouvâmes toute une collection de Columbelles, de Mitres, de Dentales, etc., morts bien entendu et à moitié digérés ; mais en même temps se trouvaient d'autre petits Mollusques operculés qui, placés dans l'eau, purent vivre encore.

Pareil fait a été également constaté par M. le Dr Fischer. L'*Asteracanthion rubens*, dit-il, avale des petits Bivalves tout entiers, Donaces, Mactres, Cardiums, dissout l'animal et attaque même l'épiderme de la coquille. M. de Bon a raconté qu'un banc de jeunes Huîtres avait été complètement anéanti dans la Manche par des Astéries. M. le Dr Brocchi a observé de son côté que ces animaux faisaient disparaître une grande quantité de naissain.

Si l'animal n'est pas susceptible d'être absorbé avec sa coquille, voici comment opèrent les Astéries. « Elles appliquent, dit Brehm, leur face ventrale, avec les pattes-ventouses et la bouche, autour de leurs proies, qui commencent, il est vrai, par tirer et refermer leur couvercle, mais qui renoncent bientôt à la lutte sous l'influence du liquide stupéfiant que sécrète l'Astérie ; alors celle-ci.

étire une sorte de trompe membraneuse et plissée qui pénètre dans la demeure du Mollusque ou qui l'embrasse et en suce le contenu. C'est ainsi que certaines *Asterias arenicola* des côtes de l'Amérique du Nord comptent parmi les plus redoutables ennemis des bancs d'Huîtres. Le seul moyen à mettre en œuvre pour les combattre consiste à les capturer à l'aide d'un filet spécial et de les faire périr sur la terre. Les couper en morceaux qu'on rejetterait à l'eau, ne servirait qu'à les multiplier artificiellement. On voit parfois plusieurs Astéries pelotonnées autour d'un coquillage. »

Les Oursins ont des mœurs analogues aux Astéries. A plusieurs reprises nous avons observé dans des Oursins comestibles des côtes de la Corse *(Toxopneustes lividus)* des fragments de Mollusques et particulièrement de *Nassa incrassata, Modiolaria marmorata, Mytilus cylindraceus,* etc. Les grandes espèces exotiques, dont le régime alimentaire n'est pour ainsi dire pas connu, doivent faire une effroyable consommation de petits animaux marins.

Une autre espèce d'Echinodermes, les Synaptes, qui vivent particulièrement dans l'Adriatique et qui appartiennent à la famille des Holothuries, ont pour parasites un singulier Mollusque, l'Entocoque *(Entoconcha mirabilis)* voisin des Natices. Le professeur Semper en a découvert une seconde espèce *(Entoconcha Mulleri)* qu'il a trouvée attachée au cloaque de l'*Holothuria edulis*.

Vers. — Les Vers, avec leur allure si variée, si polymorphe doivent jouer un rôle au moins aussi important chez les Mollusques que chez les autres animaux. Malheureusement les données que nous possédons sur ces animaux sont encore bien incomplètes, mais à en juger par le peu que l'on a pu observer jusqu'à ce jour, il est très probable que la plupart des Mollusques ont leurs parasites.

Déjà M. le Dr P. Fischer a relevé plusieurs transformations que subissent les Trématodes ou Vers plats, dont les larves se rencontrent dans les Mollusques aquatiques, et dont les individus sexués et plus parfaits se retrouvent chez les Vertébrés : c'est ainsi que le *Cercaria ephemera* des Planorbes, devient le *Monostoma flavum* des Oiseaux aquatiques ; le *C. ornata* des Planorbes, devient le *Distomum clavigerum* des Grenouilles ; le *C. armata* des Limnées et des Planorbes devient le *Distomum retusum* des Grenouilles ; le *C. echinifera* des Vivipares, devient le *Distomum militare* des Canards ; le *C. brunnea* des Limnées, devient le *Distomum echinatum* des Canards, des Hérons, des Cormorans, etc. ; le *C. diplocotyles* des Sphæriums, devient l'*Amphistoma subclavatum* des Grenouilles, etc.

L'évolution de ces parasites est extrêmement curieuse ; pour la faire comprendre nous allons suivre l'évolution complète d'un de ces singuliers animaux. Dans le foie d'un Canard habite un de ces Vers monostomes, c'est-à-dire qui ne possède qu'une ventouse buccale ; il donne naissance à des œufs qui sont expulsés au dehors avec les excréments du Canard et tombent dans l'eau. Là, ils éclosent et l'on voit sortir de leur fragile enveloppe de petites larves munies de cils vibratoires à la façon des jeunes Huîtres, ce qui leur permet de se déplacer dans l'eau avec rapidité : on donne à ces larves le nom de *Proscolex*.

« A l'intérieur de ces larves, dit M. le Dr Brocchi, se forment les *Sporocystes* qui vont se fixer dans la chambre respiratoire d'un Mollusque, la Limnée des étangs, (fig. 93) et là demeure tout l'hiver. Bientôt, dans cette Sporocyste, se forment des Cercaires qui perforent les téguments de la Limnée et vont se fixer, s'enkyster, à l'intérieur du corps de ce Mollusque. Ils restent inactifs, mais si la Limnée est dévorée par un Canard, les Cercaires devenus libres dans le tube intestinal de l'Oiseau acquièrent leurs organes génitaux ; il y a ponte d'œufs, et le cycle recommence. »

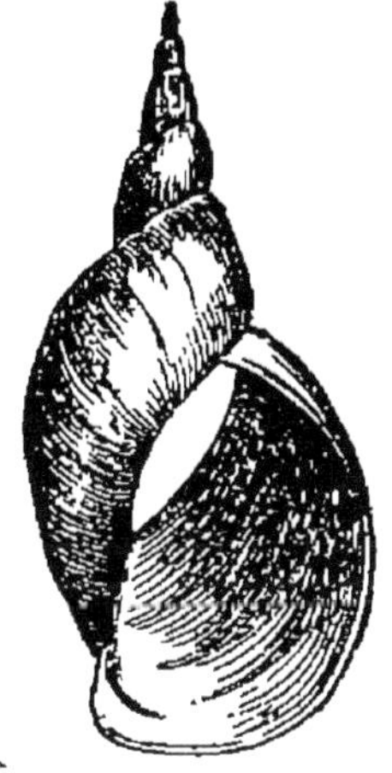

Fig. 93. — Limnée des étangs
(*Limnæa turgida* Hart.).

Fig. 94 — *Limnæa
peregra* Müll.

Les Mollusques terrestres ont également leurs Distomaires. MM. Ercolani et Piana ont suivi les métamorphoses d'un Distome qui passe de l'*Helix carthusiana* dans le foie des Moutons. Nous emprunterons encore à M. le Dr Brocchi le récit qui va suivre : « M. Piana récolta tous les Mollusques habitant une prairie où les Moutons contractaient la cachexie aqueuse. La plus grande partie de ces Mollusques étaient des Hélix, principalement l'*Helix profuga*. On trouva également les *Limnea peregra* (fig. 94) et *Succinea Pfeifferi* (fig. 95).

M. Piana, examinant avec attention ces Mollusques, ne trouva de Cercaires ni chez les Limnées, ni chez les Succinées, mais il trouva au contraire un grand nombre de ces êtres dans les diverses espèces appartenant au genre Hélix, et parmi celles-ci, l'*Helix carthusiana* lui montra un Cercaire se distinguant de tous ceux décrits jusqu'ici parmi ceux rencontrés chez des Mollusques. »

FIG. 95. — *Succinea Pfeifferi* Rossm.

Dans l'intérieur des grands tentacules de nos Succinées, on trouve un autre Sporocyste, le *Leucochloridium paradoxum* dont M. le Dr Baudon a donné la description. Absorbé par différentes espèces d'oiseaux, il se transforme ensuite en un *Distomum macrostomum*. M. Baudon affirme que les Bergeronnettes très avides de ce ver savent parfaitement le distinguer chez les Succinées dont elles ouvrent les tentacules pour en retirer l'animal qu'ils renferment.

D'après M. Lespès, l'embryon d'un Échinorhynque vivrait dans l'intestin de l'Escargot de Bourgogne (*Helix pomatia*). Il se transformerait ensuite dans l'intestin du Porc et du Sanglier, aux parois duquel il se fixe par sa trompe.

M. Dugès a étudié un Polystome, l'*Aspidogaster conchicola*, qui vit très communément aux environs de

Rennes, dans le péricarde des *Unio littoralis* et *Anodonta cygnæa*. Ils subissent un changement de forme et peuvent cheminer aussi bien sur les corps solides qu'à la surface de l'eau.

On trouve également des Trématodes chez les Mollusques marins; mais, comme l'a fait observer M. le Dr P. Fischer, ils sont encore bien moins connus que ceux des Mollusques terrestres ou des eaux douces. On en a signalé chez les *Buccinum undatum* et *Littorina littorea* de nos côtes océaniques. D'après le même auteur, cette dernière espèce serait même pourvue, à Arcachon, de deux Cercaires.

Un autre Ver de la famille des Chétopodes, l'Arénicole (*Arenicola piscatorum*), sans causer un mal direct aux Mollusques, nuit parfois singulièrement à leur développement, en causant d'importants dégâts dans le sol un peu vaseux des installations conchyliocoles. Ce Ver, lorsque la mer est basse, s'enfonce dans le sol et soulève des petits tas de vase que la marée montante vient ensuite délayer et refouler plus loin. Mais la présence d'une trop grande quantité de ces mineurs finit par modifier la nature des fonds et troubler les eaux (fig. 96).

Ils ont un ennemi juré dans un petit Crustacé, le *Corophinus longicornis*; en poursuivant ces Vers, le *Corophinus* fouille le sol, aplatit les sillons, détruit les inégalités qui peuvent devenir obstacles à la libre circulation des acons. Aux Sables d'Olonne, on s'est débarrassé des Arénicoles en répandant sur le sol de la chaux vive en poudre, ou éteinte dans une petite quantité d'eau.

Chez les Hirudinés, la Clepsine des étangs (*Clepsina bioculata*) suce les Mollusques d'eau douce, les Limnées, les Planorbes et les Physes. « Il est intéressant, dit Müller, de voir une Clepsine attaquer un Planorbe, celui-ci se retire brusquement dans sa coquille, laissant échapper avec bruit quelques globules d'air ; la Clepsine continue son attaque et commence à pénétrer dans l'intérieur de la coquille ; alors le malheureux Mollusque, ne se croyant

Fig. 96. — *Arenicola piscatorum* Lin.

pas en sûreté dans son habitation, fait des efforts pour sortir du liquide, et cherche son salut, par un instinct particulier, dans un milieu où la Clepsine ne peut vivre ; mais au bout de peu d'instants, forcé de redescendre à l'eau, il s'expose à un nouveau péril et finit par succomber. »

Une autre forme de la famille des Hirudinées, les *Malacobdelles*, font la guerre à un grand nombre de Mollusques marins, principalement aux Acéphales. Le *Malacobdella grossa* des mers d'Europe vit sur les feuillets branchiaux des *Dosinia exoleta*, *Mya truncata* et *M. arenaria*. Bany a signalé une espèce fluviatile, le *Malacobdella viridis*, qui vit au Sénégal, dans les branchies de l'*Anodonta Chaisiana*.

Parmi les Nématodes ou Vers ronds, on voit des Anguillulides du genre *Rabditis*, infestant nos Mollusques terrestres. Ainsi, dans les glandes salivaires de la Limace grise vit le *Rabditis flexilis*; dans l'intestin des Arions, on rencontre le *R. angiostoma* avec la larve astome du *R. appendiculata*.

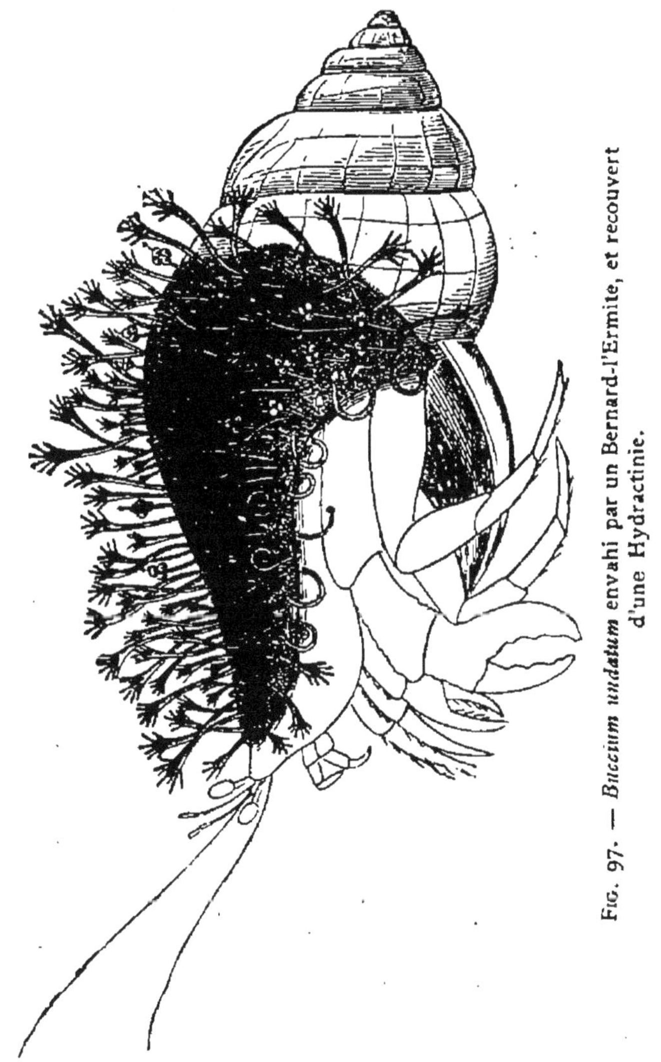

Fig. 97. — *Buccinum undatum* envahi par un Bernard-l'Ermite, et recouvert d'une Hydractinie.

Les Bryozoaires s'attachent aux coquilles et peuvent, s'ils ont pris un trop grand développement, nuire à la croissance régulière du test; quelques-unes même ont la propriété de perforer les coquilles des Acéphales. Le *Pedicellina Belgica* vit en abondance sur les Huîtres, les coquilles en général, où ses colonies populeuses forment une touffe épaisse qui a l'aspect d'une mousse. Les *Celleporidæ (Cellepora spongites)* couvre, dans la Méditerranée, un grand nombre de coquilles.

L'embranchement des Acalèphes nous donne encore quelques ennemis des Mollusques. Les Hydractinies de la Manche et de l'Océan *(Hydractinia echinata)* s'appliquent sur la coquille du *Buccinum undatum* (fig. 97) et sur d'autres coquilles. L'Actinie parasite *(Adamsia effœta)* possède à peu près le même genre de vie, quoique de taille et d'aspect tout différents. Plusieurs espèces appartenant à cette même famille *(Actinia, Sagartia, Tealia)* se nourrissent de petits Gastropodes, tels que les les *Cylichna*, les *Nassa*, les *Rissoia*, etc.

Tous ces parasites peuvent encore exercer une néfaste influence dans les éducations. Lorsque l'on pose les collecteurs un peu trop prématurément, il arrive souvent qu'ils se recouvrent de Polypes de toutes sortes, et lorsque le naissain apparaît en quête d'un point d'appui solide pour se fixer, il s'enfuit et se perd en voyant sa place déjà prise.

La présence de ces parasites constitue-t-elle un danger pour le Mollusque et pour l'homme qui l'absorbe ? Il est incontestable que tout parasite constitue une véritable maladie pour celui qui le porte ; cet être vivant aux dépens d'un autre est toujours chose anormale et peut engendrer des affections sérieuses, sans compter la désorganisation qu'il produit dans les tissus ou dans les organes où il se loge. Il est certain, par exemple, que la Trichine ou le Ver solitaire, pour l'homme comme pour les animaux, sont toujours choses à redouter.

Lorsqu'on vient à faire usage, pour la consommation,

de Mollusques atteints de ces parasites, on s'expose nécessairement à absorber un animal qui n'est pas sain par
lui-même, ce qui ne vaut évidemment pas grand'chose.
Il est vrai de dire qu'en général la quantité de substance
malsaine est assez restreinte; mais il n'en est pas moins
prudent d'éviter cette absorption quand on peut le faire.
Dans tous les cas, il conviendra toujours mieux de faire
cuire à une température suffisante les Mollusques sujets
à ces parasites, de façon à tuer complètement l'animal
et les germes qu'il peut renfermer. Il faut donc se bien
garder d'avaler, comme on le prescrit encore dans les
campagnes, des Limaces ou des Escargots crus, sous prétexte que la substance mucilagineuse qu'ils renferment
peut être bonne pour la poitrine. Il y a, dans la pharmacopée moderne, bien d'autres substances qui peuvent
produire au moins d'aussi bons effets.

Spongiaires. — Enfin, pour en finir avec cette trop
longue liste des ennemis des Mollusques, nous signalerons une Éponge perforante, la *Clione celata*, qui attaque
les coquilles de l'Huître et détermine à leur surface des
milliers de vacuoles irrégulières, de forme un peu arrondie, qui font donner aux individus attaqués le nom
d'éponge ou de pain d'épice. La coquille ainsi appauvrie
devient mince et friable, et le Mollusque, qui n'est pas
en état de suppléer à cet appauvrissement de la matière
testacée dont il l'enveloppe, s'amaigrit rapidement et ne
tarde pas à périr.

En général, le *Clione celata* ne s'attaque guère qu'à des
bancs d'Huîtres gisant assez profondément; il vit difficilement au-dessus de 4 mètres de profondeur; on ne
l'observe que d'une manière accidentelle dans les parcs
ou dans les claires; mais dès qu'on en a constaté la pré-

sence, il faut se hâter de retirer les individus qui en sont atteints et les brûler ou les enterrer dans le sol.

Enfin on peut affirmer que chaque Mollusque renferme à l'état de commensaux ou de parasites un certain nombre d'Infusoires encore très mal connus. Il serait intéressant d'en faire l'étude et surtout la culture, et de se rendre compte jusqu'à quel point ils sont nuisibles aux Mollusques et s'ils sont transmissibles à l'homme. Déjà M. Certes a étudié les parasites et commensaux de l'Huître et en a découvert sept espèces différentes. Espérons que ces intéressantes recherches trouveront des imitateurs.

Maladies des Mollusques. — Les Mollusques, comme tous les autres êtres de la création, sont sujets à des maladies; tantôt elles s'attaquent à des individus isolés, tantôt, et c'est malheureusement le cas le plus fréquent, ces maladies constituent de véritables épidémies qui maltraitent la colonie tout entière, parfois au point d'en compromettre l'avenir. On remarque que ces maladies semblent plus particulièrement se manifester chez les Mollusques domestiqués, plutôt que chez ceux qui vivent à l'état sauvage. Nous signalerons ici les principales de ces affections, celles qui intéressent plus spécialement les éleveurs.

Sous le nom de *typhus* des Huîtres, M. Kemmerer a désigné une maladie épidémique qui cause parfois de grands dégâts dans les parcs. « Les premiers symptômes de la maladie, dit le Dr Brocchi, se montrent sur la surface externe de la coquille, dont les lames soulevées sont d'un jaune sale, et si fragiles qu'elles se brisent au moindre contact. La couche nacrée de la coquille devient bleuâtre, le Mollusque lui-même semble souffrir.

Cette affection est causée par la présence de vase noire, à odeur d'hydrogène sulfuré, et aussi à la trop grande accumulation des Huîtres sur un même point. »

La cause du mal étant connue, le remède devient facile. Il suffira de draguer à bref délai les Mollusques pour les parquer dans un milieu nouveau et mieux approprié. Il est bien certain que toutes ces émanations délétères et surtout acides ne peuvent que nuire au développement de la matière testacée, et partant, au Mollusque qu'elle abrite. L'ancien milieu sera amélioré par l'adjonction de sables ou, mieux, par la macadamisation avec des sables mêlés à des débris de coquillages.

Nous désignerons sous le nom de *rachitisme* une affection malheureusement assez commune, que l'on observe chez les Huîtres aussi bien que chez les autres Mollusques ; le naissain s'est d'abord bien développé dans son jeune âge, la colonie semble prospère ; puis tout à coup, à partir du quatrième mois chez les Moules, et vers la fin de la première année chez les Huîtres, il se produit un ralentissement marqué, dans le développement de la coquille ; il semble que l'animal n'a plus la force nécessaire pour sécréter la matière testacée, il ne grandit plus, il reste petit et rachitique.

En même temps, l'animal ne s'engraisse plus, sa chair reste dure et coriace. Pour obvier à cet inconvénient, il faut encore ici procéder à un changement de milieu ; plusieurs causes en effet peuvent engendrer ce rachitisme, mais toutes proviennent des mauvaises conditions du milieu ; la présence d'un excès d'eau douce, des eaux trop froides ou trop peu chargées de principes nutritifs suffisent pour occasionner cette affection. Chez les Mollusques d'eau douce, la présence de sels étrangers, de l'eau de mer, du fer, etc., produisent les mêmes résultats.

Dans le même ordre d'idées on désigne sous le nom de *douçain*, le dépérissement très rapide des Mollusques et particulièrement des Huîtres, lorsqu'elles sont tout à coup noyées dans une trop grande quantité d'eau douce. Avec le douçain, il n'y a pas seulement ralentissement dans la croissance ; l'animal ne pouvant s'acclimater dans ce milieu pour lequel il n'a pas été créé, meurt comme s'il était asphyxié. Le remède au douçain est tout indiqué ; mais un bon éleveur, en choisissant convenablement le milieu dans lequel il veut procéder à une éducation, pourra toujours l'éviter.

Les Mollusques qui vivent au voisinage des fonds vaseux sont exposés à une autre maladie connue sous le nom de *chambrage ;* cette affection est surtout fréquente chez les Huîtres. Combien de fois n'est-il pas arrivé d'ouvrir une Huître, de lui trouver le meilleur aspect, ne dégageant au flair que cette fine odeur *sui generis ;* vient-on à introduire sous l'animal la fourchette tranchante qui doit le détacher de sa valve inférieure, tout à coup se répand une odeur infecte, nauséabonde ; c'est que l'opérateur a maladroitement crevé une mince pellicule testacée, qui servait de clôture à une petite chambre logée sous l'animal.

Tandis que le Mollusque reposait dans son parc, par suite d'une cause toute fortuite, un peu de vase, ou quelques frêles détritus de matière organique sont venus à s'introduire entre l'animal et sa coquille. Ne pouvant se débarrasser de ce corps étranger, le Mollusque sécrète un peu de matière testacée et l'emprisonne bien vite dans une chambre ; là, une décomposition s'opère, et si l'on vient à briser la frêle paroi de cette chambre, il s'en dégage cette incommodante odeur.

Ici, le remède est encore le même ; assainir le milieu de façon à en écarter la vase, et éviter la présence de tous corps étrangers en décomposition ; puis recommander toujours aux amateurs de Mollusques, de détacher l'animal de sa coquille avec le plus de délicatesse possible, pour éviter de briser la plus faible parcelle de la nacre qui tapisse le fond des valves.

Dans les milieux trop exclusivement sablonneux, ou dans lesquels des courants trop rapides mettent le sable en mouvement, on observe un tout autre genre d'affection que l'on désigne sous le nom de *maladie du sable*. Ce sable venant à s'introduire dans la coquille, et l'animal ne pouvant l'expulser, il n'a plus d'autre ressource que de l'entourer et de le noyer dans la nacre de sa coquille ; pour cela il sécrète un peu de matière testacée et convertit cet hôte incommode, et dont les parties anguleuses déchireraient ses chairs délicates, en une perle minuscule qui adhérera au reste de la coquille.

Si le sable est fin et abondant, le fond de la valve sera comme tapissé d'un plus ou moins grand nombre de petites saillies, et le tout sera entouré d'une sorte d'auréole verdâtre. Cette affection ne présente aucun inconvénient, car l'adhérence du sable avec la coquille est telle, que les coups de fourchette les plus maladroits ne peuvent les séparer.

Mais si le sable s'est introduit dans le manteau ou les branchies de l'animal, celui-ci sécrètera tout à l'entour un peu de cette même substance nacrée et le convertira en une perle libre. Dans les Huîtres des étangs de la côte orientale de la Corse, ces perles libres sont encore assez fréquentes; elles n'ont, hélas! pas la moindre valeur, et sont extrêmement désagréables lorsqu'elles viennent se loger maladroitement sous la dent des consommateurs ; aussi n'est-il jamais bien prudent, dans ce cas, de mâcher les Huîtres; mieux vaut encore les avaler.

La formation de la perle constitue donc en somme une véritable maladie, puisque c'est une hypersécrétion, ou une sécrétion anormale, produite par le Mollusque. Quel que soit le point de départ de cette affection, on en connaît suffisamment les résultats ; tous les Mollusques testacés sont susceptibles de donner naissance à des perles, mais toutes ces perles sont bien loin d'avoir la même valeur. Nous ne nous étendrons pas davantage sur ce sujet; malgré tout son intérêt, il sortirait du cadre que nous nous sommes tracé ; et nous nous contenterons de constater une fois de plus encore que, en ce monde, ce qui fait le malheur des uns, peut souvent faire le bonheur des autres.

Enfin, pour terminer, nous signalerons d'après MM. de Montauzé, une affection s'attaquant à l'un des organes de l'Huître. Ils désignent cette maladie, ou plutôt cet état pathologique sous le nom d'*hépatite*. Les Huîtres qui vivent dans une eau trop douce, éprouvent au bout d'un certain temps une dégénérescence graisseuse du foie analogue à celle que l'on observe chez les Oiseaux auxquels un excès de nourriture fait développer le foie d'une façon anormale.

VIII

L'HYGIÈNE ALIMENTAIRE DES MOLLUSQUES

La consommation des Mollusques. — Incompatibilités stomacales. — Les amateurs d'Huîtres. — Propriétés médicales de l'Huître. — L'eau des Huîtres. — L'Huître et la gastronomie. — Les empoisonnements par les Huîtres, leurs causes et leurs remèdes. — Les Huîtres vertes et les Huîtres laiteuses. — Empoisonnement par les Moules. — Leurs causes supposées, le cuivre, les Crabes, l'idiosyncrasie, etc. — Les Moules et les Ptomaïnes. — Les Moules fraîches. — Les mois à R ou sans R. — L'urticaire et les Mollusques. — La pharmacopée malacologique. — Conclusions.

Comme les meilleures des choses de ce monde, l'alimentation avec les Mollusques, présente à la fois des avantages et des inconvénients ; mais les premiers sont si nombreux, si incontestés, que les seconds s'effacent devant eux ; et puis, disons-le bien vite, ces derniers, grâce à de certaines précautions qu'il nous importe de signaler, peuvent sinon complètement disparaître, du moins s'atténuer dans des proportions telles, qu'ils deviennent une quantité négligeable.

Les avantages de l'alimentation à l'aide des Mollusques sont véritablement considérables. Nous n'entreprendrons pas de démontrer la chose à nos bons cultivateurs de la Beauce ou du Charolais ; pour eux, ils ne connaissent en fait de Mollusques que les Limaces et les Escargots ; ils s'empressent de détruire les uns, et c'est à peine s'ils daignent se baisser pour recueillir les autres. Mais allez donc parler de la suppression des coquillages à toute cette nombreuse population de notre littoral? Pêcheurs de père en fils, leurs repas se composent de poissons ou de coquilles, crues ou cuites, accommodées parfois avec les sauces les plus invraisemblables, pour en faciliter la digestion; mais en somme ceux qui les absorbent ne s'en portent pas plus mal, bien au contraire !

Mais si nous voulons encore être mieux écoutés, qu'il nous suffise de nous adresser à nos gourmets ou simplement aux amateurs des grandes villes. Rien qu'aux seuls noms d'Huître d'Ostende ou de Marennes, de Moules à la provençale, de coquilles farcies, etc., leur palais blasé se réveillera; et si nous venons à leur apprendre, à leur grande surprise, que nos côtes se dépeuplent, que les Huîtres et les Moules menacent de faire grève, quels chagrins ne viendrons-nous pas à leur causer.

Rien n'est brutal comme les chiffres; et, même en malacologie, ces malheureux chiffres ont leur triste éloquence ! Actuellement en France, on absorbe chaque année rien qu'en fait d'Huîtres pour une moyenne de 24 à 30 millions de francs; Paris, à lui seul en consomme une centaine de millions d'individus. Le chiffre des Moules est encore bien supérieur; ajoutons à cela celui des Praires, des Clovisses, des Escargots, des coquillages de toutes sortes et nous arriverons à un chiffre respectable de milliards; quelle hécatombe ! Mais qu'on se rassure, la nature est immensément généreuse et féconde, et pour peu que l'on consente à lui venir en aide, il y aura encore de beaux jours et même de belles nuits pour les amateurs de la conchyliologie gastronomique.

Pourtant, tout le monde n'aime pas les Mollusques;

certains estomacs, en très petit nombre, il est vrai, sont totalement rebelles aux Huîtres. En cela, rien de bien étonnant; celui qui pour la première fois, aura devant lui une Huître ouverte, ne trouvera là absolument rien, ni dans le fumet, ni dans la forme, qui le sollicite à ingurgiter tout cru, ce Mollusque aux chairs encore palpitantes. Pourtant il faut bien croire qu'on finit par s'y faire, et même assez rapidement, puisque ce n'est plus par individus à absorber qu'il faut compter, mais par douzaines et même par centaines.

Il n'en est pas moins certain que bien des personnes ne peuvent digérer le moindre Mollusque; mais c'est affaire d'incompatibilité absolument personnelle; d'autres, doivent s'en tenir à de très petites doses; un de nos amis, qui prétendait aimer les Huîtres, en mangeait deux avec la plus grande satisfaction, mais il était condamné à s'arrêter à cette stricte limite, la troisième ne pouvant trouver place auprès des deux autres. Que dire de ces célèbres amateurs qui engloutissent en un seul repas, non plus une ou deux douzaines d'Huîtres, comme le commun des mortels, mais une bourriche tout entière et même encore davantage !

Brillat-Savarin parle d'un individu qui, après avoir absorbé trente-deux douzaines d'Huîtres, dîna et « se comporta avec la même vigueur et la tenue d'un homme qui aurait été à jeun ». Pareil fait n'est point isolé, car les historiens rapportent que l'empereur Vitellius en mangeait jusqu'à vingt douzaines pour s'ouvrir l'appétit, au commencement de ses repas; et certes, à cette époque l'Huître d'Ostende n'était pas encore inventée ! On cite encore l'histoire du Dr Gastaldi, célèbre gastronome, qui en absorbait impunément trente à quarante douzaines; mais il est vrai de dire qu'il mourut à table, d'apoplexie!

L'Huître elle-même est donc, au moins pour certains estomacs, un aliment qui se digère et s'assimile facilement, sans être cependant bien nutritif. Brillat-Savarin, en citant son amateur d'Huîtres, fait le raisonnement suivant : « Une Huître pèse quatre onces, ce qui fait, pour trente-deux douzaines, huit livres; quelle est la viande dont un homme pourrait ainsi consommer huit livres, sans même qu'il y paraisse ? » La digestion de notre Mollusque est encore facilitée par l'absorption de l'eau de mer modifiée qui l'accompagne, et par les condiments que l'on y ajoute, tels que jus de citron, vinaigre, verjus, poivre, etc., qui viennent stimuler les fonctions stomacales au moment du passage de l'Huître Il est, en somme peu de substances alimentaires qui, sous un aussi petit volume, renferment autant de matières assimilables, tout en exigeant un aussi faible travail de la part des organes de la digestion.

De tout temps, l'Huître, parmi tous les Mollusques, a été considérée comme un aliment éminemment sain: P. Ignace-Save, dès 1689, terminait sa thèse inaugurale par ces mots : *Ergo ostreum crudum esca saluberrima.* Lorsque l'on mange une Huître, deux choses sont absorbées : la matière animale et le liquide qui la baigne. La partie comestible de l'animal est en majeure partie constituée par le foie qui occupe une grande place dans l'animal. Or, comme l'ont fait observer MM. Ed. Lefèvre et J. Mabille, par la mastication, le glycogène et le ferment hépatique arrivent en contact et déterminent en quelque sorte l'autodigestion de la glande, qui devient dès lors un aliment immédiatement assimilable. Il est donc préférable, lorsque l'on mange des Huîtres, de les mâcher et non pas de se contenter de les avaler comme bien des personnes le font.

D'après Payen, l'Huître donne 7,915 pour 100 de substances charnues, qui représentent 0,163 pour 100 d'azote; l'eau que contient la coquille renferme également d'après le même auteur, 0,863 pour 100 de la même substance, il convient donc de veiller à ce que les Huîtres servies sur table conservent encore la plus grande quantité possible du liquide. Ce liquide, au contact de l'animal, a subi de notables modifications; cette eau est devenue plus légère, plus digestive; elle a perdu son sulfate de soude, son carbonate et son sulfate de chaux, pour s'enrichir de phosphate calcique. Voici l'analyse de 1^{gr},026 ou 1000 centimètres cubes d'eau d'Huître, que donne M. le Dr P. Fischer :

Chlorure de sodium.	26,660
— de calcium..	0,345
— de magnésium.	1,765
Sulfate de magnésie..	1,505
— de chaux.	traces
Bicarbonate de magnésie.	0,805
—. de chaux.	traces
Phosphate de chaux..	0,465
Iodures, bromures.	indét.
TOTAL.	31,545

A cela il faut encore ajouter les matières organiques albumineuses, gélatineuses, comme l'osmazôme, dont la proportion varie de 3,675 à 9,810.

L'Huître, outre ses incontestables qualités gastronomiques, possède donc également des vertus médicinales qu'on ne saurait mettre en doute. C'est un des meilleurs aliments indiqués pour rétablir les forces des malades dans les convalescences, notamment à la suite des fièvres inflammatoires, des dysenteries épidémiques, etc., partout où il y a atonie ou paresse de l'estomac, alors que bien d'autres aliments, moins facilement digestifs, répugnent aux malades. On a préconisé l'usage des Huîtres crues dans beaucoup de maladies, notamment des affections chroniques de l'estomac et des voies digestives : la dyspepsie, la scrofule et l'ostéomalacie, le scorbut, la chlorose, le lymphatisme et même la phtisie pulmonaire.

L'Huître crue est sinon le plus digestible de tous les Mollusques, du moins un des plus digestibles. Les autres espèces que nous avons signalées dans notre premier chapitre sont, en général, d'une digestion moins facile. L'Huître verte, quoi qu'on en dise, ne paraît pas jouir de propriétés bien différentes de celles de ses congénères; sa grande vogue tient plutôt à une affaire de mode.

Quant à donner la préférence à telle ou telle espèce, c'est une question plus complexe; il est bien certain qu'un estomac délicat s'accommodera infiniment mieux avec la petite Huître d'Ostende qu'avec la grande Huître Pied-de-cheval. Une Huître trop maigre est toujours plus coriace, plus indigeste ; tel est le reproche que l'on peut faire à l'Huître du Portugal, par exemple; l'Huître sauvage, celle qui vit dans les bancs naturels, est également moins facilement digestible, à taille ou à poids égal, que l'Huître domestique. Si celle-ci est trop grasse, on tombe dans un défaut contraire; les Huîtres qui ont été parquées dans des eaux trop douces ou celles dont le foie est trop développé se digèrent plus difficilement.

Que faut-il donc pour qu'une Huître soit réellement

bonne au point de vue de l'hygiène alimentaire ? qu'elle appartienne au groupe de l'*Ostrea edulis*; qu'elle ne soit ni trop jeune, ni trop vieille, ses dimensions doivent varier entre 5 et 7 centimètres de diamètre ; que ses valves soient régulières dans leur galbe et absolument exemptes de toute maladie apparente ; que les bords de la coquille ne soient pas brisés, de manière à ce que le Mollusque soit baigné dans la plus grande quantité d'eau possible. A l'intérieur, l'animal doit être d'un blond clair, jamais laiteux, le foie pas trop développé, le manteau régulièrement frangé. Il ne convient de manger l'Huître ni immédiatement avant, ni peu de temps après la ponte ; enfin il faut éviter qu'elle ait, même en fraîche saison, séjourné plus d'une huitaine de jours hors de son élément.

Tout ce que nous venons de dire pour l'Huître peut également s'appliquer à tous les Mollusques acéphales dont les valves se referment hermétiquement ; pour les autres, comme ils ne se présentent pas dans les mêmes conditions, il importe essentiellement d'abréger leur agonie, depuis le moment où on les sort de l'eau, jusqu'à ce qu'on les absorbe. Nous reviendrons plus loin sur cette question, à propos des Moules.

Doit-on donner la préférence aux Mollusques crus ou à ceux qui sont cuits ? Cela dépend des goûts d'un chacun ; mais au point de vue purement hygiénique, nous dirons que, pour les Mollusques à chair tendre et délicate, et par conséquent dont la digestion est facile, on devra les manger crus, à la condition formelle qu'ils soient de toute fraîcheur. Les Mollusques plus coriaces seront avantageusement utilisés une fois cuits et convenablement accommodés. Quant aux Mollusques « douteux », qu'ils soient Huîtres ou Moules, il sera toujours plus prudent de les faire cuire avant de les consommer, et mieux encore de les rejeter complètement.

A quel moment convient-il de manger les Mollusques crus ? Les gastronomes recommandent de les absorber au commencement du repas, sous prétexte qu'ils sont apéritifs ; voilà malheureusement un grand mot dont on abuse bien souvent, et nous aurons toujours quelque peine à croire qu'un nombre, si peu respectable qu'il soit, de douzaines d'Huîtres, absorbé en tête d'un repas, ne produise d'autre effet que d'aiguiser ou d'ouvrir l'appétit. Disons plutôt que, grâce aux condiments que l'on ne manque pas d'y ajouter, c'est un bon stimulant.

On a encore attribué aux Mollusques en général, et à l'Huître en particulier, des propriétés médicinales assez singulières. On les a souvent considérées comme emménagogues et surtout comme aphrodisiaques. Déjà les Romains les considéraient comme tels, et il n'y avait pas de folles orgies si les Huîtres et la Roquette *(Eruca sativa)* en étaient exclues. Nous nous en rapportons à ces vers de Juvénal :

..... Quid enim Venus ebria curat ?
Inguinis et capitis quæ sint discremina nescit,
Grandia quæ medicis jam noctibus Ostrea mordet.

C'est là encore un de ces préjugés qui ont persisté à travers les siècles. Que l'on ne s'y trompe pas : l'Huître, pas plus que les autres coquillages, ne jouit de telles vertus. Nous ne croyons pas en effet, que la population s'accroisse dans une plus grande proportion sur nos rivages, où l'on fait pourtant de vraies débauches conchyliologiques, que dans les départements du centre de la France.

On a signalé des cas d'empoisonnement à la suite d'ingestion d'Huîtres qui, cependant, paraissaient absolument fraîches; mais, il faut bien l'avouer, jamais ou presque jamais ces accidents n'ont présenté de gravité : quelques coliques, une purgation plus ou moins énergique, tels sont les effets ressentis par les personnes malades. Mais, malgré cela, à quelles causes faut-il attribuer ces malaises ? Il en existe plusieurs de natures différentes, que nous allons successivement passer en revue.

Sous prétexte que les Huîtres vertes sont meilleures que les autres, on a voulu les verdir à tout prix, mais à l'aide de falsifications des plus dangereuses. Rosinus Lentilius a vu, en 1713, à La Haye, chez l'ambassadeur d'un grand prince, quantité de personnes invitées à un dîner, faillir devenir victimes d'un marchand qui avait coloré de prétendues Huîtres d'Angleterre avec du vert-de-gris. Sans remonter aussi loin, nous avons été témoin d'un cas d'empoisonnement avec des Huîtres qui étaient également vertes; quelques gouttes d'ammoniaque versées dans le liquide qui baignait l'Huître démontrèrent péremptoirement la présence d'une assez grande quantité de cuivre ajoutée artificiellement.

Mais du fait que le cuivre peut avoir été frauduleusement introduit dans les Huîtres, il ne faudrait, comme on l'a fait, conclure que, d'une part, toutes les Huîtres vertes sont suspectes, et que, d'autre part, toutes les fois qu'elles auront été élevées au voisinage de terrains cuprifères elles seront vénéneuses. Chisholm raconte que « quelque temps après que la *Sancta Monica* eut échoué sur les côtes de l'île Saint-Jean, l'une des îles Vierges, il arracha des Huîtres à la carcasse doublée de cuivre. Plusieurs personnes mangèrent de ces Huîtres, et quoique les suites n'en aient pas été fatales, elles furent dangereuses jusqu'à un certain point; il en résulta des coliques atroces. »

D'autres personnes, comme Chevallier et Duchesne, ont attribué ces empoisonnements à la présence de substances délétères dont les Mollusques finissent par s'imprégner. C'est ainsi qu'ils ont constaté la présence du cuivre, à l'aide de réactions chimiques sur des Huîtres qui avaient séjourné sur des doublages en cuivre de navire. (*Annales d'hygiène*, 1851.)

Cloquet répond à cette observation que l'Huître ne tire pas sa nourriture du vaisseau, pas plus que du rocher auquel elle s'attache; c'est vrai, mais il n'en est pas moins certain que les substances animales ou végétales du voisinage sont elles-mêmes plus ou moins imprégnées de ces sels cuprifères; il s'agit en somme de quantités infinitésimales qui finissent à la longue par former un tout suffisant pour devenir toxiques. Le fait d'empoisonnements par des Huîtres ayant vécu sur des carènes de cuivre sont malheureusement assez nombreux, mais peut-être, comme nous allons le voir à propos des Moules, ne doit-on pas les attribuer uniquement à la présence du cuivre.

Duméril a soutenu devant la Faculté de médecine de Paris, dès 1819, que les Huîtres consommées à l'époque du frai étaient malsaines et parfois même dangereuses. Cette nouvelle théorie n'est cependant pas démontrée, car on a vu bien des empoisonnements en tout autre saison que celle du frai. Il ne faut point oublier le dicton populaire, corroboré par une ancienne loi, qui interdisait la vente des Huîtres pendant les mois qui n'ont pas d'R, c'est-à-dire en mai, juin, juillet et août.

Cependant les hommes les plus compétents se sont officiellement prononcés sur cette question. Lorsque le Comité technique fut appelé à donner son avis sur la question de savoir s'il convenait de maintenir les dispositions du décret du 12 janvier 1882 qui interdit pour l'alimentation publique la vente et le colportage des Huîtres de toutes provenances, du 15 juin au 1er septembre de chaque année, son rapporteur, M. Bouchon-Brandely établit que la consommation de ces Mollusques ne donnait pas lieu à des accidents plus fréquents à l'époque du frai qu'en dehors du moment de la reproduction. M. le professeur Grancher, dans son rapport adressé au ministre de l'intérieur, au nom du Comité consultatif d'hygiène, arrive aux mêmes conclusions, et admet que les Huîtres qui ont occasionné des empoisonnements étaient altérées par leur séjour dans des eaux souillées par des matières organiques en décomposition. Par un décret du 9 août 1888, on tolère la consommation locale et la mise en vente des Huîtres sur les marchés du littoral. Quoi qu'il en soit, que la théorie de Duméril soit vraie ou fausse, il n'en sera toujours pas moins très sage de maintenir son principe, ne fût-ce qu'en vue de la protection de ces Mollusques au moment du frai.

Ed. Lefèvre et J. Mabille citent le fait suivant : « Le Dr Ham nous a dit avoir vu à la fin du mois d'août 1886, à Andernos, sur les bords du bassin d'Arcachon, l'ingestion d'Huîtres non laiteuses, provoquer des accidents cholériformes chez deux familles nombreuses. Ces Huîtres, mangées le soir, avaient été pêchées dans les claires, puis déposées, paraît-il, la veille ou l'avant-veille, dans des réservoirs vaseux situés à peu de distance du rivage. Dans un autre cas, chez une de ses clientes, à Paris, le

Dr Ham a vu se produire un véritable empoisonnement par des Huîtres très fraîches venues de Bretagne. » A ces deux citations, nous pourrions en ajouter d'autres, mais, lorsque l'on veut essayer de synthétiser ces faits isolés, il est assez difficile d'en tirer une loi générale. Nous allons pourtant essayer de le faire : mais auparavant disons quelques mots des empoisonnements par les Moules.

Ceux-ci sont beaucoup plus fréquents, et souvent aussi beaucoup plus graves. Ils se produisent aussi bien après l'ingestion de Moules cuites que crues, et si l'on pouvait établir une statistique exacte, comme on mange beaucoup plus de Moules cuites que crues, on en arriverait certainement à incriminer ces premières. Voici comment Déchambre définit la maladie : « Au bout d'un temps variable, mais le plus généralement trois, quatre, cinq heures après l'ingestion, surviennent des malaises, de l'anxiété épigastrique, de la soif, de l'oppression, de l'enchifrènement, un symptôme de faiblesse générale; puis des vomissements, de la diarrhée, des syncopes. Le pouls devient fréquent, misérable; un sentiment de froid se répand dans tout le corps, plus prononcé aux extrémités; il y a des frissons. Le délire, les convulsions et ensuite le coma se déclarent chez certains sujets. A ces symptômes, se joint fréquemment une vive démangeaison à la peau, avec ou sans exanthème. La face se tuméfie. Quand l'exanthème apparaît, il a ordinairement le caractère de l'urticaire... L'issue de la maladie est presque toujours favorable, et cela dure un très court espace de temps. Cependant on a vu les accidents gastro-intestinaux et la débilité générale durer un certain nombre de jours, une semaine et plus. On a vu même la mort survenir, particulièrement dans les cas où le système nerveux aurait subi une atteinte marquée, et où le délire avait eu lieu. »

On s'est beaucoup préoccupé de ces empoisonnements par les Moules, sans cependant les rapprocher de ceux constatés après l'ingestion des Huîtres. Plusieurs causes plus ou moins singulières ont été invoquées : d'abord on a incriminé le petit Crabe parasite des Moules, le Pinnothère; on a dit qu'il était la cause unique de tout le mal; d'autres l'ont montré s'attachant avec ses pinces à la gorge du malade et déterminant par ses chatouillements d'abondants vomissements que l'on attribuait à tort à quelque substance arrivée jusque dans l'estomac. A cette théorie il n'y avait qu'un fait à opposer, c'est que sur certaines côtes, comme celles de la Loire-Inférieure ou de la Belgique, la présence de ce petit Crabe est très fréquente chez les Moules, et on n'a pas observé dans ces localités plus d'accidents qu'ailleurs, là où sa présence est beaucoup plus rare; pourtant au bord de la mer, on mange les Moules très souvent crues, et c'est avec des Moules cuites que l'on a vu également des accidents se produire. Notre Crustacé résisterait-il donc à la cuisson? Non, certes. Ajoutons encore que ce Pinnothère est même recherché comme aliment aux États-Unis! aussi abandonnerons-nous bien vite cette fausse théorie qui a pourtant séduit bien des personnes.

On a également accusé, et cela aussi bien pour les Moules que pour les Huîtres, la « crasse de mer »; on nomme ainsi une écume jaunâtre, mince, comme savonneuse qui s'étend parfois sur la mer et que les pêcheurs considèrent comme un présage de beau temps. Cette substance, encore assez mal définie, quant à sa composition, paraît cependant inoffensive, car on a vu des empoisonnements se produire, qu'il y ait de la crasse de mer ou non au voisinage des parcs.

Deux autres auteurs, de Beunie et Rondeau, ont cru découvrir que la cause du mal devait être imputable au qual ou frai des Astéries ou Étoiles de mer. Ce qual est en effet très âcre; mais comme l'a fait observer Déchambre, pour être certain du fait, il faudrait d'abord établir que les Astéries reconnues toxiques se trouvaient juste à l'époque du frai, et que les Moules elles-mêmes ne s'y trouvaient pas; puis que les accidents ne s'observent jamais en dehors du temps de la reproduction des Étoiles de mer. Ajoutons que des analyses microscopiques d'un lot de Moules dont une partie avait donné naissance à des symptômes d'empoisonnement n'ont pas décelé la plus petite trace de ce qual. Enfin, comme pour les Huîtres, il existe un dicton populaire d'après lequel on recommande de manger surtout les Moules pendant les mois qui n'ont pas d'R; or, c'est précisément pendant les mois de mai, juin, juillet et août que les Astéries émettent leur frai.

Le cuivre devait également être signalé comme une des principales causes d'empoisonnements occasionnés par les Moules; de nombreux exemples d'intoxication par des Moules arrachées aux parois des navires dont la coque était doublée de cuivre furent mis en avant. Mais ici la réponse était plus facile encore que pour l'Huître; d'abord bien des empoisonnements avaient lieu sans que les Mollusques aient eu le moindre point de contact avec ce métal; en outre, ce contact eût-il, eu lieu, la Moule se fixant à l'aide d'un byssus, il n'était plus aussi immédiat qu'avec l'Huître. Enfin les docteurs Lemaire et Eydoux ont fait très judicieusement observer que, dans le port de Toulon par exemple, les forçats ou les marins se gorgeaient parfois de Moules et d'autres coquillages recueillis sur la doublure en cuivre des navires, sans en éprouver la moindre indisposition.

Cette argumentation *ad hominem* était déjà bien concluante. De nouvelles expériences très complètes sont venues corroborer ces conclusions. Chevallier soumit à l'analyse des Moules de trois catégories : les premières vendues aux halles de Paris; les secondes provenant d'un lot qui avait donné naissance à des accidents d'empoisonnement positivement constatés; les troisièmes prises directement sur des doublages en cuivre de navires. Les Moules des deux premières catégories ne donnèrent pas trace de cuivre, tandis qu'on en découvrit de très faibles indices sur celles de la dernière catégorie. Enfin il ne faut pas oublier qu'il est aujourd'hui parfaitement démontré que certains sels de cuivre ne sont pas aussi toxiques qu'on le prétendait jadis, et même que, dans certains cas, ils peuvent être avantageusement utilisés comme remède ! Il faut donc renoncer à incriminer le cuivre dans la plupart de ces empoisonnements; toutefois nous dirons pour la Moule, comme pour l'Huître, qu'il n'en est pas moins prudent de s'abstenir de manger des Mollusques qui ont une origine pareille.

Le célèbre toxicologue Orfila a proposé une autre théorie. Nous disons théorie, car la démonstration reste encore à faire. Suivant cet auteur, les accidents observés auraient pour cause une disposition particulière de l'estomac, ou idiosyncrasie, d'après laquelle, suivant son état général ou momentané, le Mollusque deviendrait nocif ou non. Orfila cite d'après Edwards, l'exemple de plusieurs personnes qui, à différentes reprises, avaient été incommodées pour avoir mangé des Moules; tantôt elles prenaient cet aliment avec impunité, tantôt elles souffraient beaucoup pour en avoir fait usage. Il parle d'une dame qui ne pouvait manger une seule Moule, sans présenter les symptômes d'empoisonnement.

Nous citerons volontiers l'exemple suivant, qui nous est personnel et qui, dans cet ordre d'idées, serait peut-être encore plus concluant. Dans un ménage composé de six personnes, tout le monde prend sa part d'un plat de moules cuites; chacun en mange une dose ordinaire; le maître de la maison, qui en avait pourtant absorbé plus que les autres, ses deux enfants, encore jeunes, et les deux domestiques n'éprouvent absolument rien; seule, sa femme qui cependant en avait peu mangé, éprouve, trois heures après, les symptômes caractéristiques d'un empoisonnement.

Que conclure de ce fait? Dans ces différents exemples, la totalité des Mollusques n'était pas malsaine, et, si une personne est devenue malade, c'est qu'elle a eu la malechance de tomber juste sur la Moule, cause unique de tout le mal. Mais, bien entendu, comme nous l'avons déjà expliqué, il faut admettre, aussi bien pour les Moules que pour bien d'autres choses, une incompatibilité personnelle de l'organisme avec ce genre d'alimentation. Combien de personnes ne peuvent digérer le lait, les œufs, le fromage, etc. Rien de plus naturel si quelques estomacs ne peuvent vivre en bon accord avec les Mollusques. Dans ce cas, il y a le plus souvent expulsion du corps de délit, mais non pas toujours intoxication.

Comme l'a fait observer M. le D\u2009Dutertre, de Boulogne-sur-Mer, les personnes dyspeptiques sont plus souvent victimes des Moules que les autres consommateurs, surtout lorsqu'elles sont sujettes à du pyrosis. Le même auteur rapporte un exemple d'idyosyncrasie bien singulière : Le Dr Cazin, de Berck, a vu une nourrice manger des Moules et son nourrisson être seul incommodé et atteint d'urticaire.

Une dernière théorie, d'origine plus récente, a été proposée par M. Balbaud. Suivant cet auteur, tous les Mollusques, en particulier les Moules, renferment normalement un principe actif, peu abondant et à peu près inoffensif, tant que l'animal est en parfaite santé, mais qui augmente de quantité ou d'activité sous l'influence de certaines conditions. Pareille assertion peut être vraie, mais seulement il faudrait la démontrer expérimentalement. Il est certain, par exemple, qu'à l'époque du frai les Mollusques sont toujours de moins bonne qualité, mais ils n'arrivent pas cependant jusqu'au point d'être essentiellement vénéneux à cette occasion.

Il y a peu de temps, un terrible accident est venu jeter un bien juste émoi chez les nombreux amateurs de Moule. Le 17 octobre 1885, des ouvriers de l'arsenal de Wilhemshaven, après avoir mangé des Moules très fraîches, détachées de la coque en bois de deux navires mouillés dans le port, furent pris des plus violents symptômes d'empoisonnement, de la forme dite paralytique ; dix-sept d'entre eux furent gravement malades et quatre moururent peu d'heures après. Les chiens qui avaient pris part à ce même repas furent atteints comme les hommes. Nombre de savants étudièrent aussitôt ce dangereux Mollusque ; nous résumerons leurs conclusions.

MM. Brieger et Schmidtmann, après avoir soumis les Moules à l'analyse reconnurent qu'elles exhalaient une odeur nauséabonde ; ils en retirèrent un extrait alcoolique très actif, ou *mytilotoxine*, ayant, suivant eux, pour origine des ptomaïnes développées sous l'influence d'un microbe spécial. Suivant M. Wolff, ce principe toxique aurait pour siège principal le foie de l'animal. Tout récemment, M. le D' Alexandro Lusting, de Turin, a découvert, dans les Moules provenant des eaux stagnantes des ports et des canaux, qui renferment toujours des débris organiques en décomposition, la présence de deux microbes, l'un inoffensif, l'autre éminemment pathogène. Ce dernier, convenablement cultivé et introduit dans le tube digestif des animaux, amène rapidement la mort. Au contraire, chez les Moules de même espèce, prises à mer ouverte, dans les milieux où l'eau est sans cesse renouvelée, il n'existe aucun microbe.

La solution du problème de l'empoisonnement par les Moules semble donc avoir fait un très grand pas. C'est en effet dans les eaux stagnantes et croupissantes des ports, des docks, des canaux, que les Moules peuvent être envahies par des microbes nocifs qui ne semblent pas se complaire dans les eaux pures. Le professeur Virchow l'a bien démontré. En conservant, dans un aquarium convenablement aménagé, des Moules contaminées de Wilhelmshaven, Virchow a reconnu que, au bout de deux mois seulement, elles avaient cessé d'être vénéneuses. D'autre part, M. Schmidtmann a fait l'expérience contraire et a démontré que la Moule prise dans l'avant-port était inoffensive et qu'elle devenait toxique après quinze jours de présence dans l'eau stagnante des docks.

On peut du reste détruire rapidement ce terrible poison. M. Salkowski a reconnu que l'extrait alcoolique de mytilotoxine devenait absolument inactif lorsqu'on le traitait par le carbonate de soude ; de même, les Moules reconnues vénéneuses, cuites pendant dix minutes, avec du carbonate de soude, perdent toute propriété toxique. C'est là une importante découverte pour la pratique ; c'est peut-être le salutaire remède à bien des maux.

M. le Dr Dutertre, en présence de ces faits, observe avec juste raison que les personnes qui, en même temps que les Moules, prennent des boissons, vinaigre, vin, bière, pouvant augmenter l'acidité de l'estomac, s'exposent encore davantage à l'action du poison lorsqu'il existe. « Il semble en effet, ajoute cet auteur, que, dans un milieu acide, le poison de la Moule est plus soluble ou se développe mieux, ce qui est d'accord avec les expériences sur la mytilotoxine et sur l'emploi des carbonates alcalins dans le traitement des accidents. » Toute préparation culinaire acide doit donc être proscrite à propos des Moules, au moins à titre de simple prudence, tandis que l'adjonction d'un peu de carbonate de soude, absolument inoffensif en lui-même, ne peut qu'être utile.

En résumé, il faudra bien se garder de consommer les Moules prises dans les milieux où l'eau ne se renouvelle pas convenablement, et où elle n'est pas suffisamment pure. Mais c'est là une observation qui s'attaque à la plus petite minorité des consommateurs, car de tels centres sont toujours accidentellement producteurs ; ce n'est point là que les marchands perdent leur temps à aller pêcher les Moules qu'ils expédient sur nos marchés ! Que l'on se rassure donc ; et si des accidents, quelque terribles qu'ils soient en eux-mêmes, ont pu se produire, ce n'est certes pas une raison suffisante pour conclure du particulier au général, et pour incriminer toutes les Moules et à leur suite tous les Mollusques. S'il fallait proscrire de l'alimentation toutes les substances qui ont pu donner naissance à des affections, même graves, où en serions-nous? Il faudrait commencer par supprimer le pain, parce que certains boulangers ont abusé des produits chimiques pour en faire mieux lever la pâte ou la rendre plus blanche, et le vin serait à jamais condamné, sous prétexte qu'il prédispose à l'alcoolisme!

Laissons donc encore les Mollusques inscrits sur le tableau des substances alimentaires et, bien mieux, accordons-leur la haute place à laquelle ils ont droit de prétendre dans l'échelle des meilleurs produits que l'homme peut utiliser. Mais indiquons quelles sont les précautions qu'il convient de prendre, pour éviter qu'ils puissent devenir nuisibles ou même simplement malsains.

Nous avons vu qu'on pouvait diviser les Mollusques comestibles en deux catégories ; ceux qui peuvent se clore hermétiquement dans leur coquille et ceux dont la coquille n'est pas absolument étanche. Dans la première catégorie, nous rangerons l'Huître, la Praire, la Clovisse, le Sourdon, etc. ; dans la seconde se trouvent la plupart des Gastropodes et avec eux les Pholades, les Solens et même les Moules. Les Moules, en effet, possèdent, comme on le sait, une fente latérale et allongée à travers laquelle passe le byssus. Tant que le Mollusque reste attaché par ce byssus, la fente byssigène est suffisamment garnie par la touffe de cet appendice, pour que l'eau contenue dans les valves ne s'en échappe presque pas, lorsqu'il se trouve à marée basse ; et si, par capillarité, un peu de cette eau s'écoule le long des soies, c'est toujours en petite quantité. Mais lorsque l'on vient à séparer le Mollusque de son point d'attache, si on arrache le byssus, comme cela se fait presque toujours, non seulement on blesse l'animal, mais l'eau qui le baignait s'écoulera par cette fente devenue béante.

Transportons au loin les Mollusques de ces deux catégories et voyons ce qui va se passer. Ceux dont les valves ferment hermétiquement garderont leur eau, si l'on a soin de les tenir aussi pressées que possible, et cette eau ne se corrompra pas, même au bout de dix ou quinze jours. M. le Dr Ozenne a cité à cet égard une bien curieuse observation. « M. Hamon, dans un été très chaud, alla de Cancale à Rochefort; il laissa à Nantes une manne d'Huîtres qu'il avait entamée. Son voyage dura dix-sept jours; en repassant par Nantes, il retrouva ses Huîtres vives, fraîches et saines, quoiqu'elles eussent passé ce temps hors de l'eau; il en rapporta une partie à Cancale pour compléter l'expérience, et les plaça dans un parc, où elles prospérèrent. »

C'est précisément cette observation, qu'il est du reste facile de contrôler, qui nous a permis d'expliquer comment les Romains pouvaient parvenir à transporter des Huîtres fraîches jusqu'au cœur de la France, alors que les moyens de locomotion étaient aussi restreints et surtout aussi peu expéditifs. On peut donc manger des Huîtres fraîches, bon nombre de jours après qu'on les a pêchées, à la condition qu'elles ne perdent pas leur eau.

Mais les Mollusques de notre deuxième catégorie, ne se comporteront plus de même; chez eux au bout de quelques heures, surtout s'ils sont soumis aux trépidations du voyage, toute l'eau indispensable à leur conservation sera perdue, et alors ils périront asphyxiés; combien durera leur agonie ? C'est une question dont la Société protectrice des animaux a oublié de se préoccuper, estimant sans doute, qu'elle n'a à tenir compte que des souffrances de certains êtres et non pas des Mollusques.

Observez ce qui se passe dans un panier de Moules sur nos marchés des villes du Centre, ou même de Paris; vous y verrez pas mal de coquilles bâillantes; ouvrez celles qui vous semblent les mieux closes, elles ne renferment plus d'eau de mer ; l'animal est mourant, s'il n'est déjà mort en route, et n'a plus la force de refermer ses valves si vous l'irritez ; hé bien, c'est ce moribond, c'est ce cadavre que vos cuisiniers ou cuisinières vont acheter pour vous le faire manger. On le fera cuire, direz-vous, le feu purifie tout. Mais à quelle température sera porté le Mollusque ; juste assez pour lui faire ouvrir tout à fait ses coquilles par la dilatation de ses muscles adducteurs; or pour cela une légère température suffit, et votre cordon bleu en sait assez pour vous avouer que, si son Mollusque est trop cuit, vous vous plaindrez qu'il est coriace. Dans ces conditions, avez-vous tué les microbes qu'il peut renfermer dans son sein; avez-vous détruit ces redoutables ptomaïnes qui auront pris naissance dans ce corps malade ou mourant ? non certes, car on sait qu'il faut de bien plus hautes températures, pour avoir raison de ce monde destructeur. Et voilà cependant le peu ragoûtant produit que vous vous plaisez à manger !

Après ce tableau qui n'a certainement rien d'exagéré, on comprendra tout le rigorisme que nous prétendons apporter au choix des Mollusques destinés à l'alimentation. Vous ne consentirez jamais à manger un mouton ou une poule que vous savez morts d'une lente maladie, et c'est pourtant ce que vous faites, disons-le, presque journellement, pour d'autres êtres que vous absorbez par douzaines. Or, il suffit d'un individu gâté pour empoisonner une personne. Ainsi s'explique ce cas bizarre que nous exposions précédemment, d'un individu intoxiqué pour avoir mangé des Moules, alors que ses compagnons de table étaient absolument indemnes.

Dans certaines grandes villes où l'administration vigilante a créé des inspecteurs pour les marchés ou pour l'examen des denrées alimentaires, on devrait exiger de leur part autant de sollicitude pour les Mollusques que pour les fruits trop verts ou la viande trop mûre ; mais on nous répondra que les règlements n'ont pas prévu pareille catégorie de victuailles : c'est précisément ce qui nous a été dit dans une très grande ville que nous n'osons nommer.

La conclusion de tout ce qui précède, c'est que, si l'on veut manger des Moules qui soient inoffensives, il faut les manger très fraîches et de bonne provenance. On remarquera que, si l'on compare la quantité de Moules consommées crues ou cuites au bord de la mer, avec celles que l'on absorbe dans le centre de la France, la statistique démontre que les accidents sont beaucoup plus fréquents loin des rives de la mer. C'est précisément parce que la Moule a voyagé plus longtemps et qu'on la conserve moins fraîche. En outre, nous recommanderons aux éducateurs de toujours donner la préférence aux espèces les moins bâillantes, celles dont la fente byssigène est la plus petite ; et lorsqu'ils procèderont à la cueillette de la Moule, ils devront avoir soin de ne pas arracher le byssus, ce qui blesse et fait souffrir inutilement l'animal, et permet encore au liquide intérieur de s'échapper plus rapidement.

L'usage ou plutôt l'abus des Mollusques peut parfois

donner naissance à des affections cutanées, qui, sans être bien graves, méritent cependant d'être signalées. On se souvient que Moïse, dans les sages préceptes qu'il dicta aux Hébreux, leur prescrivit en ces termes l'usage des coquillages : *Quidquid autem pinnulas et squamas non habet, eorum quæ in aquis moventur et vivunt, abominabile vobis execrandumque erit :* « Mais tout ce qui remue et qui vit dans les eaux sans avoir des nageoires, ni d'écailles, vous sera en abomination et en exécration » *(Lév.*, XI, 10).

Ces urticaires s'observent également quand, au lieu de Moules, on mange soit du poisson, soit de la charcuterie qui n'est pas de toute fraîcheur. Plusieurs auteurs ont raconté que les Moules, au moment du frai, donnaient plus volontiers cette affection qu'en temps ordinaire. Cette assertion est loin d'être démontrée, et nous croyons qu'il suffit que le comestible ait subi une légère altération pour causer ces affections absolument passagères.

Si, après avoir signalé le mal, nous n'indiquons pas le remède, c'est que pareille question sort absolument de notre cadre ; mais en attendant l'arrivée du médecin, les vomitifs sont naturellement tout indiqués. Quant à empêcher le Mollusque d'être nocif, plusieurs procédés ont été indiqués ; nous les énumérerons, quoique nous n'ayons pas une absolue confiance dans leur efficacité. Il va sans dire d'abord, que les Moules doivent toujours être soigneusement lavées ; on les débarrasse ainsi de la vase, des plantes marines, en un mot de la plus grande partie des impuretés externes qui peuvent les souiller. On a proposé de les faire cuire avec du vinaigre ou du jus de citron ; l'acide acétique ou citrique peut exercer une influence sur les parties externes de l'animal, mais nous doutons fort qu'il puisse pénétrer jusque dans les organes du Mollusque.

Selon Heusler, on prévient tout danger, en ayant la précaution de jeter ces coquillages, bien nettoyés, dans un seau d'eau, où l'on a mis préalablement deux fortes poignées de sel, et en les y laissant une heure ou deux, avant de s'en servir. Ce procédé est toujours usité dans le Holstein. Mais, comme nous l'avons dit, mieux vaut encore faire usage du carbonate de soude et surtout faire cuire les Moules à une température suffisante pour détruire tout germe pathogénique; la chair de l'animal sera sans doute un peu moins délicate, mais les amateurs s'en trouveront infiniment mieux.

Depuis le terrible accident de Wilhemshaven, on s'est demandé s'il ne convenait pas de restreindre les époques de vente de la Moule, comme on l'avait précédemment fait bien à tort pour l'Huître. Dans un rapport tout récent, en date du 16 avril 1889, M. Henneguy, membre du Comité consultatif des pêches maritimes, a combattu cette idée. Voici quelles sont ses importantes conclusions :

« Le Comité consultatif des pêches maritimes, en présence des données actuelles, fournies par des recherches scientifiques, considérant que les parcs à Moules sont en général situés dans les endroits favorablement disposés pour le renouvellement de l'eau, et que par conséquent les Moules qui s'y développent ne se trouvent pas dans des conditions qui peuvent les rendre venimeuses ; que, d'un autre côté, la protection des gisements naturels assure d'une manière suffisante la reproduction de ces Mollusques, est d'avis de permettre la vente en tout temps, sur les marchés du littoral, des

Moules provenant des parcs, vente interdite actuellement pendant les mois de mai et de juin, par application de l'article 53 du décret du 4 juillet 1853. »

Si nos coquillages ont parfois causé de tristes mécomptes, parfois aussi on leur a attribué des propriétés curatives, qui ont eu bien longtemps cours dans la crédulité populaire, et même, convenons-en, aux yeux de la docte faculté. Les anciens surtout leur accordaient des vertus que les modernes leur refusent sans pitié.

Parmi les Céphalopodes, la Seiche par exemple, jouissait de propriétés très variées. Sa chair était un puissant aphrodisiaque et un excellent stomachique ; ses œufs étaient préconisés contre les catarrhes de la vessie ou la gravelle; avec son gladius, qualifié de corail blanc, on préparait des cosmétiques, des poudres dentifrices; insufflée dans les yeux, elle faisait disparaître les toiles de la cornée ; calcinée, elle permettait de combattre les affections de la peau et de détruire la gale. Aujourd'hui encore au Japon, on fait usage de la chair de ces Mollusques pour combattre les hémoptysies, ou pour cicatriser les ulcères; son encre mélangée à du vinaigre forme un breuvage bon pour les maladies du cœur. Hahnemann enfin affirme qu'à dose infinitésimale, l'os de Seiche cesse d'être inerte et convient dans les maladies chroniques qui dépendent de la psora.

Parmi les Gastropodes, ce sont surtout les Limaces et les Escargots qui ont joui et même jouissent encore de la crédulité publique en tant que substance véritablement médicamenteuse. « Pline vante, dit le Dr Ozenne, contre la céphalalgie un cataplasme fait avec des Limaces hachées et pilées qu'on applique sur le front, ou leur Limacelle renfermée dans un sac en peau de chien suspendu au cou du malade, contre la fièvre quarte. En Italie, du temps d'Helwig, on croyait beaucoup à la vertu de ce remède. Pline conseille encore les granulations calcaires des Arions contre les maux de dents, et de les pendre dans une amulette au cou des enfants pour faciliter la dentition. Galien ordonne, dans l'odontalgie, de mettre dans la dent cariée une Limacelle broyée, et de boucher le trou avec de la cire. Contre la dysenterie, le naturaliste de Rome recommande de prendre cinq Limaces d'Afrique, de les brûler avec le poids d'un demi-denier d'acacia, et d'avaler deux cuillerées de cette cendre dans du vin de myrte et une pareille quantité d'eau chaude. A l'extérieur, la Limace n'était pas moins employée. Sa cendre était préconisée contre une foule d'affections telles que taies, ulcères atoniques, hydrocèles des enfants, épistaxis. Gesner affirme que la Limace rouge *(Arion rufus)*, coupée par morceaux et macérée dans du sel, laisse exsuder un liquide qui a été employé comme révolutif sur les verrues et les engorgements goutteux, et pour remédier à la chute du fondement.

« L'hygiène elle-même s'empare des Limaces, car on trouve dans Pline un passage où il est dit que ces animaux servaient aux dames romaines pour adoucir et blanchir la peau, pour faire disparaître les éphélides; que ces mêmes bêtes, séchées au soleil sur des tuiles, pilées, réduites en poudre et mélangées à leur poids de farine de fèves, forment un excellent cosmétique. Du temps de Mathiole, l'eau distillée de Limaces servait aux dames pour donner à leur peau une blancheur extraordinaire. »

Les Escargots n'ont pas eu moins de succès. A l'extérieur, Pline les recommande contre l'épistaxis, Galien contre l'anasarque, Wagner contre les tumeurs goutteuses, Ambroise Paré contre les anthrax, et plus récemment Tarenne pour opérer le resserrement de l'anneau inguinal et guérir les hernies commençantes. L'Escargot vivant a passé, à un moment donné, pour un amateur de chairs cancéreuses, d'ulcères et de chancres; placé vivant sur les parties du corps affectées de ces terribles maladies, on prétendait qu'il détruisait et rongeait les chairs malades pour ne laisser au jour que les parties saines.

A l'intérieur, quels bouillons, gelées, sirops, pâtes de toutes sortes n'a-t-on pas faits avec ces Mollusques ! Aujourd'hui encore, ils ont leur vogue basée sans doute sur cette croyance dont nous parlions dans un de nos chapitres précédents, qui condamne le pauvre poitrinaire à avaler des Escargots crus ou des Limaces roulées dans du sucre. Le principe actif, dans ces préparations, il ne faut pas se le dissimuler, ne prend pas sa source dans l'Escargot, mais dans le véhicule qui l'accompagne. Dans les affections où elles sont préconisées, n'importe quel mucilage produirait le même effet. Et si quelques esprits crédules sont assez heureux pour se bien trouver d'un semblable traitement, nous leur répéterons ce mot bien vrai d'un vieux praticien : « Dépêchez-vous de faire usage de votre remède pendant qu'il est encore bon. »

Les Acéphales ont eu moins de vogue en thérapeutique. A part l'Huître et la Moule, les autres n'ont jamais joui d'une grande réputation. Les coquilles d'Huîtres calcinées et réduites en poudre peuvent, dans certains cas, avoir une réelle efficacité; c'est en somme un carbonate et un phosphate de chaux de bonne qualité, mais que les précipités chimiques doivent avantageusement remplacer; elles sont loin pourtant d'avoir les propriétés antilyniques, apéritives, détersitives, dessiccatives, stomachiques, lithontriptiques, etc., que certains praticiens ont cru devoir leur attribuer. La perle, cette quintessence de la matière nacrée, devait naturellement avoir bien plus de vertus concentrées sous un plus petit volume; aussi en a-t-on pendant longtemps singulièrement abusé.

L'Huître dans l'hygiène des convalescents peut, comme nous l'avons expliqué, rendre de réels services; l'eau qu'elle renferme a été parfois employée seule, comme les eaux de Seltz ou de Vichy. La Moule, il y a peu de temps encore, a eu son heure de vogue. Un pharmacien d'Orléans avait trouvé en elle des principes minéralisateurs analogues à ceux de l'huile de foie de morue, et avait proposé de substituer à cette préparation peu agréable, un sirop mytilique. Nous ne croyons pas que son usage se soit bien répandu.

En résumé, il convient de faire en malacologie, comme en bien d'autres sciences, un sage éclectisme. Il faut prendre le bien et le bon partout où ils se trouvent; or, dans cet ensemble d'êtres, loués des uns, méprisés des autres, il y a beaucoup à recueillir, puisque, en définitive; l'histoire de l'alimentation humaine nous a démontré surabondamment tout l'immense parti qu'on pouvait en tirer. Malheureusement nous sommes menacés de voir les formes les plus précieuses, les plus utiles, disparaître en face de l'accroissement incessant de la consommation. Apportons donc tous nos efforts pour venir en aide à la nature, et nous aurons fait œuvre de bien.

FIN

TABLE DES MATIÈRES

I

LES MOLLUSQUES COMESTIBLES EN FRANCE ET A L'ÉTRANGER

II

L'OSTRÉICULTURE

III

LA MYTILICULTURE

IV

DOMESTICATION DES PRAIRES, CLOVISSES, ESCARGOTS, ETC.

V

INFLUENCES PHYSIOLOGIQUES DE LA DOMESTICATION
SUR LES MOLLUSQUES

VI

REPEUPLEMENT MALACOLOGIQUE DE NOS CÔTES

VII

LES ENNEMIS ET LES MALADIES DES MOLLUSQUES

VIII

L'HYGIÈNE ALIMENTAIRE ET LES MOLLUSQUES

FIN DE LA TABLE DES MATIÈRES

LYON. — IMPRIMERIE PITRAT AÎNÉ, 4, RUE GENTIL

LYON. — IMPRIMERIE PITRAT AÎNÉ, 4, RUE GENTIL.

www.ingramcontent.com/pod-product-compliance
Ingram Content Group UK Ltd.
Pitfield, Milton Keynes, MK11 3LW, UK
UKHW010910160726
13695UKWH00007B/125